21世纪高等院校航空航天类创新应用型人才培养优秀教材

航空航天类"十四五"一流本科课程建设配套教材

桂林航天工业学院教材建设经费资助出版

航空航天概论

- 主 编　王斌武　曹轶杰　王勇军
- 副主编　何曾彦　石世杰　王艺霖
　　　　　詹家礼　张　勇　霍佳波
　　　　　王　珂

U0223683

哈尔滨工业大学出版社
HARBIN INSTITUTE OF TECHNOLOGY PRESS

内容简介

全书共 8 章，主要介绍了航空航天的基本概念和飞行器的发展简史及其分类、飞行器的飞行原理、飞行器的基本构造、飞行器动力、航天技术、飞行器控制系及地面保障、无人机及通用航空、航空航天技术与世界名机赏析等方面的内容。突出"大思政""培养航天品质"的教育教学理念，在各章节中设有拓展广场等板块。

本书可作为普通高等院校相关专业的教材或学习参考书，也可作为广大航空航天爱好者的参考读物。

图书在版编目（CIP）数据

航空航天概论/王斌武，曹轶杰，王勇军主编.
哈尔滨: 哈尔滨工业大学出版社，2024.8.—ISBN
978－7－5767－1484－5

Ⅰ. V2；V4

中国国家版本馆 CIP 数据核字第 2024C86A99 号

航空航天概论
HANGKONG HANGTIAN GAILUN

策划编辑　李艳文　范业婷
责任编辑　孙　迪　李佳莹
出版发行　哈尔滨工业大学出版社
社　　址　哈尔滨市南岗区复华四道街 10 号　邮编 150006
传　　真　0451-86414749
网　　址　http://hitpress.hit.edu.cn
印　　刷　广西壮族自治区桂林漓江印刷厂
开　　本　787 毫米×1 092 毫米　1/16　印张 21　字数 508 千字
版　　次　2024 年 8 月第 1 版　2024 年 8 月第 1 次印刷
书　　号　978－7－5767－1484－5
定　　价　63.50 元

前言

　　航空航天技术引领和推动着先进材料、装备制造等众多科技领域的融合发展，是一个国家国防科技水平和综合国力的集中体现。

　　党的十八大以来，党和国家高度重视航空航天事业发展。"嫦娥"揽月、"祝融"探火、"羲和"逐日、"北斗"指路、"天和"遨游星辰，见证着我国从航天大国迈向航天强国的铿锵步伐。我国空间科学、空间技术、空间应用的全面突破，谱写着中华民族飞天梦想的崭新篇章。

　　本教材在总结国内高校航空航天概论教学精髓的基础上，根据编者多年来的实践经验，对航空航天技术做了较为系统的介绍，在有限的篇幅内为读者提供航空航天技术领域最基础和最重要的知识，重点阐述了航空航天领域的基本概念、基本原理和基础知识，梳理了航空航天技术发展过程中的技术特点、发展规律及最新动态，系统、完整地再现了航空航天技术的发展历程及许多较新的技术成果，是广大读者和航空航天爱好者了解和认识当今航空航天技术的重要窗口。

　　全书共8章，主要介绍了航空航天的基本概念和飞行器的发展简史及其分类、飞行器的飞行原理、飞行器的基本构造、飞行器动力、航天技术、飞行器控制系统及地面保障、无人机及通用航空、航空航天技术与世界名机赏析等方面的内容。

　　本教材由桂林航天工业学院教材建设经费资助出版，教材从贯彻落实立德树人的根本任务出发，将"知识线"和"思政线"有机交融，合力培养思想品质优秀、专业技术水平高，适用于新质生产力发展需求的人才。本教材是广西高等教育本科教学改革工程项目："一中心、三维度、五空间"航天品质育人模式下"航空航天概论"课程混合式教学的探索与实践（项目编号2024JGA373）的部分成果，也是广西高等教育教学成果二等奖"航天精神铸魂、航天文化育人，培养航天品质人才的探索与实践"的一部分。本教材在编写过程中，重点突出知识性、趣味性和创新性，同时注重科普性和专业性的综合考虑。本教材深入浅出，图文并茂，不仅便于初学者学习，还可以帮助广大青年学生系统了解航空航天的基础知识，以及中国航空航天事业的发展和取得的瞩目成绩，拓宽学生知识面，全面提高综合素质，为青年学生的专业课学习奠定坚实的基础。注重培养学生浓厚的航空航天兴趣、创新精神和实践能力，树立航空航天报国的远大志向，增强青年学生的民族自豪感和民族自信心。

本教材由桂林航空航天工业学院王斌武、曹轶杰、王勇军担任主编，桂林航空航天工业学院何曾彦、石世杰、王艺霖、詹家礼、张勇、霍佳波和长沙航空职业技术学院王珂老师担任副主编。其中王斌武编写了第 1 章、第 4 章、第 5 章，曹轶杰编写了第 3 章、第 8 章，王勇军编写了第 6 章，何曾彦编写了第 2 章，石世杰编写了第 7 章，张勇、霍佳波、王珂、王艺霖、詹家礼、贾登峰等老师也做了大量的相关工作，邹爱成、许本胜、王广等老师和航空航天方面的科研院所、企业单位的专家提出了许多宝贵的意见，在此表示衷心感谢。编者在编写本书时参考了大量的文献资料和网络资料，在此对原作者表示诚挚的谢意！

由于航空航天技术涉及诸多方面的学科，限于编者的精力和水平，书中难免存在疏漏之处，敬请广大读者批评指正，诚挚地希望多提宝贵意见。

编　者
2024 年 5 月

目 录

第 2 章　飞行器的飞行原理

第 3 章　飞行器的结构与构造

第 5 章　航天技术

第6章 飞行器控制系统及地面保障

第7章 无人机及通用航空

第8章 航空技术与世界名机赏析

1.1 航空与航天的基本概念

自从人类进入文明社会后，便有了"盘古开天辟地""夸父追日""嫦娥奔月"等神话传说，这些神话里有着先民们对日月星辰的理解，也寄托了古人对征服自然的向往与追求。人类对在天空中飞翔的想象和尝试不胜枚举。在两千多年前，屈原用《天问》叩问苍穹："遂古之初，谁传道之？上下未形，何由考之？"向宇宙求问真理之道。人类的问天之路从未停息，要想飞翔、探天，就要进行飞行，飞行就离不开飞行器，那么什么是飞行器呢？简单理解，飞行器是能够飞行的器械，飞行一般是指能够离开地面在空中运动，空中一般是指天空。人类很早就有了离开地面在天上飞翔的梦想，在天上飞翔就是人们现在所说的航空航天。

那么什么是航空航天呢？著名科学家、"两弹一星功勋奖章"获得者钱学森先生把人类的飞行活动分为三个阶段：航空、航天、航宇。

航空是指人类在大气层内从事的飞行活动。

航天是指人类在大气层外、太阳系内从事的飞行活动。

航宇是指人类在太阳系外从事的飞行活动。

钱学森先生曾经说，"'航天'一词是我首创，我把人类在大气层之外的飞行活动称'航天'，是从航海、航空'推理'而成的。"他说，最初是从毛泽东的诗句"巡天遥看一千河"中得到的启示。他提出了"航宇"一词，即"星际航行"，他在《星际航行概论》一书中详尽地论述了行星之间，乃至恒星之间的飞行。

今天，"航宇"一词对于中国人而言，还不是所有人都晓得，但"航天"一词已经是家喻户晓了。

航空与航天是人类利用载人或不载人的飞行器在地球大气层内和大气层外的外层空

间（太空）航行活动的总称，航空与航天既包含了人类进行航空航天的活动，又包含了航空航天飞行活动所涉及的各种技术。随着科技不断地进步，航空与航天活动也在不断发展，经过人类一百多年来的努力，今天的航空与航天已经成为最活跃和最有影响的科学技术领域之一，同时也代表着一个国家科学技术的发展水平，也是科学技术和意识形态结合的产物。

航空与航天既有区别又有联系。航空是指载人或不载人的飞行器在大气层内的航行活动，所使用的飞行器为航空飞行器，如飞艇、飞机等。航空器置身于空气介质之中，同时还要克服航空器自身的重力才能飞行。关于航空器的飞行原理，在后面的章节会进行详细讲解。航天是指载人或不载人的飞行器在大气层外、太阳系内的航行活动，所使用的飞行器为航天飞行器。航天器在太空的航行活动，又称空间飞行、太空飞行、宇宙航行或航天飞行，如卫星、飞船等。对于火箭和导弹有人将它们单列一类，因为火箭的整个飞行范围包含大气层和太空；有的导弹是在大气层中飞行的（如各种地面、海面和空中发射的近程战术导弹），有的是跨大气层飞行的。因此，这两种飞行器很难严格地归属于航空飞行器和航天飞行器的范畴，这种分法也有一定道理。除火箭和导弹外，一些新的航空航天飞行器也很难简单按航空航天区分。例如，可以重复使用的空间飞行器（如航天飞机等），其发射和回收都要经过大气层进入宇宙空间，这就使航空航天之间产生了必然联系。尤其是水平降落的航天飞机和水平起降的空天飞机，兼有航空与航天的特点。可见，航空与航天之间是紧密联系的。

对于大气层外缘距地面的高度目前尚未完全确定，一般认为距地面 90～100 km 是航空和航天范围的分界区域。

太阳系以内的空间可以分为行星空间和行星际空间（图 1-1）。太阳系以外的空间可以分为恒星际空间、恒星系空间和星系际空间（图 1-2）。

图 1-1 行星空间和行星际空间

图 1-2　恒星际空间、恒星系空间和星系际空间

　　行星空间是指行星引力的作用范围，或行星磁层、大气层所涉及的范围。例如，地球空间，若按地球引力的范围来确定，其半径为从地心向外约 93 万 km；若按地球磁层所及范围来确定，其半径为从地心向外约 6.5 万 km。一些国际组织规定，距地球约等于或大于地—月距离（约 38.4 万 km）的空间称为深空。

　　航天不同于航空，航天飞行是在宇宙空间极高的真空中类似于自然天体运动规律的飞行。航天飞行的基本条件是航天器必须达到足够的速度，摆脱地球或太阳的引力，第一、第二、第三宇宙速度是航天所需的特征速度。从广义上理解，航天活动包括空间技术（也称航天技术）、空间应用和空间科学三个部分。航天活动的目的是探索、开发和利用太空资源，从而更好地为人类服务。

　　航空和航天的发展都与军事应用密切相关，人类在该领域取得的巨大进展也对国民经济和社会生活产生了重大影响，甚至改变了世界的面貌。航空和航天技术已成为牵动其他高新技术发展的动力之一，航空和航天工业不仅是国民经济建设和发展中的朝阳产业，还是附加值很高的高新技术产业。

　　航空航天技术是高度综合的现代科学技术。力学、热力学和材料学等是航空航天的科学基础；电子技术、自动控制技术、计算机技术、喷气推进技术和制造工艺技术等对航空航天的进步起到了重要作用；医学、真空技术和低温技术的发展促进了航空和航天的发展。这些科学技术在航空和航天的应用中相互交叉和渗透，产生了一些新的学科，促使航空和航天科学技术形成完整的体系。

　　航空航天的重大贡献主要体现在以下几个方面。

　　①交通运输：航空的发展大大改变了交通运输的结构。飞机为人们提供了一种快速、方便、经济、安全、舒适的运输手段，国际航班已经代替了远洋客轮，成为人们洲际往来的主要工具，密切了世界各国的交往。国内航班在一些国家更多地代替了铁路客运，加

快了边远地区的开发。大型喷气式客机和通信卫星被认为是信息社会的两个重要支柱。在工业方面，飞机还广泛应用于空中摄影、大地测绘、地质勘探和资源调查；在农业方面，飞机用于播种施肥、除草灭虫、森林防火以及环境保护。这一切对传统生产方式的变革产生了深远的影响。

②创新技术：航天技术与其他科学技术相结合开创了许多新的技术途径，它们直接服务于国民经济的众多部门，产生了巨大的经济和社会效益。卫星通信具有通信距离远、容量大、质量好、可靠性高、灵活机动等优点，已成为现代通信的重要手段。

③科学研究：航空技术为人类提供了从空中观察自然界的条件。在此之前，人类很长时间内对自然界的认识全部来自在地球表面进行的生产活动和科学研究。气球是最早进行对地观测、大气探测的空中运载工具。飞机可以在上万米的高空对地球进行大面积观测。航天揭开了从太空观测、研究地球和整个宇宙的新时代。人造地球卫星刚一上天就发现了地球辐射带。接着，各种科学卫星和空间探测器发现了地球磁层、地冕、太阳风等，基本上了解了它们的结构及其相互影响，测量了太阳系大多数行星的大气参数、表面结构和化学成分；在宇宙中发现了大量的 X 射线，γ 射线和红外天体，发现了极高能量的粒子，以及可能是"黑洞"的天体等。

1.2 飞行器的发展简史

翱翔在天空是人类很久以来的梦想。在中国古代传说中，就有《山海经》记载的奇肱国，这个国家的人只有一只胳膊，却有三只眼睛，出门远行乘坐风车。如图 1-3 所示，这里的风车显然就是一种飞行器。18 世纪出版的葛饰北斋创作的《北斋漫画》中，描绘了一种风车形态：一只箱子或一只小船，配备两个带叶片的轮子。葛饰北斋甚至还添加了一把伞，也许是用来当作降落伞吧（图 1-4）。

图 1-3 《山海经》插图中
一个奇肱国人坐在风车上

图 1-4 葛饰北斋在 18 世纪创作的版画

直到18世纪后期，热气球在欧洲成功升空，这个愿望才得以实现。20世纪初期飞机的出现，开创了现代航空的新篇章。

在很多人的认识当中航空器就是飞机，实际上这样的认识不完全正确。简单来说，航空器包括人造的各种能在空气中飞翔的物体，飞机仅仅是航空器中的一种，还有气球、飞艇和滑翔机等。其实我们日常放的风筝、儿童玩的竹蜻蜓等也都是航空器。

1.2.1 人类早期的飞行梦

古人向往飞行，认为只有长了翅膀的东西才能飞行。人要想飞，应该学习鸟的样子，长出一对翅膀。也正因为有了这种想法，世界各国才产生了人长翅膀会飞的童话和传说。想象是人类智慧的萌芽，而幻想却是创造的动力源泉。

人要像鸟类一样飞行，只有在身上安装一对人造的翅膀，或者人为地造出一只会飞的鸟来。中国古代的张衡制造木鸟，王莽时代的一位猎人装上大翅膀飞行，都是为实现这一理想而向鸟类学习飞行的例子。一代又一代先哲，用知识和智慧去寻找解开人类飞行奥妙的金钥匙；一批又一批勇士，用汗水和鲜血去建造通往蓝天的桥梁。尽管绝大多数都以失败告终，但无数次的试验、无数次血的代价，使得人类在通往飞行之梦的道路上摸索前进，找到了正确的方向。

最早对飞鸟进行科学研究，并模仿飞鸟制作机械飞行器的，正是文艺复兴时期的意大利著名画家达·芬奇。早在1487年，达·芬奇通过长期观察分析鸟类翅膀的运动，推论出是空气流过鸟的翅膀才产生升力，而且他发现气流流过翅膀的速度越快，产生的升力也就越大。达·芬奇绘制了大量有关飞行研究的草图，如图1-5所示，且许多图符合空气动力学原理，这反映出他认识到空气密度和重心位置对飞行器的重要影响。但他的研究成果并未公之于世，直到19世纪后期才被发现。

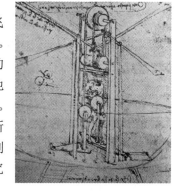

图1-5 达·芬奇绘制的飞行研究草图

1503年，意大利学者丹蒂在佩鲁贾试图用自制的翼飞行，他雄心勃勃地计划飞往法国，结果不幸坠地。

在17世纪时，土耳其赫扎芬·塞莱也做了一对翅膀，从博斯普鲁斯海岸加拉塔的一座塔上跳下来，据说飞了好几千米，最后安全地降落。这是有记载的最好飞行成绩。

1673年，法国的一个锁匠贝尼埃，很巧妙地制造了一个"体力扑翼机"飞行器，进行了飞行试验，他的设想比过去的"插翅而飞"又前进了一步。

1860年，意大利人博雷利在《运动的动物》一书中阐述了人体的局限性，指出人离开机器的帮助是不可能飞行起来的，此后人们对使用人力扑翼进行飞行的尝试逐渐减少。

1.2.2 人类早期的飞行活动

由于扑翼飞行的失败，人们又开始转向轻于空气的飞行器的研究。因此，出现了气球和飞艇等飞行器。

相传中国五代时期，莘七娘制成可以升空的"天灯"（后称"孔明灯"），可以说是世界上最早的一种"热气球"。

在 18 世纪，中国的"孔明灯"传到了西方，掀起了一股"气球"热潮。历史上出现过各种轻于空气飞行器的设想和尝试。1783 年 9 月 19 日，蒙哥尔费兄弟在巴黎做试验，气球载着鸡、鸭、羊各一只，在空中飘行 8 min，被公认为世界上第一个成功的热气球，如图 1-6 所示。

图 1-6 法国蒙哥尔费兄弟热气球试验

1783 年 10 月 25 日，法国的罗齐尔乘蒙哥尔费兄弟所发明的热气球上升到 26 m 的高度，飞行 4.5 min，是公认的人类第一次升空，但这一次是系留气球升空。

1783 年 11 月 21 日，罗齐尔和达尔朗德又在巴黎的上空做了一次自由飞行试验，上升到 300 m 的高度，并平安降落，共飞行了 25 min。这是人类乘航空器进行的第一次空中自由航行。同年 12 月 1 日，法国物理学家查尔斯和其助手罗伯特首次乘坐自制的氢气球升空，飘行 50 km，在空中时间超过 2 h，实现了氢气球载人飞行。1785 年 1 月 7 日，法国人布朗夏尔和美国人杰弗里斯乘坐氢气球首次飞越英吉利海峡。1785 年 6 月 15 日，法国的罗齐尔和罗曼乘坐使用氢气和热气的混合气体的气球，在飞越英吉利海峡时，气球着火发生爆炸，二人不幸遇难。

无动力气球的最大缺点是只能随风飘行，而不能控制前进的方向。为此，1784 年，法国的罗伯特兄弟制造了一个用人力做动力的鱼形气球。升空后，由吊篮里的人划动"布浆"向前移动。但用人力提供的动力根本无法控制气球的飞行。1769 年，英国人瓦特发明了蒸汽机。蒸汽机在工业领域的广泛应用爆发了第一次工业革命，人们也尝试把蒸汽机用在气球上。为了便于控制飞行，人们把气球改成雪茄或鲸鱼的形状，于是出现了带有动力并可操纵的气球——飞艇。飞艇上装有蒸汽机、螺旋桨、操纵面以及装载人或物的吊舱，飞行路线可以人为控制。

1852 年 9 月 24 日，由法国蒸汽机工程师亨利·吉法尔制造的，以蒸汽机为动力的人类第一架可操纵动力软式飞艇试飞成功，这个飞艇从巴黎升空，利用吊篮里的蒸汽机带动一套三叶螺旋桨，以 10 km/h 的速度飞行了 28 km。

无数事实证明，蒸汽机过于笨重以及其他种种局限使之不适于作为航空动力。后来，第二次工业革命提供了电动机和内燃机两种动力装置，大大推动了飞艇的发展。1860 年，法国工程师勒努瓦提出了内燃机原理，后经德国工程师奥托和戴姆勒的进一步改进，为动力载人飞行提供了可用的轻型发动机。

1884 年 8 月 9 日，法国人雷纳德用直流电动机做动力，首次实现了"法兰西"号飞艇的可控制圆周飞行。1899 年，侨居法国的巴西人桑托斯·杜蒙首次把汽车的汽油内燃机用到飞艇上。1900 年，德国齐伯林伯爵制成了装有两台功率为 10.8 kW 的活塞式发动机的 LZ-1 号（图 1-7）硬式飞艇，其长为 128 m，容积为 1.13 万 m^3。

图 1-7 齐伯林制造的 LZ-1 号飞艇

1909 年，齐伯林创办了第一家民用航空公司——德国飞艇运输有限公司，1910 年 6 月 22 日，开始用 LZ-7 号飞艇在法兰克福、巴登、杜塞尔多夫之间做载客定期飞行，能载客 20 人，这是历史上最早的空中定期航线。1915 年 5 月 31 日，LZ-38 号飞艇首次夜袭伦敦。第一次世界大战后，人们对利用飞艇进行空中运输的兴趣更加大了。因此，齐伯林又建造了两艘巨型飞艇，用作欧洲到南美各国和美国的商业航线飞行。这种飞艇长为 245 m，容积为 20 万 m^3，速度可达 130 km/h，可载客 75 人。

1929 年 8 月 8 日 -29 日，"齐伯林伯爵"号飞艇载着 16 名乘客和 37 名机组人员，从美国新泽西州出发完成环球飞行，航程 35 200 km，历时 21 天。

然而，1937 年 5 月 6 日，德国的"兴登堡"号在新泽西州着陆时尾部起火（图 1-8），飞艇上共 97 人，36 人罹难，此事件导致了飞艇行业的衰败。

图 1-8 "兴登堡"号飞艇失事

今天人们仍在使用充满不可燃性气体（如氦气）的飞艇和气球，氦气是密度非常小的气体，由于是惰性气体，不会燃烧，非常安全可靠。然而氦气在 19 世纪末之前一直不被人们所了解，也不能大量获取。到 20 世纪初，出现了被认为是世界上第一艘氦气的飞艇，美国的 ZB-1 号硬式飞艇。但是早期的氦气飞艇不稳定，多次在飞行中发生故障。这些事故结束了一些像齐伯林这样发明家的梦想，他们曾经幻想着巨型飞艇满载乘客飞遍世界。幸运的是，不久后飞机的迅速发展使这些梦想以另一种方式被实现。今天大型飞机可以载着数百名乘客，飞遍世界各地。

1.2.3 早期的飞机

中国的风筝在 14 世纪传入欧洲后，英国的乔治·凯利爵士（图 1-9）通过研究风筝的飞行能力，发现了风筝翅膀与风的角度的关系，利用这个发现，1809 年他研制了第一架滑翔机。早期滑翔机都是模仿风筝或鸟类（图 1-10）。1849 年，凯利设计的滑翔机将一个小男孩带上天空。凯利对于航空最重要的贡献在于理论方面的研究，他发表了重要的著作《论空中航行》，加上他的滑翔机载人试飞成功，确立了现代飞机的基本飞行原理和基本组成部分，并给重于空气飞行器的机械飞行下了明确定义。他剖析了飞机稳定性和操纵性的重要性；首次提出上反角的概念，指出其适用于侧向稳定；提出在飞机尾部安装水平尾翼（简称平尾），可保证纵向稳定；提出在尾翼上安装可转动的垂直尾翼（简称垂尾），可保证飞机良好的操纵性；并提出多翼机构想，并兼顾较大机翼面积和质量轻、

图 1-9 乔治·凯利爵士　　　　　图 1-10 模仿风筝或鸟类的早期滑翔机

强度高的要求。

1843 年，英国人亨森在朋友斯特林费洛的协助下，设计完成了"空中蒸汽车"，如图 1-11 所示。亨森沿着凯利确定的固定翼面的思路，设计了一架单翼飞行器，用一台 30 马力（约 22 371 W）的蒸汽机作为动力装置。"空中蒸汽车"的机翼具有双弯度，平尾和垂尾翼面可操纵。机翼的构造包括翼梁、翼肋，外覆一蒙布，起落架为三点式，这些都和现代飞机很接近。由于蒸汽机很笨重，不能使飞行器飞起来，所以亨森的设计只能停留在图样阶段，未能制造出来。

图 1-11 亨森的"空中蒸汽车"

1884 年，俄国海军军官莫扎伊斯基设计制造了一架单翼机，如图 1-12 所示。早年的莫扎伊斯基曾对鸟类做过仔细研究，萌发了发明载人飞行器的念头。他设计的单翼机具有机身、尾翼、四轮起落架，2 台蒸汽机和 3 副螺旋桨，载一名驾驶员的同时还可以载几名旅客。莫扎伊斯基的单翼机获得专利，并在彼得堡附近试飞过，但只能飞越 20～30 m 的距离，不能持续飞行。

图 1-12 莫扎伊斯基的单翼机

1890 年，法国工程师阿德尔设计制造了一架蝙蝠式飞机——"风神"，如图 1-13 所示，当年 10 月 9 日从平地起飞高度约 20 cm，飞跃距离约 50 m，然后摔下。1897 年阿德尔又设计制造了"飞机"号飞机，与"风神"号外形相似，"飞机"号也做了几次短暂的跳跃飞行，未能持续飞行。阿德尔的飞机机翼上没有操纵面，未解决操作稳定性问题。

图 1-13 阿代尔的蝙蝠式飞机

1.2.4 现代飞机雏形的形成

1903 年 12 月 17 日,这是一个载入史册的伟大日子,这一天开创了现代航空的新纪元。在美国北卡罗来纳州基蒂霍克的一块空地上,莱特兄弟(图 1-14)对他们制造的"飞行者"1 号飞机进行试飞。

"飞行者"1 号(图 1-15)是一架具有木制骨架、麻布蒙皮的双翼机。机长为 6.3 m,翼展为 12.3 m。它采用一个前机翼(升降舵)和一个主机翼的布局,两副机翼都是双翼结构。一台 4 缸水冷式汽油活塞式发动机被固定在主机翼下翼面上,功率为 8.95 kW,质量为 81 kg。这一天共进行了四次飞行,第一次留空时间为 12 s,飞行距离为 36 m;第四次成绩最好,留空时间为 59 s,飞行距离为 260 m。这是人类历史上第一次有动力、载人、持续、稳定和可操纵的重于空气飞行器的成功飞行,标志着人类征服天空的梦想开始变为现实,这一天被公认为是现代航空世纪的起始日。随后,飞机制造技术就取得了迅速的发展。战争的需求推动了飞机的发展,制造商之间的竞争也带动了飞机制造技术逐年显著进步。

图 1-14 莱特兄弟

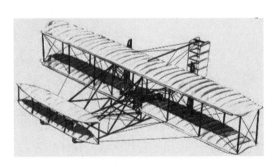

图 1-15 莱特兄弟设计的"飞行者"1 号

事实上"飞行者"1 号是一架典型的双翼飞机,它有两只平行的翅膀,一个在上一个在下,这种设计在早期得到推崇。双翼飞机用支柱、吊索和金属丝把两只翅膀连在一起。为了飞行的需要,飞机要设计得非常轻巧坚固。双翼飞机因为有两只翅膀,会得到比单翼飞机大 1 倍的升力,因而更容易飞离地面。

早期飞机设计者遇到的最主要的挑战之一就是如何使机翼更加坚固。美国滑翔机先驱奥克塔夫•查努特是一位建筑工程师，他尝试使用在房屋和桥梁建筑中使用过的十字交叉的构架，使得他的双翼滑翔机更加坚固。早期双翼飞机的进步得益于两类战争，一类是第一次世界大战（1914 年–1918 年）中控制战场制空权的战争；另一类是不那么残酷的战争——莱特兄弟的追随者们在飞机设计上的竞争。

双翼飞机为受力和可控性付出了一定的代价，它们的两对机翼加上用于连接众多压杆和支柱质量，使得飞机受到了更多的空气阻力。这造成了飞机的飞行速度减慢，并增加了燃料的消耗，使得双翼飞机无法飞得更快，飞得更远。这类问题在军用飞机方面更为显著。飞机需要尽快到达战场，而且高机动性也可以避免遭受炮火的打击。第一架单翼飞机其实是和双翼飞机差不多同时诞生。尽管单翼飞机可以飞得更快，但是它那单薄的机翼使它的起飞显得更加困难，在空中也更难以控制。一项类似建筑的梁柱结构的改革使得单翼飞机机翼更加坚固，翼梁就是沿着机翼长度方向的支柱，而弯曲的翼柱则形成了机翼的整体形状，它们的质量都由翼梁来支撑。

在莱特兄弟的双翼飞机成功飞行后不久，单翼飞机的设计就被提了出来。法国工程师布雷里奥在 1909 年制作了一架单翼飞机并成功地驾驶着它飞越了英吉利海峡。但是，在 20 世纪 30 年代之前，一直都是双翼飞机占据着统治地位，直到 1927 年，查布斯•林德伯格驾驶着他的单翼飞机"圣路易斯精神"号（图 1-16）。完成了著名的从纽约到巴黎单独飞越大西洋的飞行，这种状况才被打破。

图 1-16 "圣路易斯精神"号

在第二次世界大战（1939 年–1945 年）中，空战显得比第一次世界大战更为重要。20 世纪 30 年代战争开始迫近时，各国空军都在迅速地发展军用飞机，类似莱特兄弟设计的那种木质双翼飞机被用金属制成更结实、更成熟、更快的单翼飞机所取代。

希望飞机能够飞得更快更远，并能承载更大质量，一直是对飞机的设计提出的更高要求。特别是发动机，这一点非常明显，飞机想要继续发展，就必须要有新型的、功率强劲的发动机。飞机的下一项重大改革浮出了水面。

一个不幸的事实是，航空史的发展对战争做出了很大的贡献。1909 年，莱特兄弟为美国军队制作了世界上第一架军用飞机。一年以后，当时的世界军事大国都拥有了自己的飞机，尽管那时的飞机仅仅是用来侦察的。作战飞机起源于第一次世界大战前 3 年的一次意外，1911 年 10 月 30 日，一位意大利飞行员正在利比亚上空飞行，观察敌军的力量，飞机上的四枚手榴弹意外掉落到了敌人的阵地上。此后，轰炸机便很快问世了。美籍荷兰裔飞机设计师安东尼·福克进一步提出将发动机与机关枪连接起来的设计，这样可以通过发动机的旋转来传送子弹。福克成为当时最成功的作战飞机设计者之一。他设计制造了三翼飞机，还利用焊接钢管结构技术使飞机机身既轻又结实。

　　这一时期其他著名的作战飞机包括英国的"索普维斯骆驼"号，还有德国制造的早期的轰炸机"容克"号。20世纪30年代，一些国家认识到在未来的战争中，飞机将是非常重要的作战武器。因此，他们研制了更有威力的轰炸机，可以攻击地面。他们还设计制造了更先进的战斗机，用于在空中击毁敌机。飞机在第二次世界大战中成为至关重要的作战工具，历史上第一次大规模空战——不列颠空战，发生在1940年夏天。德国军队准备入侵英国，纳粹德国空军开始轰炸英格兰，但是，侵略计划被英国皇家空军粉碎了。英国皇家空军驾驶员和来自其他国家的志愿者一起，驾驶着"猎鹰者飓风""超级舰队喷火"等型号的飞机同德国的"福克－沃尔夫190""梅塞施密特109"等型号的战机进行了空中激战。另一次主要的空战是日本飞机轰炸位于夏威夷珍珠港的美国舰队，这次事件促使美国政府下定决心制造大量的现代战机。著名的战机包括"北美野马"和"格拉曼巫婆"等，而波音公司的"飞行堡垒"B-17轰炸机也投入使用。被称为战争终结者的飞机毫无疑问是波音公司的"超级空中堡垒"B-29飞机，如图1-17所示。它于1945年在日本的广岛和长崎分别投下一枚原子弹。

图1-17 "超级空中堡垒"B-29飞机

　　随着飞机的不断发展，飞机的飞行速度逐渐得到提升。1903年莱特兄弟的"飞行者"1号的最高速度为50 km/h，当11年后第一次世界大战爆发时，飞机的飞行速度大约是这个速度的2倍，到1918年世界第一次大战结束，飞机的速度达到大约209 km/h。再到第二次世界大战爆发的1939年，战斗机的速度达到了563 km/h。每一次速度的提升都使得飞机的发动机、机翼、机身承受了比以前大得多的压力。此时，飞机设计者们面对着一个必须思考的问题：飞机正常飞行而不会被撕碎的最高时速是多少？

　　20世纪30年代飞机设计师认识到，如果想要自己设计的飞行器任意提高速度，他们就需要使用完全不同类型的发动机。火箭发动机可以实现这一设想。虽然在理论上，火箭发动机能够大幅提升飞行器的飞行速度，但是实际上，它给设计者带来了新问题。火箭飞机的运行成本很高，而且不易于发射。还有很重要的一点就是，没有驾驶员愿意坐进那个看起来像焰火一样的驾驶舱。火箭发动机最终没能应用到飞机的驱动上。

1.2.5 喷气式飞机的出现

1910年，法籍罗马尼亚科学家亨利·科安达设计出了第一架喷气式动力飞机，但这架飞机在起飞时起火燃烧掉了。又过了20年，喷气式发动机被发明，再过了10年，喷气式飞机终于飞上了天空。

喷气式飞机早期的发展中有两个标志性事件，英国工程师弗兰克·惠特尔在1928年发明了喷气式发动机，然而制造出第一架喷气式飞机的人却是德国工程师奥海因与亨克尔。他们设计的HE-178（图1-18）于1939年8月27日飞上蓝天。喷气式战斗机出现得太晚了，没能在第二次世界大战中发挥太大的作用。然而，英国的喷气式飞机"不列颠格洛斯特流星"号和德国的"梅塞施密特"ME-262号都赶上了战争的尾巴。英国和德国是当时仅有的两个战争时期拥有喷气式飞机的国家，其他国家，包括美国和苏联，都是在战后才生产出了喷气式飞机。

图1-18 喷气发动机推进的HE-178飞机

喷气式发动机打破了螺旋桨飞机速度的限制，与以前相比，能以快得多的速度飞行。当飞机速度大大提高以后，驾驶员发现他们面临着一个限制速度——声音的速度，没有人认为飞机能够超过声速。一些人认为飞机飞行速度如果超过声速，飞机就会发生严重的紊乱，导致机毁人亡的结果，另一些人则不这么认为。

20世纪40年代后期，美国贝尔飞机公司的工程师们接受了这项挑战。他们知道，子弹的速度快于声速，于是，他们设计的X-1型飞机类似于0.50口径子弹的形状。放弃了使用新型喷气式发动机，而是决定利用波音的B-29轰炸机将X-1携带升空，然后使之脱钩单飞，这样做是为了在维持较长时间的高速飞行时可以节省燃料。

很多驾驶员在冲击声音屏障的飞行中丧生，在当时要寻找到一位甘愿冒生命危险进行试验的驾驶员是个问题。但有一位驾驶员主动迎接了这一挑战，他就是耶格尔少校，他是第二次世界大战中的王牌飞行员。1947年，他爬进了X-1的座舱，开始了历史性的起飞，他飞出了1 066 km/h的速度。X-1飞机如图1-19所示。

图 1-19 X-1 飞机

进入到和平年代，空中客机得到了发展，大型空中客机的出现宣布人类进入了一个新的时代，人们可以进行全球旅行。最早的、真正意义上的空中客机应该是波音 247。早期客机中最成功的是 1936 年投入服务的"道格拉斯" DC-3 飞机（图 1-20），它是那个年代能力最强和最成功的飞机。20 世纪 50 年代之前，客机得到一定程度的发展，在被喷气式发动机取代前，所有的飞机均由螺旋桨发动机驱动。最大的客机拥有四个螺旋桨发动机，可以载 100 人，最高速度为 480 km/h。此后，强力、安全、高效的喷气式客机"彗星"号由英国的哈维兰公司制造，于 1952 年投入飞行。

图 1-20 DC-3 飞机

很快，其他飞机制造商也都制造出了他们的喷气式客机。1958 年，波音公司的波音 707 投产，该型号喷气式飞机花费了数年时间研制，具有四个喷气式发动机。这种飞机一出现，立刻在美国投入空中运输服务。到了 20 世纪 60 年代，新型喷气客机用来进行国际性的和其他长距离的飞行。小型飞机则飞短途，因而更经济，如波音 727、波音 737 和 DC-9。

进入 20 世纪 70 年代，飞机比以前的任何时期都变得更大，如波音 747 大型喷气式客机"空中巨无霸"，如图 1-21 所示。以前的客机载客不会超过 200 人，而波音 747 可以载客 400 人左右。与此同时，喷气式客机也突破了声障，英国和法国进行了国际合作，生产出了世界上第一架超声速客机——协和号。但是，当协和号还在试验阶段，苏联的一架类似超声速飞机就已经投入了使用，命名为图 -144（图 1-22），1975 年进行了载货飞行。协和号在 1976 年实现了第一次载客飞行。1983 年，图 -144 因为不够安全而停止生产，协和号则作为世界上飞得最快的客机，直到 2003 年才结束了它的服务。

图 1-21　波音 747 飞机

图 1-22　苏联的图 -144 飞机

　　绝大多数现代飞机是由两家公司生产的。波音公司战胜了其他的美国竞争者，成为全世界最大的飞机制造商，以数字"7"字开头的系列飞机有波音 747、波音 757（图 1-23）和波音 777（图 1-24），它们是美国波音公司制造的中远程双引擎宽体的客机。波音公司最大的竞争对手是空中客车公司，这是欧洲的一家合作集团，生产它自己的系列飞机，空中客车系列从 1972 年首飞的空客 A300 发展起来。

图 1-23　波音 757 飞机

图 1-24 波音 777 飞机

飞机已成为现代社会不可缺少的工具，作为运输设备，它使地球变得越来越小；作为军事装备，它是现代战争不可缺少的获胜法宝。我们相信，随着航空技术的不断创新，飞机必将推动人类社会的进步。

1.2.6 直升机的发展

古代人类在探索飞行的过程中，第一个画出直升机设计图的是欧洲文艺复兴时期的达·芬奇。他在 1483 年记的札记中画出了直升机草图，如图 1-25 所示，并在草图中标

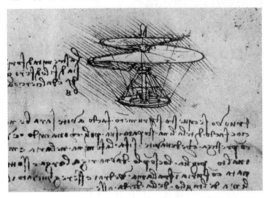

图 1-25 达·芬奇手稿中的直升机

明这架飞行机器的升力是由旋转着的螺旋面产生的。但遗憾的是达·芬奇的全部科研成果保存在他的手稿中，当时没有产生任何实际影响。过了 270 年后，俄国伟大的科学家与发明家罗蒙诺索夫设想了一种与现代直升机飞行原理相似的"小空气动力机"。俄国科学院 1754 年 3 月 14 日的一份备忘录这样写道："可敬的顾问罗蒙诺索夫讲解了他所发明的被称为空气动力机（腾空机）的机器。这架机器利用普通钟表上的弹簧力使各组机翼在水平面上向不同方向转动，机翼就把空气往下排开，这样，这架机器就升到高空大气层中去了。"这是最早的有关直升机思想的文字记载。

18 世纪后期，法国的波克顿曾设计过直升机，它包括两副螺旋桨，一副用于支撑，一副用于平衡，螺旋桨由人力驱动。到了 19 世纪，英国航空之父乔治·凯利从科学的角度研究过竹蜻蜓的飞行原理，并且画出了具有 4 个旋翼的垂直飞行器。不过他没有将其制造出来。

世界上第一个制造出载人直升机的人，是法国利济厄市的工程师保罗·科努。1906 年，保罗·科努开始实施他的直升机发明计划。直到 1907 年 8 月，他才制造出了世界上第一架载人直升机。当他为自己的杰作诞生长出了一口气的时候，却意外得知法国科学家布雷盖也研制出了一架直升机。自己的直升机还没有真正地飞上蓝天，别人的飞机已

研制出来。1907年9月9日，布雷盖在法国杜埃市进行试飞试验，结果并不算成功。科努又兴奋起来了，他立即对自己设计的飞机进行重新改进，一个部件一个部件地加工、制作、安装、调试。直到1907年11月13日，他坐进飞机里亲自驾驶，进行试飞。随着隆隆的轰鸣声，飞机终于渐渐地离开了地面，完成了历史上首次直升机（图1-26）自由升空……科努的直升机虽然只飞离地面0.3 m，飞行时间也仅有20 s，但是，却被认为是第一次直升机载人飞行，他也成为第一个制造出直升机的人。

图1-26 世界上第一架载人直升机

又过了20多年，进入20世纪30年代之后，直升机在技术上出现了重大突破。

1936年，德国人福克在对早期直升机进行多方面改进之后，制造出来一架FW-61直升机。经过多次成功的飞行试验，该机创造了垂直飞行等多项世界纪录，从而成为了世界上第一架能够在空中盘旋的直升机。

1939年，美籍俄裔飞机设计师西科尔斯基成功地研制出单旋翼直升机VS-300，使其成为了一种比较成功的新型直升机，并为后来直升机的发展指明了方向。

1940年，他又在此基础上研制出改进型VS-316直升机，这种新型直升机被美国陆军购置，成为世界上服役最早的直升机。

从此，直升机便在大西洋两岸迅速发展起来。它不需要机场跑道，能垂直起飞和着陆，并能前飞、后飞、侧飞，人们称它为"不要机场的飞机"。

涡轮轴发动机、复合材料桨叶和新型桨毂的应用，使直升机在20世纪后半叶在军事和国民经济领域发挥了重要作用。20世纪90年代，人们又研制出了目视、声学、红外及雷达综合隐身设计的武装侦察直升机。

半个世纪以来，直升机的发展经历了四代。20世纪60年代前出现的直升机为第一代，典型代表有苏联的米-4和美国的贝尔-47，最大速度为200 km/h，噪声水平高。第二代直升机出现于20世纪70年代中前期，有苏联的米-8，法国的"超黄蜂"等，最大速度为250 km/h，噪声有所下降。第三代直升机的典型机型有法国的"海豚"、美国的"黑鹰"和"阿帕奇"等，出现于20世纪90年代前，最大飞行速度达到300 km/h，噪声进一步得到控制。此后出现了第四代直升机，飞行速度超过300 km/h，噪声得到了较好控制，典型型号有北约组织的NH-90，美国已停止研制的"科曼奇"隐身武装直升机也应属于第四代直升机。

1.2.7 火箭发展简史

自从中国发明火药以来，火箭就开始发展了。在宋朝初期（公元 969 年），冯义升和岳义方两人利用火药制成了世界上第一支火箭——火药火箭。仅仅经过几年，这种火箭作为武器用于宋灭南唐的战争中。中国古代火药火箭如图 1-27 所示。后来，火箭经过发展、改进和传播，进入了阿拉伯半岛和欧洲。17、18 世纪及 19 世纪初叶，俄国、印度和英国为了军事上的需要，都大力发展火箭武器。直到 19 世纪中叶，火箭与火炮一直同时使用并互相竞争着。

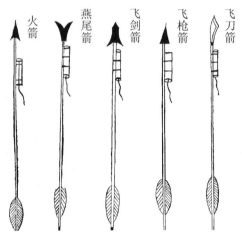

图 1-27 中国古代火药火箭

到 19 世纪末，由于冶金工业、机械加工工艺的发展，在火炮上采用以硝化纤维素为基的新型火药、提高炮膛压力、在炮膛中加工出膛线，以及由尾部装弹代替过去的由炮口装弹，大大地提高了火炮的性能，如射程、密集度和发射率等。相形之下，火箭技术就相对落后了，19 世纪中叶以后，火箭技术一直停滞不前。

在火箭发展处于低潮期间，各国科学家对火箭技术的研究和试验却一直进行着。俄国的齐奥尔科夫斯基在火箭技术方面的重要贡献是他提出了液体火箭的设想，并画出了示意图。他还创立了著名的火箭飞行速度公式，即齐奥尔科夫斯基公式，并提出了多级火箭的设计思想和星际航行的伟大设想。

进入 20 世纪，火箭技术由理论探索阶段向工程化迈进。1926 年，美国科学家戈达德研制出世界第一枚液体推进剂火箭，进行了飞行试验并获得了成功。第二次世界大战期间，德国在冯·布劳恩的领导下，研制出了首次在实战中使用的现代化火箭武器 V-2 导弹，标志着现代火箭技术已进入了实用化阶段，是火箭技术发展史上一个重要的里程碑。

第二次世界大战结束后，苏联、美国在德国 V-2 导弹技术的基础上大力发展自己的火箭技术，使火箭技术得到了突飞猛进的发展。除作为军事用途研制出多种火箭武器（导弹）外，各国还大力发展航天事业，将火箭作为开发太空的运载工具。1957 年 10 月 4 日，苏联首先利用运载火箭把人类历史上第一颗人造地球卫星送入了太空。之后运载火箭与军用火箭逐渐分道扬镳，技术发展迅猛。到目前为止，美、俄、日本、中国、印度等国家，以及欧洲空间局（ESA）研制出 30 余种大、中、小型运载火箭，并将数千颗各类卫星，月球、行星探测器，以及载人飞船和空间站等航天器送入太空，使航天事业获得飞速发展。世界各国曾经和正在使用的运载火箭主要有：苏联的"东方"号、"闪电"号、"联盟"号、"质子"号、"天"号、"能源"号，美国的"德尔塔""宇宙神""大力神""土星"，欧洲空间局的"阿里安"系列，日本的"M"系列和"H"系列，中国的"长征"系列运载火箭，等等。

1.2.8　导弹发展简史

自第二次世界大战以来，经过 60 余年的发展，导弹发展成种类繁多、用途广泛的现代化武器。目前，世界上能自行研制导弹的国家有 20 多个。回顾导弹的发展历史，导弹的发展可大致划分为早期发展阶段、大规模发展阶段、进一步提高阶段和全面更新阶段四个阶段。

1．早期发展阶段（1945 年—20 世纪 50 年代初）

人们从德国 V–1（图 1-28）、V–2 导弹在第二次世界大战中所发挥的作战效果中认识到，导弹在未来的战争中将发挥重要作用。美国、苏联、瑞士、瑞典等国，在第二次世界大战结束后不久，便继续了在第二次世界大战期间已经进行的导弹研究工作。英国、法国两国，分别于 1948 年和 1949 年重新开始了导弹的研究工作。

图 1-28　德国 V–1 导弹

这一阶段的重点是对导弹的基础理论和关键技术展开了全面研究，并开始了新的导弹武器试验和研制工作。

2．大规模发展阶段（20 世纪 50—60 年代初）

从 20 世纪 50 年代初开始，导弹进入了大规模发展时期。在此段时间，导弹武器的类别、型号、数量、研制国家、生产规模、投入资金和人力等诸方面均有很大的发展和变化。美国、苏联、英国、法国、瑞士和瑞典等国在早期发展阶段提出的各种导弹型号，大都在这段时间内相继研制成功。大家所熟知的一些导弹类别，如陆射和潜射洲际弹道导弹、远程战略巡航导弹、地（舰）空导弹、空空导弹、空地导弹、反舰导弹、反坦克导弹、反潜导弹乃至反导弹导弹等，都是在这一阶段问世的。据资料统计，在这一阶段各国研制的各类导弹总数达 180 余种。

由于受当时经济实力、科技水平、战争理论和作战思想的限制,这一阶段研制的导弹主要是解决有无问题,导弹的作战性能还比较差,普遍缺点是精度较低、结构笨重、体积较大、可靠性差和成本高。在大规模发展时期,战略导弹的有无问题已经解决,各种战术导弹均已开始装备部队,导弹的种类和数量已达到相当规模,世界范围内的导弹武器市场已开始形成。

3. 进一步提高阶段(20世纪60—70年代初)

从20世纪60年代初开始,导弹进入了改进性能、提高质量的发展阶段。20世纪60年代发生的越南战争和第三次中东战争,对导弹性能提出了一些新的要求。这一阶段对导弹性能改进的重点是改进发动机性能和安全性,减小导弹外形尺寸和结构质量,提高制导系统精度和抗干扰能力,提高各分系统的可靠性和零部件加工质量,延长导弹使用寿命和储存期,降低成本,提高导弹的战术使用性能,使导弹向实用化方向迈进了一大步。

在这一阶段,导弹技术的发展主要表现在两个方面,一是各类导弹都进行了多次改进,性能有明显提高;二是一些国家根据战争需要,加强和补全了自己缺少的导弹类型。但是上述改进大多是在没有打破原有导弹基本方案的前提下进行的。因此,导弹性能提高的幅度是有限的。

4. 全面更新阶段(20世纪70年代以后)

20世纪70年代以来,导弹进入了全面更新时期。国际形势的变化、战争的刺激、防御能力的增强、导弹需求数量的增长都要求加快导弹更新换代的速度,要求各导弹生产国家以更高性能的导弹投入国际竞争。

在此期间,导弹武器系统的设计思想有了新的发展。系统科学的理论和设计方法在导弹武器系统研制中发挥了重要作用,计算机技术已开始广泛应用于导弹武器研制的各个环节,模块化、多用途的设计思想在先进导弹的研制中有了充分体现,并广泛采用了"预埋改进技术"的研制方法。正是由于先进设计思想、设计方法的使用,在此期间先后出现了一些足以代表导弹发展方向的新型号,如弹道导弹中,美国的"潘兴"Ⅱ、MX和"侏儒"导弹,苏联的SS-20导弹;巡航导弹中,美国的"战斧"导弹;防空导弹中,美国的"爱国者",法国的"响尾蛇",苏联的SA-12、S-300导弹;空空导弹中,美国的"不死鸟"导弹;反舰导弹中,法国的"飞鱼",美国的"捕鲸叉"系列导弹;反坦克导弹中,美国的"海尔法"导弹;等等。尽管这些导弹的作战任务和具体的战术技术性能互不相同,但它们的共同特点是,都考虑了复杂的电子对抗和火力对抗的作战环境,抗干扰能力显著增强。导弹具有较高的机动性、生存能力和杀伤能力,作战使用方便性不断提高,较集中地反映了导弹武器的发展方向。

进入20世纪90年代以后,"精确打击"概念的提出对导弹武器的命中精度提出了更高的要求,性能先进的制导体制,如毫米波制导、激光制导、红外成像制导、景像区域相关制导及GPS/惯导组合导航等技术得以进一步发展,并广泛应用于先进的导弹武器上。

1.2.9 航天发展简史

德国的奥伯特研究了火箭及宇宙航行的理论,在其1923年出版的著作《飞往星际的火箭》一书中，对未来的液体火箭、人造卫星、宇宙飞船以及空间站等都做了精彩的设想和预言。这位先驱者的工作为航天技术的发展奠定了基础。

第二次世界大战结束后，苏联和美国都通过仿制 V-2 火箭积累了研制现代火箭系统的经验，并预见到在此基础上有可能发射人造地球卫星。他们在研制大型远程弹道导弹的同时，解决了发射人造地球卫星的一系列技术问题。1957 年 10 月 4 日，苏联把世界上第一颗人造地球卫星斯普特尼克 1 号（图 1-29）送上太空，这标志着人类航天活动的开始。随后，美国于 1958 年 1 月 31 日发射了"探险者"1 号人造地球卫星。此外，法国、日本、中国、英国等国家也先后用自己研制的运载火箭成功地发射了自己的第一颗人造卫星。人造卫星发射初期是属于航天器的试验阶段。在这个阶段，主要研究航天器的轨道、姿态、结构、各种仪器以及动物和人在空间的适应性。

图 1-29 斯普特尼克 1 号人造地球卫星

紧接着航天器试验阶段之后，人类转向对空间更广泛的探测，航天器进入空间应用和开发阶段。第一颗探测的目标是地球的天然卫星——月球。从 1959 年开始，美、苏发射了许多月球探测器，并以绕月飞行、硬着陆、软着陆等方式对月球进行科学考察。

1969 年 7 月 16 日美国航天员首次登上月球，随后又进行了多次登月活动。对太阳系内行星的探测是 20 世纪 60 年代初期开始的，美、苏都发射了许多空间探测器，分别对金星、火星、水星、木星、土星以及行星际空间和彗星进行探测。其中美国发射的"先驱者"10 号探测器于 1973 年 12 月飞近木星，行程 10 亿 km，向地球发回 300 幅木星和木星卫星的照片。它利用木星引力场加速飞向土星，又借助土星引力场加速，于 1986 年 6 月飞越冥王星平均轨道，成为第一个飞出太阳系的航天器。这一事实表明，在航天器空间应用和开发阶段，人造卫星占据着重要地位，发挥了很大的作用。

载人航天器的发展，几乎是与卫星同时在 20 世纪 50 年代末起步的。根据苏、美的经验，从发射无人飞船开始到建立长期性空间站，花了 30 多年时间，经历了 5 个阶段。

（1）无人飞船。利用动物（如狗或者猩猩等）作为乘客，对飞船的各种系统进行轨道飞行及回收试验，为载人上天做准备。

（2）单人飞船。试验人对轨道飞行的适应能力，全面验证飞船的各基本系统。1961 年 4 月 12 日，苏联成功地发射了第一艘"东方"号载人飞船（图 1-30），加加林（图 1-31）成为人类历史上首次登上太空的航天员，绕地球飞行了 108 min，开创了人类载人航天的新纪元。在加加林上天后不到一个月，即 1961 年 5 月 5 日，美国"水星"号进行了一次亚轨道飞行。1961 年 4 月 –1963 年 6 月期间，苏联的"东方"号单人飞船共飞行 6 次，主要活动是考验人类在空间的适应能力，进行编队飞行。1961 年 5 月 –1963 年 5 月期间，美国的"水星"号单人飞船共飞行 6 次，也主要是考验人类的适应能力。

图1-30 "东方"号载人飞船

图1-31 航天员加加林

（3）多人飞船。一般载2～3人，试验人的舱外活动，飞船的轨道机动、交会与对接，人在两艘飞船之间进行转移等技术，为发展空间试验做准备。"上升"号飞船是苏联研制的多人飞船，形状与大小同"东方"号飞船非常相似，但可乘坐2～3人。"上升"号飞船共发射了两艘，"上升"1号飞船于1964年10月12日发射升空，有3名航天员同行；"上升"2号飞船在1965年3月18日发射升空，航天员列昂诺夫身着航天服，用脐带式系留装置与飞船连接，实现了人类在太空的首次行走。美国也相继成功发射了"双子星座"号双人飞船和"阿波罗"号三人飞船，1969年7月20日–21日，"阿波罗"11号飞船成功在月球上软着陆，航天员阿姆斯特朗和奥尔德林踏上月球，人类载人航天和空间探索取得重大突破。

（4）短期性空间站。一般是单舱式站（或一个生活舱加一个后勤舱），进行压力舱基本系统的试验、空间科学、微重力应用、对地观测等试验。1971年4月19日，苏联发射了世界上第一个空间站"礼炮"1号（图1-32），之后"联盟"号飞船与之对接。1971年4月–1976年6月，苏联共发射了5个"礼炮"号空间站，其中"礼炮"4号寿命最长，在轨道上运行了两年多时间。美国的"天空实验室"在1973年5月用"土星"5号火箭发射，先后接纳了3批共9名航天员在里面进行科学观测和科学实验活动，进行了270多项有关天文、地理和医学的研究。

图1-32 世界上第一个空间站"礼炮"1号

（5）长期性（永久性）空间站。是一种模块式组装的大型空间基地，是从科学试验向轨道生产过渡的空间设施。苏联的"和平"号空间站是多模块组合空间站的典型例子。1986年2月10日，苏联用"质子"号火箭发射了"和平"号空间站的核心舱，已先后对接的有"量子"1号舱、"量子"2号舱、"晶体"舱、"大自然"舱和"光谱"舱，为开发太空资源、开展空间科学实验与观测提供了独有的场所。由美国、俄罗斯等16个国家参与的"国际空间站"的轨道组装工作已于1998年展开，于2010年进入全面使用阶段。

随着航天活动的开展，人们发现发射航天器的成本很高，于是着手研制可重复使用的运载工具。1981年4月，世界上第一架垂直起飞、水平着陆、可重复使用的航天飞机美国"哥伦比亚"号试飞成功，标志着航天运载器由一次使用的运载火箭转向重复使用的航天运载器的新阶段。

展望未来，航天器将进入大规模的开发应用阶段。可以预计，21世纪国际上投资发展航天器尤其是投资发展应用卫星的国家会越来越多，发展规模也会越来越大。在航天器的开发中，世界各国越来越重视国际合作，国际性的航天计划越来越活跃，航天技术对世界的和平与进步也正在发挥着越来越重要的作用。

1.3 飞行器的分类

按照飞行环境和工作方式的不同，可以把飞行器分为航空器、航天器、火箭和导弹三类。在大气层内飞行的飞行器称为航空器，在大气层外飞行的飞行器称为航天器。航空器靠空气的静浮力或靠与空气相对运动产生的空气动力升空飞行，航天器通过运载火箭的推动获得必要的速度，进入大气层外，在引力作用下完成类似于天体的轨道运动。火箭是以火箭发动机为动力升空，是一种可以在大气层内或大气层外飞行的飞行器；导弹是一种带有战斗部、依靠制导系统控制其飞行轨迹的飞行器。从动力装置和飞行范围来说，火箭和大部分导弹更接近于航天器，国际上将导弹称为小航天，火箭和卫星称为大航天。

1.3.1 航空器

1. 按产生升力的基本原理不同分类

航空器要升空飞行，必须有一个能克服航空器自身重力的向上力，航空器所产生的这个向上力称为升力。根据产生升力的基本原理不同，航空器分为轻于同体积空气的航空器和重于同体积空气的航空器两大类。轻于空气的航空器依靠空气的净浮力升空，随风飘行或靠动力飞行，又称浮空器，在历史上发挥过重要作用，而且现在仍在使用。但对航空事业更有意义，也更为复杂的是重于空气的航空器。重于空气的航空器依靠与空气相对运动产生升力升空，如飞机、直升机，以及装有翼面的空空、地空、空面、巡航导弹等，它们靠与空气的相对运动产生的空气动力升空飞行。按照不同的构造与特点，航空器还可以进一步细分，如图 1-33 所示。

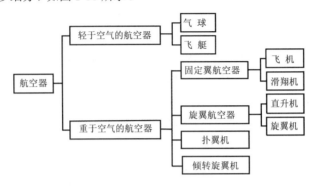

图 1-33 航空器分类

（1）轻于空气的航空器。

根据工作原理的不同，浮空器可分为气球和飞艇等。

①气球。主体为气囊，气囊下面通常为吊篮或吊舱，气球一般无推进装置。气囊的功能是装载密度比空气小的气体，使气球在空气中产生浮力而升空。按照气囊内所充气体的种类，气球可分为热气球、氢气球和氦气球等；按气球升空后有无系留装置可分为自由气球和系留气球两类。气囊里面充满了气体以提供升力，另外里面还有辅助气囊，一般用浸胶织物或塑料薄膜等柔性材料制造而成，具有足够的强度和气密性，可有效地防止气体的泄漏，并具有很长的使用时间。气囊下面的吊篮或吊舱一般由轻质材料制成，用于放置仪器设备或人员乘坐。气球可用于气象、空间和地面探测、通信中继、体育或休闲运动等领域，也可用于军事侦察和监视。

②飞艇。飞艇又名可操纵气球，操纵方法是靠发动机和螺旋桨推动前进，并靠方向舵来控制方向。飞艇一般由艇体、尾面、吊舱和推进装置等部分组成。为减小航行时的阻力，艇体的外形呈流线型，内部充以密度比空气小的氦气或氢气，以产生浮力使飞艇升空。

一般从结构上看，飞艇可分为三种类型：硬式飞艇、半硬式飞艇和软式飞艇。硬式飞艇是由其内部骨架（金属或木材等制成）保持形状和刚性的飞艇，外表覆盖着蒙皮，骨架内部则装有许多为飞艇提供升力的充满气体的独立气囊。软式和半硬式飞艇的艇体形状靠气囊内的气体压力维持。吊舱位于艇体内的下方，通常采用骨架蒙皮式结构，用于人员乘坐、装载货物或压舱物、安装仪表设备和发动机等。飞艇的尾面包括稳定面和操纵面，用来控制和保持飞艇的航向、俯仰和稳定。飞艇的推进装置为飞艇的起飞、降落和空中悬停提供动力，一般由发动机、减速器和螺旋桨构成。通过改变艇体内的气体量，抛掉压舱物，利用艇体、尾面的升力或者改变推力或拉力的方向均可控制飞艇上升或下降。飞艇曾经广泛用于海上巡逻、反潜、远程轰炸和兵力空运。随着飞机的出现，飞艇的用途转变为商业运输，在现代广告业中也发挥着重要作用。图 1-34 所示为中国首个 5G 无人氦气飞艇试飞成功，升空后最长可驻留 30 天。

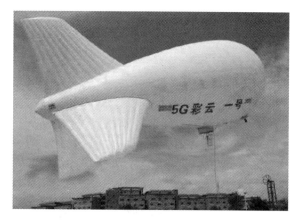

图 1-34　中国首个 5G 无人氦气飞艇

（2）重于空气的航空器。

重于空气的航空器靠自身与空气相对运动产生的空气动力升空飞行。常见的这类航空器主要包括固定翼和旋转翼两大类，另外，还有像鸟一样飞行的扑翼航空器和近些年来出现的倾转旋翼航空器。

①固定翼航空器。固定翼航空器主要包括飞机与滑翔机两类。

a. 飞机是指由具有一具或多具发动机的动力装置产生前进的推力或拉力，由机身的固定机翼产生升力，在大气层内飞行的重于空气的航空器。飞机是应用范围最广的航空器，飞机动力装置的核心是发动机，用于产生飞机前进的动力，以此克服飞机与空气相对运动时产生的阻力，它是飞机获得速度和产生升力的根本保证。按发动机不同飞机又可分为喷气飞机和螺旋桨飞机。飞机由机体结构和功能系统组成。

飞机机体结构通常包括机翼、机身、尾翼和起落架等，如图 1-35 所示，如果发动机不安装在机身内，那么发动机短舱也属于机体结构的一部分。机翼是飞机产生升力的部件，机翼后面有可操纵的活动面，外面的称为副翼，用于控制飞机的横向运动；靠近机身的称为襟翼，用于增加起飞着陆时的升力。机翼内部通常装有油箱，机翼下面可外挂副油箱或各种武器，部分飞机的起落架和发动机也安装在机翼下。机身用来装载人员、货物、设备燃料和武器等，也是飞机其他结构部件的安装基础。尾翼是平衡、稳定和操纵飞机飞行姿态的部件，通常包括垂直尾翼和水平尾翼两部分，方向舵位于垂直尾翼后部，用于控制飞机的航向运动；升降舵位于水平尾翼后部，用于控制飞机的俯仰运动。起落架由支柱、缓冲器、刹车装置、机轮和收放机构组成，用于控制飞机停放、滑行、起飞和着陆滑跑。

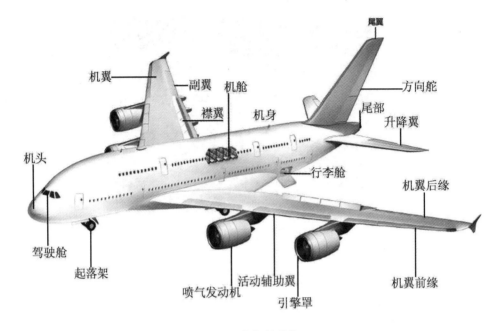

图 1-35 飞机机体结构

飞机功能系统一般包括动力装置燃油系统、操纵系统、液压冷气系统、人机环境工程系统、电气系统、通信导航与敌我识别系统、军械和火力控制系统等。

b. 滑翔机。滑翔机大多没有动力装置，是重于空气的固定翼航空器。滑翔机可由飞机拖拽起飞，也可用绞盘车或汽车牵引起飞，还可从高坡上下滑到空中。在无风情况下，滑翔机在下滑飞行时依靠自身重力的分量获得前进动力，这种损失高度的无动力下滑飞行称为滑翔。在上升气流中，滑翔机可像老鹰展翅那样平飞或升高，通常称为翱翔。动力滑翔机装有小型辅助发动机，不需外力牵引就可以自行起飞，但滑翔时不可关闭动力装置。滑翔和翱翔是滑翔机的基本飞行方式。现代滑翔机主要用于体育运动。滑翔机一般由机翼、光滑细长的机身及尾翼组成。

②旋翼航空器。旋翼航空器主要包括直升机、旋翼机、扑翼机和倾转旋翼机四类。

a. 直升机。直升机是一种以动力装置驱动的旋翼作为主要升力和推进力来源，能垂直起落及前后、左右飞行的旋翼航空器。直升机主要由机体（含旋翼和尾桨）和升力、动力、传动三大系统以及机载飞行设备等组成。旋翼一般由涡轮轴发动机或活塞式发动机通过由传动轴及减速器等组成的机械传动系统来驱动，也可由桨尖喷气产生的反作用力来驱动。按质量大小则分轻型直升机、中型直升机和重型直升机。

直升机发动机驱动旋翼提供升力，把直升机举托在空中，单旋翼直升机的主发动机同时也输出动力至尾部的小螺旋桨，机载陀螺仪能侦测直升机回转角度并反馈至尾桨，通过调整小螺旋桨的螺距可以抵消大螺旋桨产生的不同转速下的反作用力。双旋翼直升机通常采用旋翼相对反转的方式来抵消旋翼产生的反转力矩。按照旋翼反作用扭矩的平衡方式，直升机可分为四种形式：单旋翼带尾桨式直升机、双旋翼共轴式直升机、双旋翼纵列式直升机和双旋翼横列式直升机。

我国制造的单旋翼带尾桨式直升机直–9（图1-36）应用于军用和民用各个领域。在军用方面，武装直升机已经成为现代战场上的"坦克杀手"。在民用方面，直升机可用于海上石油勘探平台、短途运输、医疗救护、救灾救生、紧急营救、吊装设备、地质勘探、护林灭火、空中摄影等。目前直升机相对飞机而言，振动和噪声水平较高，维护检修工作量较大，使用成本较高，速度较低，航程较短。直升机今后的发展方向应该在这些方面加以改进。

图1-36 直–9直升机

b. 旋翼机。旋翼机是一种利用前飞时的相对气流吹动旋翼自转以产生升力的旋翼航空器。它的前进力由发动机带动螺旋桨直接提供。旋翼机必须滑跑加速才能起飞。旋翼机实际上是一种介于直升机和飞机之间的飞行器，它除去旋翼外，还带有一副垂直放置的螺旋桨以提供前进的动力，一般也装有较小的机翼在飞行中提供部分升力。由于旋翼机没有尾梁、没有尾传动系统及减速器自动倾斜器，绝大部分旋翼机也没有主旋翼传动系统、主减速器等，其传动结构简单，所以价格低、故障率低，使用维护简单方便，所需费用也低。

旋翼机于1923年制成，但因旋翼阻力大，飞行速度在300 km/h以下，因而发展不大，但它促进了直升机的发展。旋翼机虽然古老，但它也是一种正在蓬勃发展的年轻飞行器，其好用、安全、便利的特点，使其在未来的航空器家族中仍将占有一席之地。

c. 扑翼机。扑翼机又称为振翼机，是一种机翼能像鸟和昆虫翅膀那样上下扑动的重于空气的航空器。如图1-39所示为各种型式的扑翼机模型。扑动的机翼除了产生升力，还产生向前的推动力。随着现代材料、动力、制造技术，特别是微机电技术（MEMS）的进步，已经能够制造出接近实用的扑翼飞行器。这些飞行器从原理上可以分为仿鸟式扑翼和仿昆虫式扑翼，以微小型无人扑翼机为主，也有大型载人

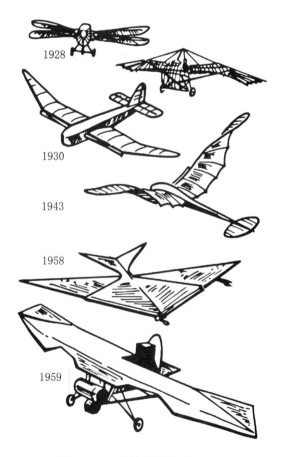

1928

1930

1943

1958

1959

图1-37 各种型式的扑翼机模型

扑翼机试飞。仿鸟式扑翼的扑动频率低，机翼面积大，类似鸟类飞行，制造相对容易；仿昆虫扑翼扑动频率高，机翼面积小，制造难度高，但可以方便地实现悬停。现代扑翼虽然已经能够较好地实现飞行与控制，但距实用仍有一定差距，在近期内仍无法广泛应用，只能用在一些有特殊要求的任务中，如城市反恐中的狭小空间侦察。

现代扑翼机需要解决的主要问题是气动效率低、动力及机构要求高、材料要求高、有效载荷小。目前仍无法完全了解扑翼扑动过程中的流动模型和准确气动力变化，也没有完善的分析方法可以用于扑翼气动力计算，相关研究主要依赖试验。

d. 倾转旋翼机。倾转旋翼机是一种将固定翼飞机和直升机特点融为一体的新型飞行器，是一种同时具有旋翼和固定翼，并在机翼两侧装有一套可在水平与垂直位置之间转动的旋翼倾转系统组件的飞机。由于机翼两端的螺旋桨发动机可以上下转动，所以，当螺旋桨发动机从水平状态转到垂直状态时，就可以像直升机一样实现垂直起降和悬停，当螺旋桨发动机处于水平状态时，就能给飞机一个向前的推力，相当于固定翼螺旋桨飞机飞行。在螺旋桨发动机处于这两种状态之间时，既产生了升力，又产生了推力，能使飞机以低速飞行。有人把这种飞机称为"直升飞机"，与直升机相比，倾转旋翼机航程远，航速高。现在世界上唯一有实用价值的倾转旋翼机是美国贝尔公司研制的V-22，如图1-38所示。倾转旋翼机不需要跑道就可以起飞，已经受到广泛关注，相信它将成为一种重要的军民用运输工具。

图1-38 V-22 倾转旋翼机

2.按航空器应用领域分类

（1）军用航空器。

军用航空泛指用于军事目的的一切航空活动，主要包括作战、侦察、运输、警戒、训练和联络救生等。

在20世纪的战争中，夺取制空权是战争胜利的重要手段，也是军用航空的主要活动。军用飞机可分为作战飞机和作战支援飞机两大类。典型的作战飞机有战斗机（又称歼击机）、攻击机（又称强击机）、战斗轰炸机、反潜机、战术和战略轰炸机等。作战支援飞机包括军用运输机、预警指挥机、空中加油机、侦察机和军用教练机等，除固定翼飞机外，军用直升机在对地攻击、侦察、运输、通信联络、搜索救援以及反潜等方面发挥着巨大作用，已成为现代军队，特别是陆军的重要武器装备。

（2）民用航空器。

民用航空是指利用各类航空器为国民经济服务的非军事性飞机活动。根据不同的飞行目的，民用航空分为商业航空和通用航空两大类。

①商业航空是指只在国内和国际航线上的商业性客、货（邮）运输，这类运输服务主要由国内和国际干线客机、货机或客货两用机以及国内支线运输机承担。

②通用航空只用于公务、工业、农林牧副渔业、地质勘探、遥感遥测、公安、气象、环保、救护、通勤、体育和观光游览等方面的飞行活动。

通用飞机主要有公务机、农业机、林业机、轻型多用途飞机、巡航救护机、体育运动机和私人飞机等。

1.3.2 航天器

航天器是指在地球大气层以外的宇宙空间，基于天体力学规律运动的各类飞行器，又称空间飞行器。航天器的出现使人类的活动范围从地球大气层内扩展到广阔无垠的宇宙空间，标志着人类认识自然和改造自然能力的飞跃，对社会经济和社会生活产生了重大影响。

航天器在地球大气层以外运行，摆脱了大气层阻碍，可以接收到来自宇宙天体的电磁辐射信息，开辟了全波段天文观测。航天器从近地空间到行星际空间飞行，实现了对空间环境的直接探测以及对月球和太阳系大行星的抵近观测和直接取样观测。

航天器与自然天体不同的是可以通过控制改变其运行轨道或回收。航天器为了完成航天任务，还需具备发射场、运载器、航天测控系统、数据采集系统、用户站台以及回收等设施的配合。如果航天器需要载人，更需要携带维生资源，以及生命维持系统、乘员观察训练程序的协助。

1. 航天器按是否载人分类

航天器分为无人航天器和载人航天器，根据是否环绕地球运行，无人航天器又分为人造地球卫星和空间探测器。按照各自的用途和结构形式，航天器还可进一步细分，如图1-39所示。

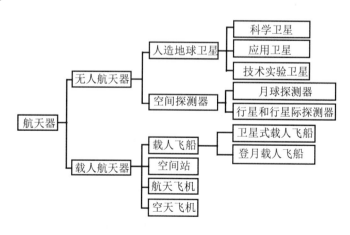

图1-39 航天器分类

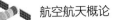

（1）无人航天器。

无人航天器包括人造地球卫星和空间探测器。

人造地球卫星。人造地球卫星是指环绕地球在空间轨道上运行的无人航天器，简称人造卫星，人造卫星是发射数量最多，用途最广、发展最快的航天器。人造卫星基本按照天体力学规律绕地球运动，但因在不同的轨道上受地球引力场、大气阻力、太阳引力、月球引力和光压的影响，实际运动情况非常复杂。

人造卫星一般由专用系统和保障系统组成。专用系统是指与卫星所执行的任务直接有关的系统，也称为有效载荷。应用卫星的专用系统按卫星的各种用途包括通信转发器、遥感器、导航设备等；科学卫星的专用系统是各种空间物理探测、天文探测等仪器；技术试验卫星的专用系统是各种新原理、新技术、新方案、新仪器设备和新材料的试验设备。

保障系统是指保障卫星和专用系统在空间正常工作的系统，也称为服务系统，主要有结构系统、电源系统、热控制系统、姿态系统、轨道控制系统、无线电测控系统等。对于返回卫星，则还有返回着陆系统。

按卫星系统中各种设备其功能的不同，分为有效载荷及卫星平台两大部分。有效载荷，对于不同类型的卫星均不相同；卫星平台，为有效载荷的操作提供环境及技术条件。

按航天器在轨道上的功能进行分类，就人造地球卫星而言，可分为观测站、中继站、基准站和轨道武器四类。每一类又包括了各种不同用途的航天器。

a. 观测站，卫星处在轨道上，对地球来说，它站得高，看得远（视场大），用它来观察地球是非常有利的。此外，由于卫星在地球大气层以外不受大气的各种干扰和影响，所以用它来进行天文观测也比地面天文观测站更加有利。这种功能的卫星有侦察卫星、气象卫星、地球资源卫星、海洋卫星等。

b. 中继站，是一种在轨道上对信息进行放大和转发的卫星。具体分为两类：一类用于传输地面上相隔很远的地点之间的电话、电报、电视信号和数据；另一类用于传输卫星与地面之间的电视信号和数据。这种卫星包括通信卫星、广播卫星、跟踪和数据中继卫星等。

c. 基准站，这种卫星是轨道上的测量基准点，所以要求对它测轨非常准确。这种卫星包括导航卫星、测地卫星等。

d. 轨道武器，是一种积极进攻的航天器，具有空间防御和空间攻击的职能，包括拦截卫星、轨道轰炸系统等。

人造卫星按用途分可分为科学卫星、技术试验卫星和应用卫星三大类。

a. 科学卫星是用于科学探测和研究的卫星，主要包括空间物理探测卫星和天文卫星，用来研究高层大气、地球辐射带、地球磁层、宇宙线、太阳辐射等，并可以观测其他天体。

b. 技术试验卫星是进行新技术试验或为应用卫星进行试验的卫星。航天技术中有很多新原理、新材料、新仪器，必须在太空中检验其能否使用；判断一种新型卫星能否投入使用，需要将它发射到太空中进行性能试验；人类进入太空之前必须先用动物进行试验，而这些都是技术试验卫星的使命。

c. 应用卫星是直接为人类服务的卫星，它的种类最多，数量最大，包括通信卫星、气象卫星、侦察卫星、导航卫星、测地卫星、地球资源卫星和截击卫星等。多数情况下，科学卫星也兼有技术试验功能，如我国于1981年9月20日用"一箭三星"技术发射成功的"实践"系列卫星，就是空间物理探测与新技术试验卫星"实践"二号卫星，如图1-40所示。

图1-40 新技术试验卫星

空间探测器。空间探测器，也称深空探测器，是对月球和月球以外的天体和空间进行探测的无人航天器，如图1-41所示是2020年中国发射的火星探测器"天问一号"，空间探测器的基本构造多与人造地球卫星相近，但探测器通常用于执行某一特定探测或调查的任务，因而会携带相应的科学探测仪器等特殊设备，由运载火箭送入太空，飞近月球或行星进行距离观测。空间探测器按探测的对象分为月球探测器、行星和行星际探测器、小天体探测器等。

图1-41 2020年中国发射的火星探测器"天问一号"

空间探测器离开地球时必须获得足够大的速度才能克服地球引力，以实现深空飞行。为了保证探测器沿双切轨道飞到与目标行星轨道相切处时，目标行星恰好也运行到该处，必须选择在地球和目标行星处于某一特定相对位置的时刻发射探测器。探测器可以在绕飞行星时，利用行星引力场加速，实现连续绕飞多个行星。

一般而言空间探测器的主要目的是了解太阳的起源、演变和现状；了解太阳系的变化历史；通过观察比较太阳系内各主要行星，从而进一步认识地球环境的形成和演变以及探索生命的起源等。

月球与人类关系密切，也是离地球距离最近的较大天体，因此它是人类进行空间探测的首选目标。世界上已有多个国家向月球发射了探测器并进行了月球实地考察。"月球"16号是人类第一个实现在月球上自动取样并送回地球的探测器，它于1970年9月12日降落在月球表面，并于24日离月返回地球。

中国的探月工程起始于2003年3月1日，并于2007年和2013年先后发射了"嫦娥"一号探测器、"嫦娥"二号探测器和"嫦娥"三号探测器。"嫦娥"四号探测器于2018年12月8日，在西昌卫星发射中心由"长征"三号乙运载火箭发射，2019年1月3日，"嫦娥"四号成功登陆月球背面，全人类首次实现月球背面软着陆。"嫦娥"五号探测器由轨道器、返回器、着陆器、上升器等多个部分组成，由于体积庞大，故将使用中国新一代的重型运载火箭"长征"五号发射。2020年11月24日4时30分，在中国文昌航天发射场，"长征"五号遥五运载火箭成功发射"嫦娥"五号探测器，顺利将探测器送入预定轨道。

在行星和行星际探测方面，美国、苏联、日本及欧洲一些国家发射了多个探测器对太阳系内不同天体及其星际之间进行了探测。其中"旅行者"1号和"旅行者"2号已经离开太阳系成为恒星际探测器。

（2）载人航天器。

载人航天是指人类驾驶和乘坐载人航天器在太空中从事各种探测、研究、试验、生产和军事应用的往返飞行活动。其目的在于突破地球大气的屏障，克服地球引力，把人类的活动范围从陆地、海洋、大气层扩展到太空，更广泛和更深入地认识整个宇宙，并充分利用太空和载人航天器的特殊环境进行各种研究和试验活动，开发太空极其丰富的资源。根据飞行和工作方式的不同，载人航天器可分为载人飞船、载人空间站和航天飞机三类。

①载人飞船。载人飞船又称宇宙飞船，是指能够保障航天员在外层空间生活和工作以执行航天任务并返回地面的航天器，它的运行时间一般是几天到半个月，一般只乘2～3名航天员。飞船与返回式卫星有很多相似之处，但为了满足载人的条件，故增加了许多特殊系统，以满足宇航员在太空工作生活的多种需要。按照运行方式的不同，现在已成功发射的载人飞船可分为卫星式载人飞船和登月载人飞船两大类。卫星式载人飞船绕低地球轨道运行，登月载人飞船用于载运登月航天员。目前尚在研究阶段的还有行星际载人飞船。人类成功发射的第一艘载人飞船是由苏联在1961年4月12日发射升空的"东方"1号，而它搭载的宇航员加加林也成为人类历史上的第一位宇航员。1961年到1972年间美国实行了"阿波罗"计划，1969年7月20日"阿波罗"11号成功将人类送上月球，乘员之一的阿姆斯特朗也成为首位踏上月球的人。中国于2003年10月15日成功发射了第一艘载人飞船"神舟"五号，杨利伟成为首位进入太空的中国航天员。

②空间站。空间站又称航天站、太空站、轨道站，是一种在近地轨道长时间运行，可供多名宇航员巡访、长期工作和生活的载人航天器。空间站分为单一式和组合式两种。单一式空间站可由航天运载器一次发射入轨，组合式空间站则由航天运载器分批将组件送入轨道，在太空组装而成。

空间站的基本组成是以一个载人生活舱为主体，再加上有不同用途的舱段，如工作实验舱、科学仪器舱等。空间站外部必须装有太阳能电池板和对接舱口以保证站内电能供应和实现与其他航天器的对接。

空间站在太空接纳航天员进行实验，可以使载人飞船成为只运送航天员的工具，从而简化了其内部的结构，减轻其在太空飞行时所需要的物资。这样既能降低其工程设计难度，又可减少航天费用。另外，空间站在运行时可载人，也可不载人，只要航天员启动并调试后它可照常进行工作，定时检查，到时就能取得成果。这样能缩短航天员在太空的时间，可减少许多消费。当空间站发生故障时，可以在太空中维修、换件，延长航天器的寿命。因为空间站能数个月或数年地长期飞行，故保证了太空科研工作的连续性和深入性，这对研究的逐步深化和提高科研质量有重要作用。

中国空间站由天和核心舱、梦天实验舱、问天实验舱、载人飞船（即已经命名的"神舟"号飞船）和货运飞船（"天舟"飞船）五个模块组成。各飞行器既是独立的飞行器，具备独立飞行的能力，又可以与核心舱组合成多种形态的空间组合体，在核心舱统一调度下协同工作，完成空间站承担的各项任务。图1-46所示为中国空间站的结构示意图。

③航天飞机。航天飞机是一种有人驾驶、可重复使用的、往返于太空和地面之间的航天器，又称太空梭或太空穿梭机，航天飞机是一种垂直起飞、水平降落的载人航天器，它既能像运载火箭那样把人造卫星等航天器送入太空，也能像载人飞船那样在轨道上运行，还能像滑翔机那样在大气层中滑翔着陆。航天飞机为人类自由进出太空提供了便利的工具，是航天史上的一个重要里程碑。

航天飞机由轨道器、固体燃料助推火箭和外贮箱三大部分组成。20世纪70年代至80年代，美国、苏联、法国和日本等国先后开展了航天飞机研制计划，但只有美国的航天飞机最终投入使用，如图1-43所示是发射过程中的"发现"号航天飞机。

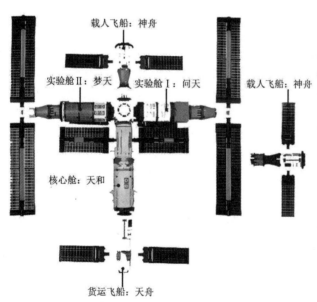

图1-42 中国空间站的结构示意图

图1-43 发射过程中的"发现"号航天飞机

2. 航天器按用途分类

除此之外，航天实际上有军事航天和民用航天之分，但世界各国在宣传自己的航天工业时都主要强调其科学探索或民用市场的潜力。

（1）军事航天。

在美国、俄罗斯等国已发射的航天器中，具有军事用途的超过80%。现在，占领和控制近地空间已经成为西方大国争取军事优势的新焦点。

用于军事目的的航天器可分为三类：卫星系统、反卫星系统和载人航天系统。

①卫星系统主要分军用通信卫星、导航卫星、气象卫星和侦察（间谍）卫星等。

②反卫星系统包括反卫星卫星、定向能武器和动能武器。其中，激光武器、粒子束武器和射频武器等属于定向能武器；动能导弹、电磁炮和电热弹等属于动能武器。

③载人航天系统分为空间站、飞船和航天飞机、空天飞机等。空间站可用作空间侦察与监视平台、空间武器试验基地、天基国家指挥所、未来天军作战基地等。

（2）民用航天。

民用航天的潜力是巨大的，它包括空间物理探测、空间天文探测、卫星气象观测、卫星海洋观测、卫星广播通信、卫星导航、遥感考古、太空旅游以及地外生命探索等。微重力环境下完成的各种物理、化学和生物试验等成果是航天为人类文明与进步所做的直接贡献。

1.3.3 火箭和导弹

火箭和导弹是一类特殊的飞行器，它们在大气层内和大气层外均可飞行，但一般都只能使用一次。

1. 火箭

火箭是靠火箭发动机提供推进力的飞行器。火箭发动机自身携带全部推进剂，不依赖空气或其他工作介质产生推力。根据使用的能源不同，火箭可分为化学火箭、核火箭和电火箭。化学火箭又分为固体火箭、液体火箭和混合推进剂火箭。火箭按照用途可分为无控火箭弹、探空火箭和运载火箭。

图1-44 "长征"五号运载火箭

火箭的基本组成部分有推进系统、箭体结构和有效载荷。推进系统是火箭飞行的动力源；箭体结构的作用是装载火箭的所有部件，使之成为一个整体；有效载荷是火箭所要运送的物体，军用火箭的有效载荷是战斗部，科学研究火箭的有效载荷是各种仪器，运载火箭的有效载荷则是各种航天器。

运载火箭一般分为2～4级，用于把人造地球卫星、载人飞船、空间站、行星际探测器等送入预定轨道。末级有仪器舱，内装制导与控制系统、遥测系统和发射场安全系统。有效载荷装在仪器舱内，外面套有整流罩。运载火箭每一级都包括箭体结构、推进系统和飞行控制系统。自1957年苏联多次利用运载火箭发射人造卫星，至20世纪80年代，世界各国已研制成功了多种大、中、小型运载火箭。比较著名的有苏联的"东方"号系列运载火箭、美国的"大力神"系列运载火箭和中国的"长征"系列运载火箭等。图1-44 所示为我国的"长征"五号运载火箭,它成功发射了火星探测器和"嫦娥"五号探测器,实现了我国地球同步转移轨道运载能力由 5.5 吨级到 14 吨级的跨越。

2. 导弹

导弹是一种飞行武器,它依靠制导系统来控制其飞行轨迹,目的是把高爆弹头或核弹头送到打击目标附近引爆,并摧毁目标。导弹的种类繁多,分类方法各异。根据作战使命可分为战略导弹和战术导弹,按照发射点和目标的相对位置,导弹可分为地地导弹、地空导弹、空空导弹和空地导弹四类,其中地地导弹的内涵比较丰富,包括了从地面、地下、水面和水下发射的导弹,攻击目标也有地面、水面和水下之分。根据弹道特征还可分为弹道导弹和巡航导弹,图1-45 所示为我国的"鹰击"2 号(C-802)反舰导弹。一般把射程超过 8 000 km 的导弹称为洲际导弹。

导弹通常由战斗部、弹体结构、动力装置和制导系统组成。战斗部又叫弹头,是用于毁伤目标的专用装置;弹体是把导弹各部件连接起来的支承结构;动力装置是导弹飞行的动力源;制导系统用于控制导弹的飞行方向、姿态、高度和速度,引导导弹或弹头准确地飞向目标。

图 1-45 "鹰击" 2 号(C-802)反舰导弹

1.4 我国的航空航天工业

中国的风筝和火箭是世界公认的最古老的飞行器。灿烂的中国古代文明与其他国家的古代文明一起,共同孕育了现代航空航天技术的萌芽。在近代中国的屈辱历史中,我国的工业化水平远落后于西方国家。新中国成立后,我国的航空航天工业开始快速发展。经过半个多世纪的努力,基本建成了我国的航空航天工业体系。航空航天工业在国防和经济建设中发挥着越来越重要的作用。"飞豹"战斗轰炸机和"神舟"系列载人试验飞船的成功，标志着我国的航空航天工业进入了一个新的发展时期。

1.4.1 我国的航空工业

从 1910 年清政府开始筹办飞机修造厂到 1949 年，旧中国只有十多个设备相当简陋的航空工厂，修理、装配、设计和制造过少量飞机。当时所有原材料、机载成品和设备均依赖外国进口，根本没有自己独立的航空工业，更谈不上航空科研体系。

新中国成立以后，1951 年 4 月 17 日，中央军委和政务院颁发了《关于航空工业建设的决定》，对新中国航空工业建设的任务、方针、组织领导等做出明确规定。4 月 18 日，中共中央决定在原重工业部设立航空工业局。经过 50 余年的建设，我国的航空工业从修理到制造，从仿制到自行研制，已经形成了具有相当规模和基础、配套齐全的航空科研设计、制造和试验的工业体系。航空工业已成为我国国民经济中技术密集、基础雄厚的新兴产业之一。

五十多年来，我国先后建立了飞机、发动机、航空电子、军械武器、仪表等专业设计研究机构，建立了空气动力、强度、自动控制、材料、工艺、试飞和计算技术等专业研究试验机构。我国航空科研的技术手段不断更新，试验设备日臻完善，已建成了一批技术先进的风洞试验设施、飞机全机静力试验室、发动机高空模拟试车台和飞行试验实时数据采集和处理系统等。

我国航空工业的产品主要有军用飞机、民用飞机、战术导弹、航空发动机、机载设备和以各种机动车为主的民用产品。

1. 军用飞机

新中国的航空工业在抗美援朝战争中诞生。初期阶段主要承担修理军用飞机以保障战争需要的紧迫任务。1953 年开始的第一个五年计划期间，我国的航空工业在苏联的援助下进行建设。新中国第一架试制成功的飞机，就是仿制苏联的雅克 –18 飞机生产的初级教练机，命名为初教 –5，如图 1-46 所示。初教 –5 于 1954 年 7 月 3 日首飞成功，一个月后就开始批量生产，其构造特点为构架式机身、矩形中翼加梯形外翼的机翼、1 台装木质螺旋桨的活塞发动机、后三点式起落架。初教 –5 为训练和培养我国早期飞行员做出了贡献。

图 1-46 初教 –5 教练机

新中国自行设计并研制成功的第一架飞机是歼教 1，于 1958 年 7 月 26 日首飞成功，如图 1-47 所示。虽然后来由于空军训练计划的变动，该机没有投入成批生产，但是它的研制成功为我国积累了自行研制飞机的经验，对培养我国第一代飞机设计人员具有重要意义。

图 1-47 歼教 -1

我国第一种自行设计制造并投入成批生产和大量装备部队的飞机是初教 -6，如图 1-48 所示。该飞机性能比初教 -5 有所提高，采用前三点式起落架以适应现代飞机的训练要求。初教 6 于 1958 年 8 月 27 日首飞成功，随后不久解决了改装国产发动机等问题，于 1962 年 1 月定型。

图 1-48 初教 -6 飞机

我国第一架喷气式战斗机是歼 -5 型飞机，这是一种高亚声速歼击机，用于国土防空和争夺前线制空权，兼有一定的近距对地攻击能力，装有一台带加力燃烧室的离心式涡轮喷气发动机，是当时世界上比较先进的战斗机。歼 -5 飞机 1956 年 7 月 19 日首飞成功，同年交付部队正式服役。歼 -5 飞机的研制成功和大量装备部队，使我国的航空工业和空军进入喷气时代，成为当时在世界范围内掌握喷气技术的少数国家之一。歼 -5 有单座和双座两种型号，双座为同型教练机歼教 -5。如图 1-49 所示为编号" 中 0101"的第

一架国产歼 –5 歼击机。

图 1-49 编号"中 0101"的第一架国产歼 –5 歼击机

歼 –6 是我国第一代超声速战斗机，最大平飞速度达到声速的 1.4 倍，机身头部进气，装两台发动机，采用大后掠角机翼和全动式水平尾翼，如图 1-50 所示。该机于 1958 年 12 月 17 日首飞，后来大批装备空、海军部队。通过歼 –6 飞机的研制、交付和使用，中国的航空工业掌握了超声速战斗机的一整套制造技术和管理经验。歼 –6 有单座系列型号和双座的歼教 –6。

图 1-50 歼 –6 飞机

在歼 -6 成批生产和装备部队后，第二代超声速战斗机也研制成功，包括歼 –7 和歼 –8 系列。歼 –7 和歼 –8 都是高空高速歼击机，在飞行性能、飞行品质、救生系统、武器系统、机载电子设备和发动机方面都比歼 –6 有明显的改进和提高。1966 年 1 月 17 日，歼 –7 首飞成功，1 年半后定型生产。飞机采用机头进气、三角机翼和全动平尾，装有一台涡喷七发动机。歼 –7 后来有许多改型，如歼 –7 Ⅱ、歼 –7 Ⅲ、歼 –7M、歼教 –7 和歼 –7E 等，如图 1-51 所示。所有型号的最大飞行速度均超过 2 倍声速。其中歼 –7M 为出口型，歼教 –7 为同型高级教练机。歼 –7E 在气动设计方面有较大改动，除装备空军部队外，还是当时我国"八一飞行表演队"的表演用机。

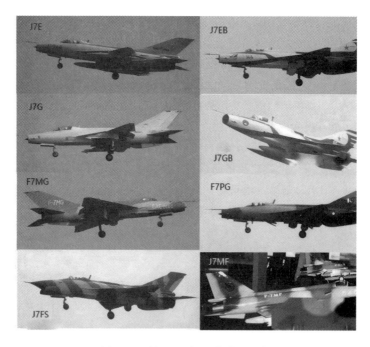

图 1-51 歼 –7 飞机一些改型飞机

歼 -8 是我国自行设计制造的战斗机，1969 年 7 月 5 日首飞，1980 年设计定型并开始交付空军使用。歼 –8 的空气动力布局与歼 –7 类似，但更突出高空、高速性能，装有两台涡喷七甲发动机。歼 –8 有多个改进型号，其中歼 –8 Ⅱ将机头进气改成两侧进气，在歼 -8 基础上做了重大改进，使之具有当代歼击机特点，于 1984 年 6 月 12 日首次试飞，如图 1-52 所示。歼 –8 Ⅱ也有多个改进型号，其中歼 –8D 具有空中受油能力，可用轰 –6 轰炸机改装的空中加油机对其空中加油。歼 –8 系列的研制成功，标志着我国的军用航空工业进入了自行研究、自行设计和自行制造的新阶段。在研制歼 –8 的同时，我国还研制成功了歼 –12 轻型战斗机，于 1970 年 12 月 26 日首次试飞。但该型号没投入成批生产和装备部队。

图 1-52 歼 –8 Ⅱ飞机

歼 –10 是我国自行研制的、具有完全自主知识产权、多用途的第三代战斗机，分单座、双座两种，性能先进，用途广泛，实现了我国战斗机从第二代向第三代的历史性跨越。歼 –10 于 1986 年开始研制，1998 年 3 月 23 日首飞成功，2004 年设计定型，定型前已小批量装备部队。"鸭式气动"、电传飞控的歼 –10 成就中国风格三代战机，具有高可靠性、高生存力和高机动性能，其作战半径大，起降距离短，攻击能力强，综合作战效能达到国际同类战斗机先进水平，图 1-53 所示为歼 –10 战机。

2011 年 1 月 11 日，中国首款具有自主知识产权的第四代战机歼 –20 首飞成功，我国航空工业研制能力和航空武器装备建设再上新台阶，实现了从第三代向第四代的巨大跨越。歼 –20（图 1-54）是第四代双发重型战斗机，具有高隐身性、高态势感知、高机动性等突出特点，2016 年首次在第十一届珠海航展亮相，引起轰动。

图 1-53 歼 –10 战机　　　　　　　图 1-54 歼 –20 战机

轰 –5 是我国自行改进设计的轻型轰炸机，于 1966 年 9 月 25 日首飞成功，第二年正式批量生产，有轰 –5 鱼雷型和特种武器试验机、轰侦 –5 和轰教 –5 等型号。轰 –6 是我国研制的高亚声速中型轰炸机，如图 1-55 所示。1968 年 12 月 24 日首飞，1969 年交付部队，该机有多个改进型号，能执行常规轰炸、战略轰炸和防区外空中打击任务。轰 –6 还成功改装为空中加油机，采用插头锥管式空中加油方式，可同时为两架歼 –8D 战斗机空中加油。

图 1-55 轰 –6 轰炸机

水轰 5 飞机是我国自行研制的第一代水上轰炸机，于 1976 年 4 月 3 日首次在水面起降试飞成功。

"飞豹"是我国研制的新型歼击轰炸机，如图 1-56 所示。型号为歼轰 –7 的"飞豹"于 1988 年 12 月 14 日首飞成功，主要执行对地和海面目标的攻击任务，同时具有较强的空中作战能力，该机在 1998 年的珠海国际航空航天博览会上引起巨大轰动。

图 1-56　歼轰 -7"飞豹"战机

强 -5 是我国自行设计制造的强击机，如图 1-57 所示。在我国军用飞机中首次采用锥形机头和机身两侧进气方式，并在机身设计上使用了跨声速面积律。该机于 1965 年 6 月 4 日首飞成功。强 -5 有多个改进型号，其中强 -5 甲于 1972 年成功执行空中甩投原子弹任务。

图 1-57　强 -5 强击机

FC-1"枭龙"轻型多用途战斗机是我国自行研制，巴基斯坦空军参与开发的新型战斗机，如图 1-58 所示，于 2003 年 8 月 25 日首飞成功。该机具有突出的中低空和高亚声速机动作战能力，有较大的航程、续航时间和作战半径，以及优良的短距起降特性和较强的武器装载能力，达到了第三代战斗机的综合作战效能，现已交付巴基斯坦空军使用。

图 1-58　FC-1"枭龙"轻型多用途战斗机

K-8 是中国和巴基斯坦联合研制的串列双座中级教练 / 轻型对地攻击机，如图 1-59 所示。于 1990 年 11 月 21 日首飞成功。该机装有一台涡轮风扇发动机，可用于全程中级飞行训练，外加部分初级和高级飞行训练，也能执行对地攻击任务。L-15 和 JL-9 是我国最新研制成功的高级教练机。

图 1-59 中国和巴基斯坦联合研制的 K-8

党的十八大以来，以歼 20 的研制为代表，航空工业改革和发展全面推进，并带动了航空装备的跨越式发展。运 20 大型运输机、直 -20 中型多用途直升机、歼 15 舰载机、空警 500 预警机、第四代空空和空地导弹、直 -10 武装直升机、"翼龙"系列无人机，以及在研的大型水陆两栖飞机 AG600 等一系列航空装备产品捷报频传。

除上述机型之外，我国还研制了多个型号的靶机和无人侦察机。50 多年来，共设计军用飞机 70 多个型号，生产 1 万多架。飞机性能和作战能力逐步提高，实现了高机动性和全天候作战。这些飞机主要装备我国空军和海军部队，并全部实现了国产化。同时，发动机和机载成品附件的研制和生产也取得了可喜成绩。我国航空工业还设计生产各种战术导弹 1 万多枚，包括近程地地、地空、空空、舰舰、岸舰导弹等。

2. 民用飞机

运 -5 是新中国制造的第一架小型运输机，如图 1-60 所示，该机采用双翼布局，后三点式起落架，一台活塞发动机和一具四叶金属螺旋桨，最大载重 1 500 kg，具有使用维护方便、安全可靠和经济性好的特点。运 -5 于 1957 年 12 月 10 日首飞成功，4 个月后定型投入成批生产，主要用于农林作业、短途客运和航空体育运动。

图 1-60 运 -5 运输机

"北京"1 号是新中国自行研制的第一架轻型旅客机，由北京航空航天大学的前身北京航空学院的师生设计、生产，于 1958 年 9 月 24 日由著名飞行员潘国定驾驶首飞成功。该机装有两台活塞式发动机，可载客 8 人，巡航速度为 270 km/h，曾进行过 46 架次、30 多飞行小时的试飞。

我国还自行设计制造了小型多用途飞机运 -11 和运 -12。运 -11 于 1975 年 12 月 30 日首飞，1977 年设计定型。运 -12 于 1982 年 7 月 14 日实现首飞，飞机有 17 个座位。

1985 年 12 月，运 –12 取得了中国民用航空局颁发的型号合格证，后来的改进型号分别获得英国 CAA 和美国 FAA 型号合格证。图 1-61 所示为多用途的运 –12F 小型运输机。

图 1-61 运 –12F 小型运输机

运 –7 是我国研制的支线客机，采用直上单翼、低平尾气动布局，装有两台涡轮螺旋桨发动机，能载客 52 人，运 –7 于 1970 年 12 月 25 日首飞成功，1982 年 7 月设计定型。经过三年的试运营，于 1986 年 4 月正式投入国内航线。运 –7 有多个改型，性能逐步得到提高。运 –8 是我国研制的中型运输机，于 1974 年 12 月 25 日首飞成功，飞机装 4 台发动机，有效载重 20 t。

1970 年 8 月，我国开始自行研制大型喷气客机运 –10，如图 1-62 所示，该机于 1980 年 9 月 26 日首飞成功。运 –10 装有四台涡扇发动机，设计最大载客 178 人，采用 5 人制机组。由于未能获得民航公司的订货，该机在试飞了多个架次、170 余个飞行小时后，于 1985 年停止研制。运 –10 在试飞中，曾 7 次进入西藏，降落在海拔 3 540 m 的拉萨贡嘎机场，成为首次成功飞越世界屋脊的中国自行研制的飞机。随后我国与美国合作生产麦道 MD–82 等大型客机，飞机的使用情况良好，共生产了 35 架，其 10 架返销美国，后因麦道公司与波音公司合并而终止合作。

图 1-62 大型喷气客机运 –10

2003 年 10 月 26 日，我国第一架拥有自主知识产权，适用于私人商务活动的轻型飞机" 小鹰 "500 首次试飞成功，填补了我国通用航空领域 4 ～ 5 座轻小型飞机生产的空白。该机最大起飞重量为 1 400 kg，载重量为 560 kg，可在小型简易机场起降，其综合性能达到了国外同类产品的先进水平。图 1-63 为飞行中的" 小鹰 " 500。

图 1-63 "小鹰" 500

2002 年 1 月，我国启动 21 世纪新一代支线客机 ARJ21 项目，研制适应我国西部高原机场起降和复杂航路营运要求的新型涡扇支线客机。ARJ21 有四种不同机型，座位数量在 70～90 之间。2007 年 12 月 20 日，ARJ21 被命名为"翔凤"，第二天，首架飞机总装下线。我国还研制了多个型号的轻型和超轻型民用飞机，广泛用于通用航空和各种专业航空。2007 年 2 月 26 日，国务院正式批准我国大飞机国家重大专项立项实施，标志着我国大型民用客机和大型运输机进入工程研制阶段。

3. 直升机

我国的直升机工业是从 20 世纪 50 年代后期起步的，经历了引进国外技术、参照设计、自行研制和进行国际合作等发展阶段，主要产品有直 -5、直 -8 和直 -9 三个机型，还有一些小型和轻型直升机，如直 -11、"延安" 2 号、"701" 型等。

1958 年 12 月 14 日，我国第一架直升机直 -5 首飞成功，三年后设计定型，直 -5（图 1-64）是一种多用途直升机，最大起飞重量为 7 600 kg，可用于空降、运输、救护、水上救生、地质勘测、护林防火、边境巡逻等，曾参加过邢台和唐山地震的救灾工作。直 -8 是我国研制的第二代大型直升机，于 1985 年 12 月 11 日首飞成功，1989 年 4 月通过技术鉴定。直 -8 装有三台发动机，采用金属桨叶和全金属的半硬壳式机身结构，最大起飞重量为 13 000 kg。该机可用于运输、救护、搜索、警戒、反潜、扫雷等行动，特别适用于海上救援工作。

图 1-64 直 -5 直升机

1980 年，我国引进法国专利生产直 –9 直升机。这是一种代表 20 世纪 70 年代后期先进水平的新型多用途直升机，最大起飞重量为 3 850 kg，具有结构质量轻、有效载荷大、性能先进等特点，全机使用 80% 的复合材料蒙皮。由法国生产零部件，我国总装的首架直 –9 于 1982 年 2 月 6 日在首都机场表演试飞，1989 年通过技术鉴定。1992 年 1 月 16 日，国产化的首架直 –9 首飞成功。直 –9 有多个改型，我国驻港部队空军使用的就是直 –9 型军用直升机，我国陆军航空兵也大量使用直 –9 武装型直升机。直 –11 轻型直升机是我国第一种自行设计制造并拥有自主知识产权的直升机。该机最大起飞重量为 2 200 kg，1996 年 12 月 26 日首飞成功，1998 年首批交付使用，性能表现出色，受到用户好评。

在轻型直升机方面，北京航空航天大学研制成功了"海鸥"无人驾驶直升机、"蜜蜂"16 共轴式单座直升机（图 1-65）、"蜜蜂"18 无人驾驶直升机，在填补国内共轴式直升机空白的同时，使国内共轴式直升机研制技术取得突破性进展。南京航空航天大学和西北工业大学也成功研制出了轻型直升机。

图 1-65 "蜜蜂"16 共轴式单座直升机

1.4.2 我国的航天工业

当今世界，进入太空的能力是一个国家综合国力与科技实力的重要标志，那么，航天技术就是国家综合实力的重要组成和标志之一。新中国的航天工业起步于 1956 年。当时我国的经济还很落后，工业基础和科学技术力量也相对薄弱，为了把有限的人力、物力和财力集中使用到国家最重要、最急需、最能影响全局的地方，党和政府决定重点发展以导弹、原子弹为代表的尖端技术，随后大力发展运载火箭和人造地球卫星等航天技术，这就是我国的"两弹一星"工程。50 多年来，我国在导弹武器、运载火箭、人造地球卫星和载人航天等方面取得了辉煌成就，航天工业为我国的国防建设做出了巨大贡献。中国航天事业的一些重要里程碑，见表 1.1。

表 1.1 中国航天事业的一些重要里程碑

序号	时段	航天事件
1	1956—1970 年（起步阶段）	1956 年，中国成立了第一个导弹研究机构，标志着中国航天事业的起步
		1960 年，中国成功发射了第一枚国产地对地导弹
2	1970 年（"东方红"一号发射成功）	1970 年 4 月 24 日，中国成功发射了第一颗人造卫星"东方红"一号，成为世界上第五个独立发射卫星的国家
3	1992—2003 年（载人航天阶段）	1992 年，中国正式立项实施载人航天工程，代号"921 工程"
		2003 年 10 月 15 日，中国成功发射了第一艘载人航天飞船"神舟"五号，杨利伟成为中国第一位进入太空的航天员
4	2011 年至今（空间站建设阶段）	2011 年，中国发射了"天宫"一号目标飞行器，标志着空间实验室建设阶段的开始
		2021 年，中国空间站"天和"核心舱成功发射，中国空间站建设进入新阶段
5	2004 年至今（探月工程阶段）	2004 年，中国启动了"嫦娥"工程，旨在实现绕月、落月和返回地球的目标
		2019 年，"嫦娥"四号探测器成功在月球背面着陆，这是人类历史上首次着陆月球背面
6	2020 年至今（火星探测阶段）	2020 年，中国发射了"天问"一号火星探测器，并于 2021 年成功着陆火星，标志着中国成为第二个实现火星着陆的国家
7	2000 年至今（北斗导航系统建设阶段）	2000 年，中国开始建设自己的卫星导航系统"北斗"
		2020 年，"北斗"三号全球卫星导航系统正式开通，提供全球服务

1. 导弹

1956 年 10 月 8 日，我国第一个导弹研究院，即国防部第五研究院正式成立。开始是在苏联专家的援助下仿制他们的 P-2 近程地地导弹，之后独立研制各类火箭和导弹武器。

1958 年 9 月 22 日，北京航空学院师生研制的我国第一枚探空火箭——"北京"2 号 BJ-2S 型固体火箭发射成功。从 9 月 24 日到 10 月 3 日，又连续发射 5 枚"北京"2 号高空探空火箭，均获成功，其中 3 枚为两级固体火箭，另外 2 枚为固体 + 液体组成的两级火箭。1960 年 2 月 19 日，由液体主火箭和固体助推器组成的两级探空火箭 T-7M 发射成功。

1960 年 9 月 10 日，使用国产燃料，独立操作，成功发射了一枚苏制 P-2 导弹，为我国仿制的 P-2 导弹发射积累了宝贵经验。1960 年 11 月 5 日，仿制的 P-2 近程地地导弹在我国西北某导弹试验基地点火升空，7 min 后，弹头落在目标区内，试验取得圆满成功。这种导弹的研制成功是我国军事武器装备历史上的一个重要里程碑。

近程地地导弹发射成功后，导弹研究院开始独立研制我国的中近程地地导弹，经过不断努力和修改设计，这种以液体燃料为推进剂的导弹于 1964 年 6 月 29 日发射成功，并在接下来的 1 年时间内，连续 11 次发射成功。1964 年 10 月 16 日，我国原子弹爆炸试验成功。1966 年 10 月 27 日，我国中近程地地导弹装载着真正的核弹头从试验场升空，弹头按预定程序分离，然后在靶心上空实现核爆炸。导弹核武器的试验成功，表明我国有了可用于实战的核导弹。

1967年5月26日，我国独立研制的中程液体地地导弹发射试验取得完全成功，该导弹采用了4台发动机并联的动力装置。1970年1月30日，我国的中远程液体地地导弹首次长射程飞行试验成功，该导弹由两级火箭组成。

1980年5月18日，我国第一枚洲际液体地地导弹从西北某试验基地发射升空，经过30 min的飞行，准确到达南太平洋预定海域，使我国成为世界上第三个拥有洲际导弹的国家。这次洲际导弹的发射是全程试验，弹道最高点达1 000 km，射程在9 000 km以上。

1982年10月12日，我国常规动力潜艇成功地从水下发射了我国第一枚固体推进剂战略导弹。1988年9月15日，我国核动力潜艇从水下发射固体潜地导弹定型试验获得圆满成功，标志着我国完全掌握了导弹核潜艇水下发射技术，在驰骋大洋的战略核力量中，出现了中国导弹核潜艇的身影。潜地导弹在战略防御中具有机动性强、隐蔽性好的特点，我国是第五个拥有潜地战略导弹的国家。

在地（舰）空导弹方面，我国从1957年仿制苏式C-75导弹起步，经过40多年的努力，已经研制出能在不同高度，不同作战场合打击来犯之敌的多种防空导弹，其中包括中高空地空导弹"红旗"1号至3号，中低空地（舰）空导弹"红旗"61号和"红旗"61号甲导弹，以及低空和超低空地空导弹"红缨"5号、"红缨"5号甲和"红旗"7号导弹等。当我国的地空导弹事业还在起步阶段时，就与侵犯我国领空的美制高空侦察机进行了较量。1962年9月9日，我地空导弹部队采用机动打埋伏的战术，在南昌上空将一架C-2高空侦察机击落，此后还多次击落U-2飞机。1967年后，U-2再不敢进入我领空进行间谍侦察。

我国反舰导弹的发展也是从20世纪50年代后期开始的。从仿制国外的舰舰导弹开始，经过改型设计，增大射程，发展为多个型号的岸舰导弹。然后自行设计，独立发展了采用固体火箭发动机的亚声速和超声速舰舰、空舰等反舰导弹，其中包括"上游"1号，"海鹰"1号舰舰导弹，"海鹰"2号及其甲、乙改型岸舰导弹，"鹰击"6号，"魔击"8号空舰导弹以及低空超声速反舰导弹等。我国现代巡航导弹的研究和开发也取得了重大成果，部分反舰导弹的技术水平已跻身于世界先进行列。

2. 运载火箭

中国自行研制的运载火箭用"长征"命名。长征运载火箭起步于20世纪60年代，1970年4月24日"长征"一号运载火箭首次成功发射"东方红"一号卫星。

长征火箭已经拥有退役、现役共计4代20种型号。其中"长征"一号、"长征"二号、"长征"二号E、"长征"三号、"长征"四号甲5个型号已退役；"长征"二号丙、"长征"二号丁、"长征"二号F、"长征"三号甲、"长征"三号乙、"长征"三号丙、"长征"四号乙、"长征"四号丙、"长征"五号、"长征"五号乙、"长征"六号、"长征"六号甲、"长征"七号、"长征"七号甲、"长征"八号和"长征"十一号16个型号在役。另有"长征"六号X、"长征"十一号甲2个型号在研，"长征"九号1个型号论证中，"长征"十二号运载火箭计划2024年首飞。其中"长征"二号E、"长征"二号F和"长征"三号乙为捆绑—串联式多级火箭，其余都为串联式多级火箭。如图1-66所示为我国研制的部分运载火箭。

长征-1 长征-2 长征- 长征-2D 长征-2E 长征-2FT1 长征-3 长征-3A 长征-3B 长征-4A ▲ 长征-6 长征-7 长征-11
　　　　长征-2C 2C/SD　　　　　　　　　　　　　　　　　　　　　长征-4B 长征-5

图 1-66 我国研制的部分运载火箭

1970 年 4 月 24 日 21 时 35 分，中国第一枚运载火箭"长征"一号携带着中国的第一颗人造地球卫星，从我国酒泉卫星发射场发射升空，10 min 后，卫星顺利进入轨道。"长征"一号运载火箭是一种串联式三级火箭，第一、二级使用液体火箭发动机，第三级使用固体火箭发动机，火箭高约 30 m，起飞总重近 82 000 kg，起飞推力约 100 000 kg。正是该火箭将 173 kg 重的"东方红"一号卫星送入地球轨道。"长征"一号丁运载火箭是在"长征"一号基础上改进设计的，主要用于发射低轨道小型、微型卫星，发射成本较低，具有一定的国际竞争力，可以把 750 kg 的有效载荷送入近地轨道。

"长征"二号运载火箭是二级液体火箭，于 1975 年 11 月成功地发射了我国第一颗返回式卫星。此后，根据发射卫星的需要，陆续派生出许多型号，使"长征"二号系列成为运载火箭的大家族。"长征"二号系列主要用于发射高度在 500 km 以下的各类近地轨道卫星和其他航天器。1982 年 9 月"长征"二号丙运载火箭发射返回式卫星成功，该火箭与"长征"二号相比，近地轨道运载能力从 1 800 kg 提高到 2 500 kg。1993 年 4 月，中美签订用中国火箭发射美国"铱"星的合同，由此产生了"长征"二号丙改进型火箭，能将 1 500 kg 的有效载荷送入 630 km 的极地圆轨道，每次发射可将两颗"铱"星送上天。从 1997 年 12 月到 1999 年 6 月，该火箭先后 6 次圆满完成了合同规定的任务。"长征"二号丁运载火箭是在"长征"二号丙的基础上改进而成的，有效载荷提高到 3 100 kg。简称"长二捆"的"长征"二号 E 运载火箭是为适应国际卫星发射市场的需要研制发展而成的，在"长征"二号丙的基础上，将箭体加长，并在第一级火箭周围捆绑 4 个液体火箭助推器，可把 9 200 kg 的有效载荷送入 200 km 以上的近地轨道。1992 年 8 月 14 日，"长二捆"火箭将第一颗澳大利亚卫星送入太空，卫星准确入轨。"长征"二号 F 是"长征"二号家族中的最新改进型号，主要用于发射我国的"神舟"号飞船，并于 1999 年 11 月 20 日，成功将我国第一艘实验飞船"神舟"一号送入地球轨道。

掌握地球静止轨道发射技术，发射地球同步通信卫星和气象卫星，是一个国家运载火箭技术进入世界先进行列的重要标志。在"长征"二号技术基础上，我国发展了"长征"三号三级液体火箭。1984 年 4 月 8 日，"长征"三号运载火箭成功将我国"东方红"二号试验通信卫星送入预定地球同步轨道，实现了我国航天技术水平的一次新的飞跃。"长征"三号甲运载火箭是在"长征"三号基础上研制的大型三级火箭，技术性能有较大提高，地球同步轨道的运载能力比"长征"三号增加1 000 kg，达到2 600 kg。1994年2月8日，"长征"三号甲首次发射就将两颗卫星送入预定轨道；1994年11月30日，该火箭发射成功我国新一代实用通信卫星"东方红"三号。"长征"三号乙运载火箭在"长征"三号甲第一级火箭周围捆绑了4个与"长二捆"相同的液体火箭助推器，火箭的地球同步转移轨道运载能力达到了5 100 kg，使我国的运载火箭进入了世界大型火箭的行列；1997年8月，该火箭将重3 770 kg的亚洲功率最大的通信卫星（菲律宾"马部海"卫星）送入预定轨道。

"长征"四号运载火箭是用于发射太阳同步轨道卫星的运载工具。1988年9月7日，"长征"四号运载火箭首次发射，将我国制造的第一颗实验气象卫星准确送入高度为901 km的太空，成功地发射了"风云"一号气象卫星，并搭载了"实践"五号科学实验卫星。

"长征"五号是我国研制中的新一代重型运载火箭，可将25 t的有效载荷送入地球近地轨道、将14 t的有效载荷送入地球同步转移轨道。

"一箭多星"技术作为一种先进的发射方式，能够充分地利用运载火箭的运载能力，降低卫星发射成本。我国最早在1981年9月20日通过"风暴"一号运载火箭成功发射"实践"二号、"实践"二号甲、"实践"二号乙三颗科学实验卫星，成为世界上第四个掌握一箭多星技术的国家。2023年，我国一箭多星纪录在几天内两度被刷新：6月7日，"力箭"一号火箭成功发射一箭26星；8天过后，"长征"二号丁火箭成功发射一箭41星。

"长征"系列运载火箭家族"人丁"兴旺，成员各有所长，设计师们根据"长征"家族成员的特长安排大家各司其职，其中，"长征"二号F、"长征"五号、"长征"七号运载火箭主要负责发射载人航天器这一重要工作。

3. 人造地球卫星

从1957年10月世界上第一颗人造地球卫星上天开始，我国就启动了卫星的预研工作。1968年2月20日，中国空间技术研究院正式成立，标志着我国的卫星事业进入新阶段。

1970年4月24日，我国首颗人造地球卫星"东方红"一号（图1-67）发射成功，卫星用无线电波发送《东方红》乐曲，是一颗听得到和看得见的人造地球卫星，时至今日，它还在太空轨道上运行。至2023年年底我国先后67次成功发射221颗不同类型的卫星，包括科学和技术试验卫星、返回型遥感卫星、通信广播卫星、气象卫星、地球资源卫星、海洋卫星和导航卫星等。五十多年来，在一代代航天人的探索和努力下，中国航天事业不断有新的突破。

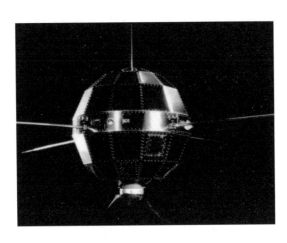

图 1-67 "东方红"一号人造地球卫星

1975 年 11 月 26 日，我国第一颗返回式卫星发射升空，三天后，卫星成功返回地面，带回了许多遥感照片。此后，我国已经发射了近 20 颗返回式遥感卫星，绝大多数成功回收。这些卫星除军事应用外，还可利用卫星带回的大量遥感数据和照片，为国土普查、地质调查、水利建设、地图测绘、环境监测、地震预报、铁路选线、考古研究等领域服务。利用返回式卫星还可以进行材料和生物方面的研究活动。我国的返回式卫星有三种型号，它们分别是 20 世纪 70 年代研制成功的对地观测和国土普查卫星，20 世纪 80 年代研制成功的地图测绘卫星和 20 世纪 90 年代研制成功的第二代对地观测和国土普查卫星。

我国的通信卫星通称为"东方红"系列，从技术上实现了三步跃进。第一步是 1984 年和 1986 年发射的"东方红"二号通信卫星，卫星上只有两个 C 波段转发器；第二步是在 20 世纪 80 年代后期和 90 年代初发射成功的 3 颗"东方红"二号甲通信卫星，卫星上有 4 个转发器，设计寿命 4 年，实际情况是全部超期服役；第三步为首次于 1997 年 5 月发射成功的"东方红"三号通信卫星，星上有 24 个 C 波段转发器，设计寿命 8 年，整星技术相当于发达国家 20 世纪 80 年代的水平。通信卫星使我国的通信、电视、广播、信息传输事业得到了飞速的发展。

我国的气象卫星称为"风云"系列。1988 年和 1990 年共发射了 2 颗第一批"风云"一号气象卫星，它们均为太阳同步轨道气象卫星，可获取多种气象资料。第二批"风云"一号卫星的第一颗于 1999 年 5 月 10 日发射成功，工作情况良好。1997 年 6 月 10 日，我国成功发射了第一颗"风云"二号气象卫星，"风云"二号是地球同步轨道气象卫星，重约 600 kg，装有多种探测仪器，拥有可见光，红外和水汽三个通道，每半小时获得一幅覆盖地球三分之一的全球原始卫星云图。2008 年 5 月 27 日，首颗"风云"三号气象卫星（图 1-68）发射成功，标志着我国气象卫星的研制和应用水平进入了新的发展阶段。

图 1-68 "风云" 3 号气象卫星

我国成功研制和发射了"北斗"导航定位星，2000 年 10 月 31 日，"北斗" 1 号第一颗卫星发射升空并准确入轨。同年 12 月 21 日，第二颗卫星发射成功并进入预定轨道，两颗卫星同若干地面站一起构成了我国的"北斗"导航系统。2003 年 5 月 25 日，第三颗"北斗"一号备份卫星发射成功，标志着我国已经建立起完善的卫星导航系统。

中国和巴西联合研制的"资源"一号卫星，是我国在卫星研制领域与国外首次合作的成果。第一颗"资源"一号卫星于 1999 年 10 月 14 日发射升空，目前仍在轨工作。第二颗于 2003 年 10 月 21 日发射成功。该星主要用于监测国土资源的变化，测量耕地面积，估计森林蓄积量，勘探地下资源，监督资源的合理开发等方面。我国自主研制的首颗质量在 100 kg 以下的微小型卫星"创新"一号，随第二颗"资源"一号卫星搭载在"长征"四号乙运载火箭上发射上天，实现了我国小卫星的在轨运行。

所有这些卫星遍布了低、中、高所有的卫星轨道，构筑了水平较高、功能配套的应用卫星研制体系。

4．载人航天

1961 年 4 月 12 日，苏联把第一位航天员、空军少校加加林送入太空，人类进入载人航天的新时代。载人航天是高技术密集的综合性尖端科学技术，它不仅可以带动和促进科学技术多方面的发展，更是衡量一个国家综合国力的重要标志。

1971 年，即我国成功发射第一颗人造地球卫星的第二年，在国防科委领导下，中国科学家开展了载人飞船的研究，定名为"714 工程"，计划研制能载 2 名航天员的"曙光"号飞船。该项工程于 1975 年由中央决定终止。1986 年 3 月，我国《高技术研究发展计划纲要》（"863"计划）把载人航天技术的预先研究工作列为重点发展项目。此时，世界上已经研制出载人飞船、航天飞机和空间站三种航天器。我国航天科技工作者没有盲目跟从别人走过的路，而是根据我国国情，多次讨论，反复论证，最终达成了从载人飞船起步的共识，走有中国特色的"飞天之路"。

1992 年 9 月 21 日，在中共中央十三届政治局常委会第 195 次会议上批准了中央军委《关于开展我国载人飞船工程研制的请示》，做出了发展中国载人航天工程的战略决策。中国载人航天"三步走"的发展战略于 1992 年 9 月确立由此掀开我国载人航天历史的崭新一页。

第一步，发射载人飞船，建成初步配套的试验性载人飞船工程，开展空间应用实验。前期通过实施四次无人飞行任务，以及"神舟"五号、"神舟"六号载人飞行任务，突破和掌握了载人天地往返技术，使我国成为第三个具有独立开展载人航天活动能力的国家，实现了工程第一步任务目标。

（1）无人实验飞船。1999年11月20日6时30分，一枚新研制的"长征"二号F型运载火箭托举着中国的"神舟"一号试验飞船发射升空。这是一艘初样产品，在进行了预定的科学实验后，飞船返回舱顺利返回，于次日3时41分成功着陆，划下了中国载人试验飞船的第一条航迹。作为我国研制的第一艘飞船，"神舟"一号考核了飞船的5项重要技术，包括舱段连接和分离技术、调姿与制动技术、升力控制技术、防热技术和回收着陆技术。

2001年1月10日，"神舟"二号试验飞船发射成功，13 min后飞船进入预定轨道。飞船在太空飞行了7天，环绕地球108圈后返回地面。"神舟"二号是我国第一艘正样无人飞船，技术状态和载人飞船基本一致。这次无人飞行试验还实现了轨道舱的留轨，在返回舱返回地面后，轨道舱继续在轨运行了半年时间，获得了大量有用信息。2002年3月25日，"神舟"三号发射成功，同样在环绕地球108圈后，成功回收了飞船的返回舱。"神舟"三号飞船具备了航天员逃逸和应急救生功能，改进和完善了降落伞系统。飞船上还增加了一名新"乘客"——模拟人。它的身上搭载了人体代谢模拟装置和模拟人的生理信号装置，能够定量模拟航天员呼吸和血液循环系统的心率、血压、耗氧以及产生热量等多种重要生理参数，为真人载人飞行提供了可靠的参考数据。

2002年12月30日，"神舟"四号无人试验飞船发射成功，在完成预定的空间科学和技术实验后，于2003年1月5日准确着陆。"神舟"四号是我国载人航天工程的第三艘正样无人飞船，除没有载人外，技术状态与载人飞船完全一致。在这次飞行中，载人航天应用系统、航天员系统、飞船环境控制与生命保障分系统全面参加了试验，先后在太空进行了对地观测、材料科学、生命科学试验及空间天文和空间环境探测等研究项目。预备航天员在发射前也进入飞船进行了实际体验。飞船在轨飞行期间，船上各种仪器设备性能稳定，工作正常，取得了大量宝贵的飞行试验数据和科学资料。这次飞行彻底解决了前三次无人飞行试验中出现的座舱有害气体超标等问题。"神舟"四号完成了飞船最重要的飞行实验，不仅为实施载人航天飞行奠定了坚实的基础，也标志着中国载人航天技术已完成了跨越式的大发展。

（2）载人飞船。2003年10月15日，"长征"二号F运载火箭，托着我国第一艘载人飞船"神舟"五号胜利升空。杨利伟乘坐这艘飞船进入太空，实现了中国人几千年来的飞天梦。"神舟"五号由3舱1段组成，即返回舱、轨道舱、推进舱和附加段，总长为8.86 m，总质量为7 790 kg，返回舱直径为2.5 m。飞船在343 km高度的圆形轨道上绕行地球14圈，杨利伟乘坐返回舱于10月16日安全降落在内蒙古四子王旗主着陆场，全程飞行21 h23 min取得了我国首次载人航天飞行的圆满成功。我国成为继俄罗斯、美国之后，世界上第三个有能力把航天员送入太空的国家。

2005年10月12日上午9时，搭载着费俊龙和聂海胜两名中国航天员的"神舟"六号飞船在酒泉卫星发射中心发射升空。在轨期间，航天员进入轨道舱进行了在轨干扰力试验。

2005年10月17日凌晨4时33分，飞船返回舱成功降落在内蒙古四子王旗主着陆场，"神舟"六号成功完成我国第一次"多人多天"的载人航天飞行任务。

第二步，突破航天员出舱活动技术、空间飞行器交会对接技术，发射空间实验室，解决有一定规模的、短期有人照料的空间应用问题。通过实施"神舟"七号飞行任务，以及"天宫"一号与"神舟"八号、"神舟"九号、"神舟"十号交会对接任务，突破和掌握了航天员出舱活动技术和空间交会对接技术，建成我国首个试验性空间实验室，标志着工程第二步第一阶段任务全面完成。

2008年9月25日，"神舟"七号发射升空，进入预定轨道。"神舟"七号是中国首次进行出舱作业的载人飞船，首次太空漫步，实现了航天员出舱活动和小卫星伴飞，令中国成为能进行太空漫步的国家。

2011年11月1日，"神舟"八号飞船发射升空，进入预定轨道。于2011年11月3日与"天宫"一号完成刚性连接（图1-69），组合体运行12天后，"神舟"八号飞船脱离

图1-69 "神舟"八号飞船与"天宫"一号在太空对接

"天宫"一号，并再次与之进行交会对接试验，标志着我国已经成功突破了空间交会对接及组合体运行等一系列关键技术，是中国载人航天事业发展历程中的重要里程碑。

2012年6月16日，"神舟"九号飞船发射升空，进入预定轨道。于2012年6月18日与"天宫"一号完成自动交会对接工作，建立刚性连接。这是中国实施的首次载人空间交会对接。标志着载人航天工程第二步任务取得了重大成果，为今后的载人航天的发展、空间站建设奠定了良好基础。

2013年，"神舟"十号飞船和"天宫"一号对接。首次开展中国航天员太空授课活动。对接完成之后的任务是打造太空实验室。这标志载人航天工程将全面进入载人空间站工程建设阶段。王亚平成为我国首位太空教师、首位进驻空间站、首位出舱活动的女航天员。

2016年10月17日，"神舟"十一号发射成功。它的发射是为了更好地掌握空间交会对接技术，开展地球观测和空间地球系统科学、空间应用新技术、空间技术和航天医学等领域的应用和试验。标志着中国空间实验室飞行任务取得具有决定性意义的重要成果，是中国载人航天工程"三步走"从第二步到第三步的过程，为中国空间站建造运营和航天员长期驻留奠定了坚实的基础。

2021年6月17日，"神舟"十二号发射成功。它是中国载人航天工程发射的第十二艘飞船，执行空间站建设阶段首次载人飞行任务。

2021年10月16日，"神舟"十三号发射成功。它是中国载人航天工程发射的第十三艘飞船，执行中国空间站技术验证阶段最后一次飞行任务。按照计划部署，"神舟"十三

号航天员乘组在轨驻留六个月。

通过实施"长征"七号首飞任务，以及"天宫"二号与"神舟"十一号、"天舟"一号交会对接等任务，工程第二步任务目标全部完成。

第三步，建造空间站，解决有较大规模的、长期有人照料的空间应用问题。

通过"长征"五号B运载火箭，"天和"核心舱、"问天"实验舱、"梦天"实验舱，4艘载人飞船及4艘货运飞船共12次飞行任务，中国空间站于2022年底全面建成，工程随即转入应用与发展阶段，全面实现了载人航天工程"三步走"发展战略目标。

2022年，"神舟"十四号发射成功。它执行了中国空间站建造阶段首次载人飞行任务，主要目的为配合"问天"实验舱、"梦天"实验舱与核心舱的交会对接和转位，完成中国空间站在轨组装建造。首次创造了待命长达7个月的纪录。

2022年，"神舟"十五号发射成功。它执行了中国空间站建造阶段的最后一次飞行任务，任务主要目的为验证空间站支持乘组轮换能力，实现航天员乘组首次在轨轮换。11月30日7时33分，"神舟"十五号3名航天员顺利进驻中国空间站，与"神舟"十四号航天员乘组首次实现"太空会师"。

2023年5月30日，"神舟"十六号载人飞船发射入轨。"神舟"十六号有以下3个特点。一是"全"。首次包含了航天驾驶员、航天飞行工程师、载荷专家3种类别的航天员类型。二是"新"。第三批航天员首次执行飞行任务，也是航天飞行工程师和载荷专家首次执行飞行任务。三是"多"。航天员景海鹏第四次执行飞行任务，是中国目前为止"飞天"次数最多的航天员。

2023年10月26日11时14分，搭载"神舟"十七号载人飞船的"长征"二号F遥十七运载火箭在酒泉卫星发射中心点火发射，10月26日17时46分，"神舟"十七号载人飞船与空间站组合体完成自主快速交会对接，形成三舱三船组合体。这是有史以来，神舟飞船平均年龄最年轻的乘组。任务目标为空间站舱外试验性维修作业，这是人类史上最危险的太空作业之一。

2024年4月25日20时58分57秒，在酒泉卫星发射中心发射的"神舟"十八号，实施国内首次在轨水生生态研究项目，实施国际上首次植物茎尖干细胞功能在轨研究。

此次任务是空间站应用与发展第三次载人飞行任务，也是载人航天工程第32次飞行任务。

5. 探月工程

从"嫦娥奔月"的传说到"万户飞天"的实践，千百年来，人类从来没有停止对宇宙的向往。我国在2003年启动了名为"嫦娥工程"的月球探测计划，该计划分三个阶段实施。首先发射环绕月球的卫星，深入了解月球；其次发射月球探测器，在月球上进行实地探测；最后送机器人上月球，建立观测站，实地实验采样并返回地球，为未来的载人登月及月球基地选址做准备。整个计划预计在20年左右的时间内完成。

2007年10月24日18时05分，"嫦娥"一号月球探测卫星从西昌卫星发射中心由"长征"三号甲运载火箭成功发射，卫星发射后，成功完成调相轨道段，地月转移轨道段和环月轨道段飞行，经8次变轨后，于11月7日正式进入工作轨道，11月20日开始传回探测数据。

| 拓展广场 |

公众号矩阵

视频推送

（1）银河系：①一分钟了解银河系；②银河系直径 18 万光年，未来人类有可能飞出银河系吗？（https://baike.baidu.com/item/%E9%93%B6%E6%B2%B3%E7%B3%BB/189795）

（2）中国航空航天发展史，超出你的想象！（https://www.bilibili.com/video/BV1ca411z7P6/）

（3）震撼 7 分钟！星辰大海征途在前，致敬中国航天！

（https://haokan.baidu.com/v?pd=wisenatural&vid=16125614925255777331）

思考题

1. 什么是航空？什么是航天？航空与航天有何联系和区别？

2. 航天活动，也即空间活动，包括哪些方面？

3. 航天飞行的基本条件是什么？

4. 航空器和航天器是怎样分类的？常见的有哪些？

5. 为什么各国都注重航天器的投入与发展？

6. 说出下面这些 logo 图片各是什么标志？其代表什么含义？

2.1 飞机的空气动力学应用

2.1.1 大气飞行环境

　　大气层是指包围地球的空气层，是航空器唯一的飞行环境，也是导弹、火箭与航天器航行必须经过的环境。大气层没有明显上限，其总质量的 90% 集中在距地球表面 15 km 高度以内，99.9% 集中在距地球表面 50 km 高度以内。绝大多数航空飞行都在距地表 30 km 高度以内，而民航飞行通常巡航高度为 6 ～ 12 km。大气层的各种特性沿铅垂方向上的差异非常显著，如空气密度和压强都随高度增加而减小。在 10 km 高度，空气密度相当于海平面空气密度的 1/3，压强约为海平面压强的 1/4；而在 100 km 高空，空气密度是地面密度的 $4/10^5$，压强是地面的 $3/10^8$。

　　以大气中温度随高度的分布情况为主要依据，可以将大气层划分为对流层、平流层、中间层、热层和散逸层五个层次（图 2-1）。对流层和平流层是目前航空器的主要飞行环境。

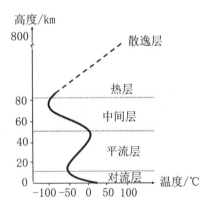

图 2-1　大气垂直分层

1. 对流层

　　对流层是贴近地球表面的一层，底界是地球表面，顶界则随地球纬度、季节等情况而变化。对流层的顶界，在赤道区平均为 16 ～ 18 km，在中纬度地区平均为 9 ～ 12 km，在南北极地区平均为 7 ～ 8 km。也就是说，由赤道向南北极，随着纬度的增加，对流层顶界逐渐降低。就季节而言，夏季的对流层的顶界高于冬季。

由于对流层大气热量主要来自于地面辐射，所以离地面越近，空气就越热，气温随高度的增加而逐渐降低，平均每上升 100 m 气温下降约 0.6 ℃，并且地面辐射随地面温度存在早中晚乃至季节性的变化。地面有山川、湖泊、沙漠、森林、草原、海洋等不同的地形和地貌，吸热放热特性也不一样，对大气造成复杂的区域性加热抬升或降温下沉的垂直运动，周围大气也会随之横向补充或者被推离，形成大气水平运动。因此，对流层的主要气象特点为：气温随高度升高而降低；有云、雨、雾、雪等天气现象；风向、风速经常变化；空气上下对流剧烈。对流层是天气变化最复杂的一层，飞行中所遇到的各种天气变化几乎都出现在这一层中。

2. 平流层

平流层位于对流层之上，顶界伸展到 50 ～ 55 km。平流层在 25 km 高度以下，因受地面温度的影响较小，气温基本保持不变，平均温度为 -56.5 ℃，所以又称同温层。高度超过 25 km，气温随高度增加而上升，这是因为该层存在臭氧，会吸取太阳辐射热的缘故。

平流层空气稀薄，水汽、尘埃含量极少，天气晴朗，大气透明度好。在平流层内，空气没有上下对流，只有水平方向的风。由于高空中空气稀薄，摩擦力减小，当空气随着地球自转而运动时，上层空气落后于下层空气，就形成了与地球自转方向相反，方向一定的水平风。现代民用航空飞机多数都在平流层巡航飞行。

2.1.2 大气的物理性质

1. 大气的状态参数和状态方程

大气的状态参数是指它的压强 p，温度 T 和密度 ρ。对一定数量的大气，这三个参数即可决定其状态。它们之间的关系可以用气体状态方程表示，即

$$p = \rho RT$$

式中，p 为大气压强；T 为大气的热力学温度（K）；R 为大气气体常数。

大气状态参数随飞行高度变化而变化，不仅对作用在飞机上的空气动力有影响，还对飞机发动机产生的推力值有很大的影响。

2. 连续性

气体由大量分子组成。在气体中，分子之间的联系非常微弱，气体能充满其所处的空间，且没有固定外形。由于空气中的飞行器外形尺寸远远大于气体分子的自由行程（一个空气分子经一次碰撞后到下一次碰撞前平均走过的距离），因此在研究飞行器和大气之间的相对运动时，可将气体看作连续的介质，忽略分子间的距离，这就是连续性假设。连续性假设不仅为描述流体的物理属性和流动状态带来了便利，而且是使用数学工具开展理论研究的基础。

在航天器所处的高空大气层和外层空间空气稀薄，分子间平均自由行程很大，在这种情况下，大气就不能看作连续介质了。

3. 黏性

大气的黏性是其在流动时表现出的一种物理性质，表现为气流速度会受到邻近物体

的牵制而减慢。大气的黏性力是相邻大气层之间相互运动时产生的牵扯作用力，也称大气的内摩擦力，即大气相邻流动层间出现滑动时产生的摩擦力。大气流过物体所产生的摩擦阻力也与大气的黏性有关。

4．可压缩性

气体的可压缩性是指当气体的压强改变时，其密度和体积也会发生改变。不同状态下物质的可压缩性也不同。液体对于这种变化的反应很小，因此通常将液体看作是不可压缩的；而气体对这种变化的反应很大，因此通常认为气体是可以压缩的。

当大气流过飞行器表面时，由于飞行器相对大气的压缩作用，大气压强会发生变化，密度也随之变化。当气流速度较小时，压强变化量较小，其密度变化也很小，因此在研究大气低速流动的相关问题时，通常不考虑大气的可压缩性。但当大气流动的速度较高时，这种性质变得不可忽略，因此高速飞行与低速飞行时的空气动力有着显著区别，有些方面甚至会发生质的变化。

5．声速

声速是指声波在物体中传播的速度。声波是由一个振动的声源在介质中传播时产生的机械波。比如敲击鼓面时，鼓面的振动对附近的空气产生了压缩或者扰动，空气的密度和压强发生了变化，这种变化在空气中传递形成了扰动波，这是空气被压缩和膨胀的结果。这种扰动波传递并作用到人的耳膜上，人就感觉到了声音，这就是声波的传递过程。

声速的大小和传播介质有关。实验表明，在海平面标准状况下，空气中的声速为 $340\,\mathrm{m/s}$，而在水中，声速约为 $1\,440\,\mathrm{m/s}$。这是因为水相比空气更难压缩，介质的可压缩性越小，声速越大。空气的密度和压强会影响其可压缩性，因此，不同密度和压强下的空气中声速不同。例如，在 $11\,000\,\mathrm{m}$ 的高度下，由于空气密度下降，压强降低，空气更容易被压缩，因此此处的声速将降低至约 $296\,\mathrm{m/s}$。

6．国际标准大气

如前所述，大气的物理性质（如温度、密度、压强等）随着地理位置、季节和高度的变化而变化，这样就使得航空器上产生的空气动力也发生变化，从而使航空器的飞行性能发生变化。为了在进行航空器设计、试验和分析时所用大气物理参数不因地、因时而异，必须建立一个统一的标准，即所谓的标准大气。国际标准大气是国际权威性机构或组织，依据实测资料，用简化方程近似表述大气温度、密度、压强、声压等参数的平均铅垂分布的一种大气模型。按照大气模型计算出的大气参数按高度的变化排列成表，即为标准大气表。从表中可以很方便地查出各个高度上的标准大气状态参数。

应当注意，各地的实际大气参数与国际标准大气之间是存在差别的。实际情况虽然如此，但在做飞行试验或进行性能计算时，还是要以国际标准大气规定的数值为准，只有这样才便于对飞行器的飞行性能进行研究和对比。

2.1.3 流动气体的基本规律

流体绕流物体时，它的各个物理量，如速度、压力和温度等都会发生变化。流体研究中常说的压力是物理学里的压强。流体在变化过程中必须遵循基本的物理定律，如质量守恒定律、能量守恒定律、牛顿第二定律和牛顿第三定律等。对于气体来说,气流流过物体时,其物理量的变化规律与作用在物体上的空气动力有密切的关系。这些基本物理定理是理论分析和计算的出发点,也是获得飞行器空气动力特性与规律的基础。

1. 相对运动原理

当空气相对于物体流动时,就会对物体产生力,通俗地讲,这个力就称为"空气动力"。比如,有风的时候,即使站着不动,也会感觉到有空气的力量作用在身上;没有风的时候,如果以一定的速度前进,同样也会感觉到有空气的力量作用在身上。以上两种情况,虽然运动的对象不同,但所产生的空气动力效果是一样的。前一种是空气流动,物体不动;后一种是空气静止,物体运动。由此看出只要物体和空气之间有相对运动,就会产生空气动力。

想象有两架飞机,一架是在无风空气中水平飞行,飞机受到气流力的作用;另一架停在地面,但是迎头吹来大风,飞机也受到气流力的作用。事实上,无论是飞机在静止的空气中飞行,还是气流流过静止的飞机,只要空气和飞机两者相对速度相等,飞机上所受的空气动力就完全相等。这就是相对运动原理。相对运动原理被广泛地应用于航空、航天、航海以及交通运输等领域。例如,飞行器可以固定安装在实验室,这样能够与实验设备方便地连接,完成气流流过产生空气动力的测试。风洞试验就是基于这个原理进行的。

2. 连续性定理

稳定流体是指流体在流动时,空间各点上的参数不随时间而变化。若流体流动时,空间各点上的参数随时间而改变,这样的流体称为不稳定流体。

在稳定流体中,流体微团流动的路线称为流线。因为流体微团总是沿着流线流动,所以在流线一边的流体不会流到流线的另一边,如果在空间中指定"一束"流线,那么包围这束流线的其他流线就形成了一个管道,管道内的流体不会流出管道,而管道外的流体也不会流入管道,通常把像这样由流线所组成的管子称为流管,如图 2-2 所示。流线越稠密,流线之间的距离越小,流管越细。相反,流线越稀疏,流线之间的距离越大,流管越粗。

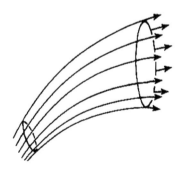

图 2-2　流线和流管

如果流动是稳定的,由于同一流线上的空气微团都以同样的轨道流动,流管的形状就不随时间而变化。这样在稳定流动中,整个气流可以认为是由许多单独的流管组成。

由生活经验可知,用水龙头接软管浇水,稍捏扁软管出口,水流会加速,能浇得更远。这是由于管中任一部分的流体既不能中断也不能堆积，因此在同一时间，流进任一截面的流体质量和从另一截面流出的流体质量应该相等。这就是质量守恒定律。当密度不变的流体连续不断而稳定地流过一个粗细不等的流管时，在管道粗的地方流速比较慢，在管道细的地方流速比较快，如图2-3所示。

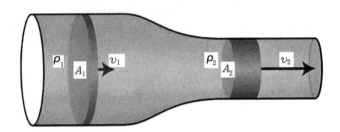

图2-3 气流在不同管径中流速的变化

在单位时间内，流过任一截面的流体体积等于流体流过该截面的速度乘以该截面的面积，而体积与流体密度相乘是单位时间内流过该截面的流体质量，即

$$m=\rho A v$$

式中，m 为单位时间内流过任一截面的流体质量（kg/s）；ρ 为流体密度（kg/m^3）；v 为流体流速（m/s）；A 为所取截面面积（m^2）。

在单位时间内，通过截面1和截面2的流体质量应相等，即

$$\rho_1 A_1 v_1 = \rho_2 A_2 v_2$$

这就是质量方程或连续方程。它说明通过流管各横截面的质量流量必须相等。

对于不可压缩流体，各处密度相等，$\rho_1=\rho_2$，则上式变为

$$A_1 v_1 = A_2 v_2$$

由上式可知，对于不可压缩流体来说，通过流管各横截面的体积流量（截面积乘以流速）必须相等。它表明流管横截面变小，平均流速增大；反之，流管横截面变大，平均流速减小，否则将违背质量守恒定律。也就是说流体流速的快慢与管道截面的大小成反比，这就是连续性定理。

在日常生活中还经常可以看到如下现象：在同一河道，水浅而窄的地方，如滚水坝位置，水流得比较快，在河道宽而深的地方，水流得比较慢。另外，人站在两栋高楼中间要比站在平坦开阔的地方感觉风大。这些都是流体连续性定理的体现。

3．伯努利定理

当空气流速发生变化时，其压力也将发生相应的变化。在日常生活中有许多这样的现象。例如，向两张纸片中间吹气，两纸不是彼此分开，而是互相靠拢。这说明吹气使得两纸中间的空气压力小于纸片外的空气压力，两张纸在压力差的作用下靠拢。又如，河中并排行驶的两条船，会互相靠拢。这是因为河水流经两船中间因水道变窄会加快流速而降低压力，但河水流过两船外边，流速和压力则变化不大，这样两船中间同船外边形成水的压力差，使两船靠拢。

从上述现象可以看出流速与压力之间的关系，即流体在流管中流动，流速快的地方压力小，流速慢的地方压力大。这就是伯努利定理的基本内容，是研究气流特性以及空

气动力产生原因和变化规律的基本定理之一。

根据能量守恒定律,能量既不会消失,也不会无中生有,而只能从一种形式转化为另一种形式。伯努利定理就是能量守恒定律在流体流动中的应用。伯努利定理是描述流体在流动过程中压强和速度之间关系的规律。在低速流动的空气中,参与转换的能量有两种:压力能和动能。一定质量的空气,具有一定的压力,能推动物体做功。压力越大,压力能也越大。此外,流动的空气还具有动能,流速越大,动能也越大。实验结果表明,在稳定气流中,对于一定质量的空气而言,如果没有能量消耗,也没有能量加入,则其动能和压力能的总和保持不变,即流速加快,动能增大,压力能减小,压力降低;流速减慢,压力能升高。它们之间的关系可用静压、动压和全压的关系说明。

静压是空气作用于物体表面的压强,如大气压强就是静压,是压力能的体现。动压则以动能的形式蕴藏于流动的空气之中,不施加于物体表面。只有当气流流经物体,流速发生变化时,动能转化为压力能,动压才能转换为静压,从而作用在物体表面。当逆风前进时,我们感到迎面有压力,就是这个原因。空气的动压大小与其密度成正比,与气流速度的平方成正比,也就是说,动压等于单位体积空气的动能。

全压是空气流过任何一点时所具有的静压和动压之和。根据能量守恒定律,飞机飞行时,相对气流中的空气全压,就等于当时飞行高度上的大气压加上相对气流中飞机前方的空气所具有的动压。用数学表达式表示为

$$p+\frac{1}{2}\rho v^2=C$$

式中,p 为静压;$\frac{1}{2}\rho v^2$ 为动压;C 为全压。

应当注意,上述定理在下列条件下才成立:气流是连续的稳定的;流动中的空气与外界没有能量交换;气流中没有摩擦或摩擦很小,可以忽略不计;空气的密度没有变化或变化很小,可以认为不变。

由上式可以看出,全压一定时,静压和动压可以互相转化;当气流的流速加快时,动压增大,静压必然减小;当流速减慢时,动压减小,静压增大。

综合连续性定理和伯努利定理可以获得如下结论:流管变细的地方,流速大,压力小;反之,流管变粗的地方,流速小,压力大,如图 2-4 所示。

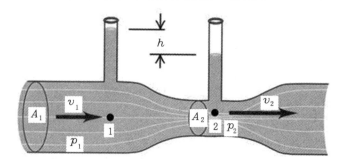

图 2-4 气流在不同管径中流速和压强的变化

4. 低速气流和高速气流的流动特点

低速气流在流动的过程中,由于其密度变化不大,可以近似认为是不可压缩的,即密度 ρ 为常数。当管道收缩时,气流的流速将增加,由伯努利定理可知,气流的静压将

减小；反之，当管道扩张时，气流的流速将减小，而气流的静压将增加。

气流的性质会随着流速的变化而显著变化，在流速低于声速的阶段，这种影响仅限于量的差别；而超过声速后，空气的压力和密度发生显著变化，气流特性相对于低速情况就有了质的改变。

对超声速气流来说，流速加快，压力降低，必然引起体积膨胀，从而使密度减小；反之，在流速减慢、压力升高时，空气受压缩，体积缩小，密度必然增大。此外，空气体积的膨胀还会使温度降低。归纳起来，高速气流的规律是：流速加快，则压力、密度、温度都一起降低；流速减慢，则压力、密度、温度都一起升高。

超声速气流的加、减速规律与亚声速气流不同，亚声速气流随着流管截面积的变化而逐渐加、减速；而超声速气流通常会产生名为激波和膨胀波的气流现象，流管变细的地方气流不会加速反而减速等现象。

2.1.4 升力的产生和增升装置

1．升力的产生

飞机的主要部件包括机身、机翼、尾翼、起落架和动力装置，其中机翼是产生升力的主要部件。

机翼升力的具体产生方式与机翼剖面的形状（翼型）及飞行状态有关。总体而言，机翼升力是由空气动力产生的，也就是说，升力的施力物体是空气，受力物体是机翼。根据牛顿第三定律，既然空气给了机翼一个向上的升力，那么机翼必然也给空气施加向下的反作用力。因此，也可以说，只要机翼能够给空气一个向下的力，就可以产生升力。

空气流过翼型的流线如图2-5所示。从图中可以看出，空气流到翼型前缘分成两股，分别沿上、下表面流过，在流过翼型后，其速度方向均有向下的偏折。根据牛顿第二定律可知机翼给了空气向下的力，带来了向下的加速度，才导致了气流速度方向的改变，而这个力的反作用力就是升力。

图2-5 空气流过翼型的流线

事实上，纸飞机、风筝以及一些航模飞机都采用平板翼型（图2-6）。这种翼型仅通过下表面对气流产生偏转，而上表面的作用不大，从而产生的升力有限，并且大大增加了阻力。现代飞机多采用带有弧度的翼型，在黏性的作用下，上表面的气流将沿着机翼表面流动，平滑地向下偏转，可以产生更大的升力。

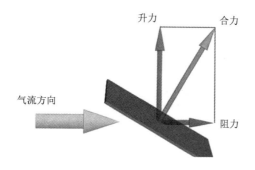

图 2-6 平板翼型

通常，由于机翼上表面凸起的影响，流线间距变小，反映了上表面流管变细，根据连续性定理和伯努利定理，流管细处流速快，压力低；而下表面流管相对上表面粗，流速较慢，压力较大，机翼上、下表面产生了压力差。垂直于相对气流方向的压力差的总和等于升力。

机翼表面上各点的压力大小，可以用箭头长短来表示，如图 2-7 所示。箭头方向朝外，表示比大气压力低的吸力（负压力）。箭头指向机翼表面，表示比大气压力高的正压力，简称压力。把各个箭头的外端用平滑的曲线连接起来，就是用向量表示的机翼压力分布图。图上吸力用"-"表示，压力用"+"表示。B 点的负压力最大，称为最低压力点。A 点的压力最小，位于前缘，这里的流速为零，动压全部变成静压，这一点称为驻点。

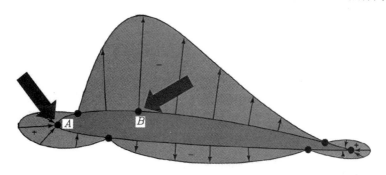

图 2-7 机翼表面上各点的压力大小

升力是在飞机与空气之间的相对运动中产生的。影响升力的基本因素有：机翼相对气流的角度、相对气流的速度和空气密度、飞机机翼截面形状（翼型）、机翼面积等。通常，气流速度越大，飞行速度越快，升力越大；在低空飞行，空气密度较大，升力较大；机翼面积越大，升力越大。不同翼型产生升力的效果可通过风洞试验或计算机仿真确定。

如图 2-8 所示，翼弦与相对气流方向（飞机运动方向）所夹的角，称为迎角（攻角）。飞机在飞行过程中，会有不同的飞行姿态。飞行姿态不同，迎角的正负、大小一般也不同。

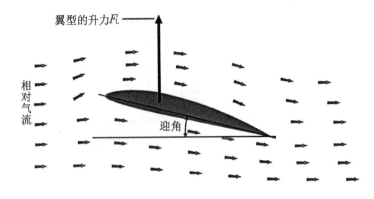

图 2-8 机翼的迎角（攻角）

在其他条件不变的飞行状态下，升力随迎角增大而逐渐增大，到某一值后，开始随迎角增大而减小。如果迎角继续增大，升力会迅速减小，这种现象称为失速，如图 2-9 所示。

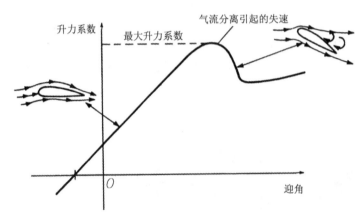

图 2-9 迎角 – 升力系数曲线

2．增升装置

在飞机设计时，一般根据其 – 最常用的飞行状态来确定飞机的气动布局及相关参数。通常，飞机以高速或巡航状态飞行，在这种状态下，由于速度很大，以较小的迎角飞行依然可以维持足够的升力。但是在低速飞行，特别是起飞和降落时，由于速度很低，需要以较大的迎角飞行来保持升力。然而，通过增加迎角来增加升力的方法是有限度的，当迎角超过临界迎角后，升力反而会下降，造成失速。因此，需要专门设计装置使其在较低速度下也可产生足够的升力，正常飞行。前面已经提到飞机的升力与机翼面积、翼型、迎角和气流相对流动速度等因素有关。因此，可以通过以下几项增升原则来进一步提高飞机的升力：

(1) 改变翼型，增大机翼弯度。

(2) 增大机翼面积。

(3) 改变气流的流动状态，控制机翼上的附面层，延缓气流分离。

根据这些原理设计出的常见增升装置通常包括襟翼、缝翼、边界层控制装置等。

　　①襟翼。襟翼是安装在机翼前后缘上的一种可动装置，通常靠近机身，可通过改变机翼的几何形状达到增加其低速飞行时升力的作用。襟翼有多种设计形式，根据安装位置不同通常可分为前缘襟翼和后缘襟翼。常见的襟翼有简单式襟翼、开裂式襟翼、后退式襟翼等（图 2-10），总的来说设计原理都是通过改变翼型的形状，增加弯曲程度加大迎角，增加机翼面积，延缓气流分离，从而增加升力。其中富勒式后退襟翼是一种双开缝或三开缝的后退式襟翼，它既改变了机翼形状，增加了机翼面积，又有开缝式襟翼的作用，增升效果更好。现代大型、高速飞机和重型运输机多采用这种襟翼形式。

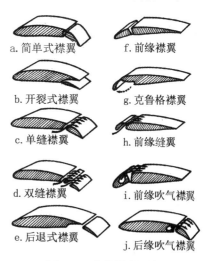

a. 简单式襟翼　　　f. 前缘襟翼
b. 开裂式襟翼　　　g. 克鲁格襟翼
c. 单缝襟翼　　　　h. 前缘缝翼
d. 双缝襟翼　　　　i. 前缘吹气襟翼
e. 后退式襟翼　　　j. 后缘吹气襟翼

图 2-10 各种襟翼、缝翼

　　②缝翼与其他边界层控制装置。如图 2-11 所示，缝翼安装在机翼前缘，通过打开在机翼前缘形成一道缝隙，使机翼部分下表面气流流到上表面，增加上表面边界层能量，可延缓前缘气流分离，增加低速时的升力。在实际应用中，前缘缝翼打开在翼面形成缝隙的同时，通常也会改变机翼几何形状以达到襟翼的作用。而后缘襟翼也通常做开缝设计，其目的也是将下表面气流引入上表面，增加上表面边界层的能量，延缓气流分离。因此前缘缝翼以及开缝的襟翼在某种程度上也属于一种边界层控制装置。

前缘缝翼打开时，气流分离被推迟

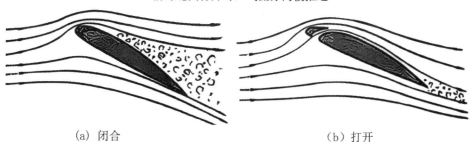

（a）闭合　　　　　　　　　　　　（b）打开

图 2-11 前缘缝翼的原理

　　除此之外，还出现了其他形式的边界层控制装置，如用来自发动机或者飞机迎面而来的冲压气流，吹除机翼后部因能量削弱而堆积的边界层，或采用空气泵吸除这些速度过低的边界层，以达到延缓气流分离的作用。吹气式襟翼就是这样一种边界层控制装置，已经应用于部分现代飞机上。其基本原理是利用从涡轮喷气发动机引出的压缩空气或燃气流，通过机翼后缘的缝隙沿整个翼展向后下方高速喷出，形成一片喷气幕，起到类似于襟翼的增升作用。吹气式襟翼一方面改变了机翼周围的流场，提高了上、下翼面之间的压力差，增加了机翼的升力；另一方面，喷气的反作用力在垂直方向上的分力也使机翼的升力有所增加，水平方向的分力则可以增加飞机的推力，因此，这种装置的增升效果非常明显。

此外，涡流发生器、边界层控制装置等增升装置在现代飞机中也广泛采用。采用边条翼、鸭翼布局以及前置扰流片等设计，也可以显著地提高飞机的低速升力，起到增升的效果。

2.1.5 飞行的阻力及减阻措施

翼型上产生的空气动力是指向飞机后上方的，它除了有一个垂直于气流速度的分量（升力）以外，还有一个阻碍飞机前进的分量，这就是机翼上产生的气动阻力。飞机在飞行时，不但机翼上会产生阻力，飞机的其他部件如机身、尾翼、起落架等都会产生阻力，机翼阻力只是飞机总阻力的一部分。飞机低速飞行时的阻力根据其产生原因的不同可分为摩擦阻力、压差阻力、诱导阻力和干扰阻力。飞机高速飞行时所产生的阻力除以上四种之外，还有激波阻力。

1. 摩擦阻力

摩擦阻力是由于大气的黏性而产生的。当气流以一定速度流过飞机表面时，由于空气的黏性作用，空气微团与飞机表面发生摩擦，阻滞了气流的流动，因此产生了摩擦阻力。当气流流过飞机表面时，由于大气的黏性使它与机翼接触的那层空气微团黏附在机翼表面，因此，紧贴飞机表面的那一层气流的相对速度为零。从飞机表面向外，气流速度才一层比一层加大，直到最外层的气流速度与外界气流速度相当为止，如图2-12所示。紧贴飞机表面，流速由外界气流速度逐渐降低到零的这层薄薄的空气层称为边界层或附面层。飞机的摩擦阻力就是在边界层中产生的。

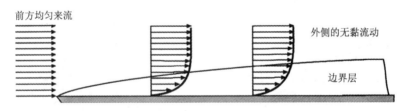

图 2-12 机翼表面的边界层

摩擦阻力的大小与空气的黏性、飞机表面的粗糙程度、飞机表面与空气的接触面积有关。为了减小摩擦阻力，应尽量减小飞机的表面积，并把飞机的表面做得平整光滑，如机体表面采用埋头铆钉或整体壁板。

2. 压差阻力

运动的物体因前后压力差而形成的阻力称为压差阻力。飞行中，空气流过机翼时，在机翼前缘受到阻挡，流速减慢，压力增大；在机翼后缘，由于气流分离形成涡流区，压力减小，因此形成压差阻力。高速行驶的汽车后面之所以会扬起尘土，就是由于车后涡流区的空气压力小而吸起灰尘的缘故。机翼表面的气流分离形成涡流区以后压力减小，一方面是因为涡流区速度大、压力小，另一方面是空气迅速旋转，发生摩擦，气流中部分能量变成热能而散失，因而涡流区的全压比机翼前部的全压小，这也是产生压差阻力的原因。

压差阻力与物体的迎风面积有关，物体的迎风面积越大，压差阻力也越大。压差阻力还和物体的形状有很大关系。如果把一个圆形平板垂直地放在气流中，由于气流受到平板前面的阻拦，平板前面压强迅速升高，而在平板后面形成了低压区，因此，会产生很大的压差阻力，如图 2-13（a）所示。如果在圆形平板前加一个半椭球体，平板前面的高压区被圆锥体填满了，如图 2-13（b）所示，气流可以平滑地流过，压强不会急剧升高，虽然平板后面的低压区仍存在，但前后压强差却大大减小。如果在圆形平板后面再加一个细长的圆锥体，低压区也被填满，如图 2-13（c）所示，整个流线体后面旋涡更少，此时的压差阻力进一步减小。这说明物体的形状越呈流线型越好，对气流的阻挡作用越小，后部的涡流区也越小，所产生的压差阻力也越小。

为了减小压差阻力，应当减小飞机的最大迎风面积，并对飞机的各部件进行整流，做成流线型，有些部件如活塞式发动机的机头应安装整流罩。

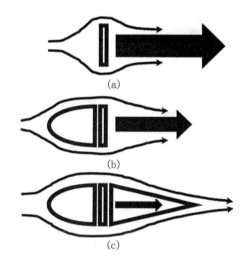

(a)

(b)

(c)

图 2-13 压差阻力和物体形状的关系

3. 诱导阻力

诱导阻力是由升力引发的阻力。如果没有升力，也就不存在诱导阻力。飞机的诱导阻力主要来自机翼。如图 2-14 所示，当机翼产生升力时，下表面的压力比上表面的大，下表面的空气就会绕过翼尖向上表面流去，会在翼尖部分形成旋转的翼尖涡流。翼尖涡流使流过机翼的空气产生下洗速度。流过机翼的空气，沿着相对气流速度和下洗速度的合速度方向流动，向下倾斜形成下洗流。由于下洗流的影响产生的附加阻力就是诱导阻力。

我们经常可以看到，飞行中的飞机翼尖处拖着两条白雾状的涡流索。这是因为旋转着的翼尖涡流范围内压力低，如果空气中所含水蒸气因膨胀冷却，就会凝结成水珠，显示出翼尖涡流的踪迹。翼尖涡流在自然界应用广泛，如大雁南飞，常排成人字或斜一字形，领头的大雁排在中间，小雁位于外侧。这便于后雁利用前雁翅梢处所产生的翼尖涡流中的上升气流，节省体力。

诱导阻力与机翼的平面形状、翼型、展弦比等有关。展弦比是机翼翼展和平均几何弦之比，机翼越长越窄，展弦比越大。可以通过增大展弦比，选择适当的平面形状，增加翼梢小翼等来减小诱导阻力。在速度和升力等其他因素相同的条件下，椭圆形机翼的诱导阻力最小，矩形机翼的诱导阻力最大，梯形机翼的诱导阻力居中。椭圆形机翼虽然诱导阻力最小，但制造复杂，一般多使用梯形机翼。面积相同，展弦比大的机翼诱导阻力小；展弦比小，则诱导阻力大。原因是小展弦比产生的下洗速度较大，升力的倾斜也大，从而产生较大的诱导阻力。大展弦比产生的下洗速度较小，升力倾斜的也小，所以诱导阻力比较小。翼尖挂有副油箱或在机翼上装翼梢小翼，气流绕翼尖的上下流动受到限制，也可以降低诱导阻力，如图 2-15 所示。

图 2-14 翼尖涡流

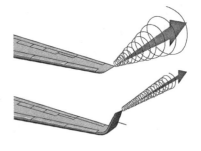

图 2-15 翼梢小翼对翼尖涡流的影响

4. 干扰阻力

飞行中，飞机整体的阻力往往大于机翼、机身、尾翼及其他部件单独处于同样气流中的阻力的总和。这种因为各部分气流互相干扰所引起的阻力称为干扰阻力。

机身与机翼、尾翼的结合部，机翼下面悬挂的副油箱或发动机吊舱均会产生干扰阻力。例如，机身与机翼连接处的中部，由于机身和机翼的表面都向外凸出，流管变细，流速增大，压力减小。而在后部由于机翼和机身表面都向内弯曲，流管变粗，流速减小，压力增大。这种后面压力大，前面压力小的变化，就促使气流的分离点前移并使翼根后部的涡流区扩大。它所产生的阻力要比机身和机翼两者阻力之和大。这个多出来的阻力就是干扰阻力。

为了减小干扰阻力，通常在机身与机翼、尾翼的连接部位安装整流包皮，以避免流管过分扩张而产生气流分离，如图 2-16 所示。

图 2-16 机翼和机身连接部位安装整流包皮的战斗机

低速飞机的四种阻力中除诱导阻力外，摩擦阻力、压差阻力和干扰阻力都与升力大小无关，这三种阻力统称为废阻力。

5. 激波阻力

空气传导微弱扰动的速度是声速，以远低于声速的速度飞行时有上述四种低速阻力。而物体以超声速运动时对空气不再是微弱扰动，会产生新的阻力。飞机部件相对气流超声速运动，空气来不及让开，因而突然遭到强烈的压缩，其压力、密度和温度都突然升高，相对于飞机的流速则突然降低。这个压力、密度、温度和流速从无变化到突然发生变化的分界面称为激波。气体的部分动能在通过激波时被转化成了热能，造成了气体能量的损失，飞机会因此而产生附加的阻力，这就是激波阻力。

高速飞机通常指高亚声速飞机和超声速飞机。在高亚声速飞机上可能产生局部激波，如图2-17所示。这是因为当气流绕过机翼时，由于翼面上各处气流速度、压强不同，因此翼面各处的声速也不尽相同。由于流速越高压强越低，声速越小，虽然飞机整体没有达到声速，但此时翼面上达到声速的地区就会出现局部激波，如图 2-18 所示。

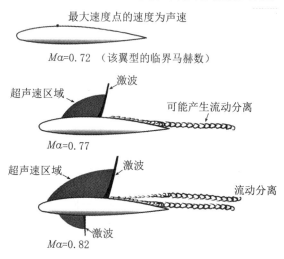

图 2-17 高亚声速飞行时产生的局部激波

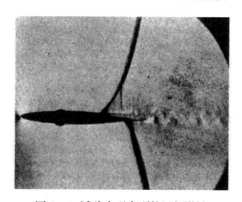

图 2-18 试验中观察到的局部激波

在超声速飞行中,双弧形、菱形、楔形和双菱形翼型激波阻力较小,采用大后掠翼、三角翼、小展弦比平直翼等也可以减小激波阻力。机身头部的形状也与波阻大小有密切的关系,如图 2-19 所示。在超声速飞行时,机头越钝,在机头就会有更大的部分产生正激波,正激波的强度较斜激波更大,因此波阻也更大;反之,头部越尖,主要产生的是斜激波,因此波阻相对较小。超声速飞机的机头通常尖而细,就是这个原理。高速飞机的机身长细比也比较大,与采用相对厚度小的机翼原理类似,也能减小激波阻力。现代超声速飞机还通常将与机翼结合处的机身做成中间细、两头粗的形状,即蜂腰机身,以使飞机横截面积变化缓慢柔和,减小激波阻力。

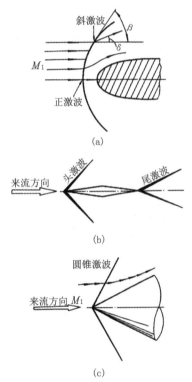

图 2-19 不同形状物体产生的各类激波

2.2 飞行操纵

飞机的稳定性是指其抵制外界干扰的能力,即当外界扰动消失后飞机自动恢复到原来平衡状态的能力。航空器的操纵性是指航空器按照飞行员的操纵要求改变飞行状态的能力。飞机只依靠自身产生的空气动力支持在空中,因此飞机的稳定和操纵比其他交通工具都要复杂。

　　航空器的稳定性是航空器保持飞行状态不变的能力,航空器的操纵性是航空器改变飞行状态的能力,航空器的操纵和稳定往往互相矛盾。很稳定的航空器,操纵往往不容易;操纵很容易的航空器则往往难以稳定。

　　航空器必须适当地协调稳定性和操纵性之间的矛盾,不能偏废任何一方面。当然,不同的飞机对稳定性和操纵性的侧重有所不同。战斗机强调机动性,因此需要操纵灵活,稳定方面要求相对低一些;客机强调舒适性,应该尽量保持稳定,而操纵方面要求可以低一些。

2.2.1 飞机的受力与平衡

　　飞行中,作用于飞机上的载荷主要有飞机重力、升力、阻力和发动机推力(或拉力)。根据力学原理,这些力向质心简化,如果合力为零,合力矩也为零,则飞机保持匀速直线运动状态,也不发生绕各个轴的转动。

　　等速直线平飞是飞机最简单的飞行状态。飞机在等速直线平飞时,假定这四个力都通过飞机的重心,而且推力与阻力的方向相反,则作用在飞机上的力的平衡条件为升力等于飞机的重力,推力等于飞机的阻力,如图 2-20 所示。

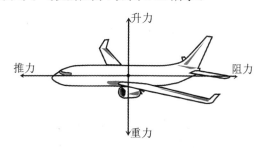

图 2-20　飞机等速直线平飞时受力平衡

　　飞机做加、减速的平飞时,推力与阻力是不相等的。推力大于阻力,飞机就要加速;反之,则减速。飞行状态改变或受到不稳定气流的影响时,飞机的升力、阻力也会发生很大变化,飞机将不再做匀速直线运动,并且还将出现绕机体各轴的旋转运动。

2.2.2 飞机的稳定性

　　在生活中,可以比较容易地判断一些常见简单系统的稳定性。比如,如果将一根筷子立在桌面上,那么一阵微风吹过,或者一点小小的震动,筷子就会倒下,我们就会说这种状态是"不稳定的";如果将筷子平放在桌面上,微风或者微小的振动就不能轻易地改变它的状态,我们就说这种状态比刚才的状态"稳定"。从这个例子可以看出,稳定性是指物体保持自身状态的能力。

　　飞机的稳定性是指飞机受到扰动偏离原平衡状态,当扰动消除后,飞机自动恢复原有状态的特性。如果飞机受到扰动之后,在飞行员不进行任何操纵的情况下能够自动恢复到受扰动前的原始状态,则称飞机是稳定的;如果不能自动恢复甚至更加偏离原始状态，则称飞机是不稳定的。

系统的稳定性分为两个方面：一是使得系统能够回到平衡状态的性质称为静稳定性；二是使得系统能够最终停留并保持在平衡状态的性质称为动稳定性。飞行器在空中飞行时，既需要具有静稳定性，也需要具有动稳定性。

1. 静稳定性

如图 2-21 所示，最左侧的小球偏离原位置后，所受的重力与支持力的合力会使其回到原位置，这样的系统具有正的静稳定性。在这个系统中，将重力与支持力的合力，即使得系统恢复原状态的力称为稳定力。最右侧小球，偏离原位置后，重力与支持力的合力会使其继续偏离原来的位置，这样的系统具有负的静稳定性。而如果小球是在一个平面上，那么当其偏离原位置后，重力和支持力的合力为零，既不会使其远离原位，也不会使其返回，这样的系统具有中立的静稳定性。

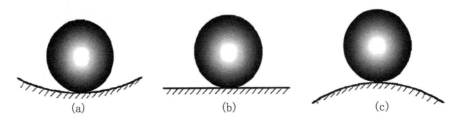

图 2-21 小球的三种平衡状态

2. 动稳定性

在上述例子中，如果最左边的弧面与小球之间没有摩擦（阻尼），那么虽然当小球偏离初始位置后会自动回到原位，但它并不会停在原来位置，而是会继续前进，朝反方向偏移，最终形成围绕原平衡位置的持续振荡，这是因为这个系统不具有动稳定性。动稳定性事实上指的是系统中的阻尼，也就是使系统最终停留在平衡位置的能力。如图 2-22 所示，如果系统的振荡能够逐渐减小，最终停留在平衡点，那么这样的系统具有正的动稳定性；如果系统的振荡越来越大，则这样的系统具有负的动稳定性；如果系统的振荡幅度既不增大，也不减小，则具有中立的动稳定性。对多数飞机而言，都能通过空气的阻尼来获得动稳定性。

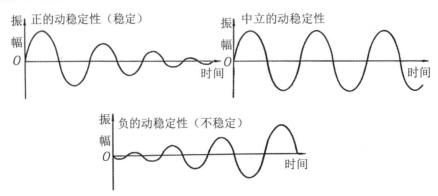

图 2-22 三种动稳定性振幅与时间关系示意图

3. 飞行器稳定性的产生原理

飞行器的稳定性可以由其本身气动性能产生，也可以由自动驾驶仪来产生。无论是哪一种产生方式，从根本上讲都是在飞行器偏离原状态时产生使其恢复稳定状态的稳定力，同时具有足够的阻尼，使得飞行器不致绕稳定状态振荡。

飞机通过控制自身姿态角度来稳定飞行。如图 2-23 所示，飞机绕 OX 轴，OY 轴、OZ 轴的转动分别称为滚转、偏航、俯仰运动。其中滚转和偏航运动往往联系在一起。飞机的稳定性包括横向稳定、航向稳定、纵向稳定。飞机的气动布局、机翼上反角、立尾大小等的设计都与飞机稳定性有关。接下来，将从俯仰、偏航、滚转三个方向研究飞机稳定性的产生。

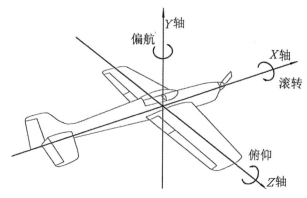

图 2-23 飞机的滚转、偏航、俯仰运动

（1）飞机的纵向稳定性。

飞机俯仰方向的稳定性称为纵向稳定性。在飞行过程中，作用于飞机的俯仰力矩主要是机翼力矩和水平尾翼力矩。当飞机的迎角发生变化时，在机翼和尾翼上都会产生一定的附加升力，这个附加升力的合力作用点称为飞机的气动中心或焦点。

当飞机受到扰动而机头上仰时，机翼和水平尾翼的迎角增大，产生一个向上附加升力。如果飞机重心位于焦点位置的前面，则此向上的附加升力会对飞机产生一个下俯的稳定力矩，如图 2-24(a) 所示，使飞机趋向于恢复原来的飞行状态。反之，当飞机受扰动而机头下俯时，机翼和水平尾翼的迎角减小，会产生向下的附加升力，此附加升力对重心形成一个上仰的稳定力矩，也使飞机趋向于恢复原来的稳定状态。因此，飞机的纵向稳定性主要取决于飞机重心的位置。只有当飞机的重心位于焦点之前时，飞机才是纵向稳定的。如果飞机的重心位于焦点之后，飞机则是纵向不稳定的，如图 2-24(b) 所示。虽然重心前移可以增加飞机的纵向静稳定性，但并不是静稳定性越大越好。例如，静稳定性过大，升降舵的操纵力矩就难以使飞机抬头。因此，由于重心前移使稳定性过大，会导致飞机的操纵性变差。

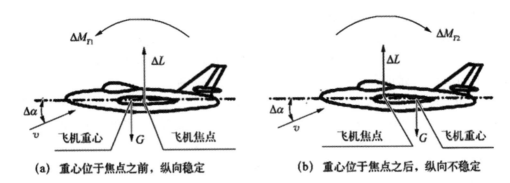

(a) 重心位于焦点之前，纵向稳定　　**(b) 重心位于焦点之后，纵向不稳定**

图 2-24 飞机重心位置和纵向稳定性之间的关系

飞机重心位置会随飞机载重的分布情况发生变化。当重心位置后移时，将削弱飞机的纵向稳定性，所以在配置飞机载重时，应当注意妥善安排各项载重的位置，不使飞机重心后移过多，以保证重心位于所要求的范围之内。

(2) 飞机的方向稳定性。

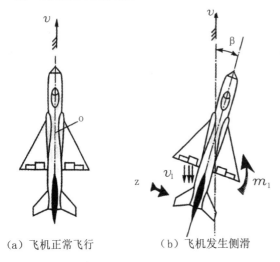

（a）飞机正常飞行　　（b）飞机发生侧滑

图 2-25 飞机重心位置和纵向稳定性之间的关系

偏航方向的稳定性称为方向稳定性，其产生原理与俯仰方向一样，只是产生稳定力与阻尼力的部件是垂直尾翼以及腹鳍。方向稳定力矩是在侧滑中产生的。飞机的侧滑飞行是一种既向前又向侧方的运动，此时飞机的对称面和相对气流方向不一致，如图 2-25 所示。飞机产生侧滑时，空气从飞机侧方吹来，这时相对气流方向和飞机对称面之间产生侧滑角 β。比如，机头右偏，相对气流从左前方吹来称为左侧滑，此时飞机除了有向前的运动外，还有向左的侧滑运动。

在飞行过程中，飞机受微小扰动，机头右偏，出现左侧滑，空气从飞机的左前方吹来作用在垂直尾翼上，产生向右的附加侧力 Z。此力对飞机重心形成一个方向稳定力矩，该力矩使机头左偏，消除侧滑，使飞机趋向于恢复方向平衡状态，因此飞机具有方向稳定性。相反，飞机出现右侧滑时，就形成使飞机向右偏转的方向稳定力矩。由此可见，只要有侧滑，飞机就会产生方向稳定力矩，并使飞机消除侧滑，恢复到原来的平衡状态。

随着飞行马赫数的增大，特别是超过声速以后，立尾的侧力系数迅速减小，产生侧力的能力急速下降，使飞机的方向静稳定性降低。因此在设计超声速战斗机时，为了保证在平飞最大马赫数下仍具有足够的方向静稳定性，往往把立尾的面积做得很大，有时还需要选用腹鳍以及采用双立尾来增大方向稳定性，如图 2-26 所示。

图 2-26　采用双立尾和腹鳍的超声速战机

（3）飞机的横侧稳定性。

飞机的滚转运动通常伴随着偏航运动，因此一般将这两种运动方向上的稳定性放在一起，称为横侧稳定性。飞机受扰动以致横侧向平衡状态遭到破坏，而在扰动消失后，若飞机自身产生恢复力矩，使飞机趋向于恢复原来的平衡状态，则飞机具有横侧向稳定性。反之，不具备有横侧向稳定性。在飞行过程中，使飞机自动恢复原来横侧向平衡状态的滚转力矩主要是由机翼上反角、机翼后掠角和垂直尾翼的作用产生的，如图 2-27 所示，当扰动使飞机的左翼抬起，右翼下沉，飞机受扰动而产生向右的倾斜，使飞机沿着合力的方向沿右下

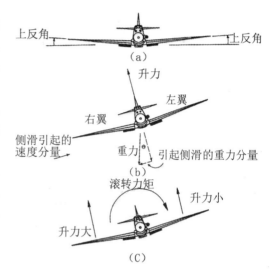

图 2-27　采用上反角有利于飞机的滚转稳定

方产生侧滑。此时，因上反角的作用，右翼迎角增大，升力也增大，左翼则相反，迎角和升力都减小。左右机翼升力之差形成的滚转力矩，力图减小或消除倾斜，进而消除侧滑，使飞机具有自动恢复横侧向平衡状态的趋势。也就是说，上反角飞机具有横侧向稳定性。除此之外，机翼后掠角也使飞机具有横侧向稳定性。

跨声速或超声速飞机为了减小激波阻力，大都采用后掠角比较大的机翼，因此后掠角的横侧向静稳定作用可能过大，以至于当飞机倾斜到左边后，在滚转力矩的作用下，又会倾斜到右边来。于是，飞机左右往复摆动，形成飘摆现象。为了克服这种不正常现象，可以采用下反角的外形来削弱后掠机翼的横侧向静稳定性，如图 2-28 所示。

图 2-28　采用大后掠角和下反角的鹞式飞机

低、亚声速飞机大都采用梯形直机翼，为了保证飞机的横侧向静稳定性，大多具有上反角。此外，如果机翼和机身组合采用上单翼布局形式，也会起到横侧向静稳定作用。相反，采用下单翼布局形式，则会起到横侧向静不稳定作用，这一点在选择上反角时也应综合考虑。此外，垂直尾翼也能产生横侧向稳定力矩。

2.2.3 飞机的操纵性

飞机的操纵性是指驾驶员通过操纵设备来改变飞机飞行状态的能力。一般来说，飞行员主要通过驾驶杆和脚蹬来对飞机上的不同气动舵面进行操纵，使其偏转产生气动力，从而控制飞机进行俯仰、滚转、偏航等动作。如图 2-29 所示，下面主要以常规气动布局为例说明飞机的操纵性。常规布局由主翼、水平尾翼和垂直尾翼组成，并且尾翼置于主翼之后进行纵向、横向增稳和操纵控制，各部件分工明确，是航空发展史上最早广泛使用的布局。这种布局的理论研究完善，相比其他布局形式，各项性能比较均衡，所以在军用飞机和民用飞机中都是较为主流的气动布局。

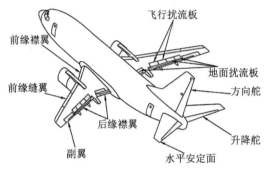

图 2-29 常规气动布局飞机

1. 飞机的纵向操纵

当飞行员前后操纵驾驶杆时，升降舵会偏转，从而使飞机产生俯仰运动。飞机操作系统，如图 2-30 所示。对于常规布局的一般飞机而言，当飞行员向后拉杆时，升降舵后缘向上偏转，产生向上的空气动力，使飞机抬头；当飞行员向前推杆时，升降舵后缘向下偏转，产生向下的空气动力，使飞机低头。

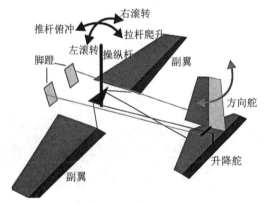

图 2-30 飞机操纵系统示意图

现代的超声速飞机，多以全动式水平尾翼代替只有升降舵可以活动的水平尾翼（图2-31）。全动式水平尾翼的操纵效能比升降舵的操纵效能高得多，可以大大改善超声速飞机的纵向操纵性。

图 2-31　全动平尾

2.飞机的横向操纵

当飞行员左右操纵驾驶杆时，副翼会发生差动，即一边向上偏转，一边向下偏转，从而使飞机产生滚转运动。对于一般飞机而言，当飞行员向左压杆时，飞机左侧副翼向上偏转，产生向下的气动力，右侧副翼向下偏转，产生向上的气动力，从而使整个飞机向左滚转，如图 2-32 所示。向右压杆则产生向右的滚转。

左副翼下偏，右副翼上偏，飞机向右滚转　　　左副翼上偏，右副翼下偏，飞机向左滚转

图 2-32　副翼差动控制滚转

3.飞机的方向操纵

在飞机飞行过程中，操纵方向舵，飞机则绕立轴转动产生偏航运动。飞行员向前蹬左脚蹬，方向舵向左偏转，在垂直尾翼上产生向右的附加侧力，此力使飞机产生向左的偏航力矩，使机头向左偏转；向前蹬右脚蹬，飞机产生向右的偏航力矩，使机头向右偏转（图 2-33）。

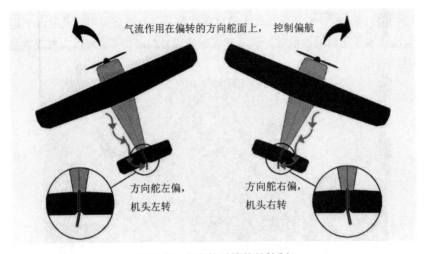

图 2-33 方向舵对偏航的控制

　　需要指出的是，由于方向舵面积小，能产生的偏航效果小，而机翼翼展大、副翼力臂长、控制滚转效果好，所以飞机空中飞行时转弯通常主要采用副翼差动产生滚转，让升力产生水平分量作为向心力，从而改变飞机航向的方式（图 2-34）。空中飞行时，操纵方向舵通常作为稳定航向和辅助调整航向的手段。在起飞、着陆或者高速滑跑的时候，一般通过脚蹬控制前轮和方向舵来控制飞机方向。

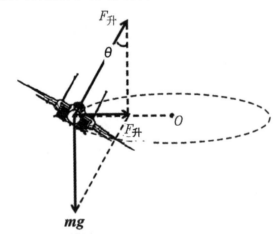

图 2-34 通过滚转改变航向

　　应当指出，飞机的稳定性虽然是飞机本身的一种特性，但它与飞机的操纵性有密切的关系，二者需要协调统一。稳定性高的飞机，操纵往往不灵敏；操纵很灵敏的飞机，则往往不太稳定。一般来说，对于军用歼击机，操纵应当很灵敏，随着现代飞行控制及电传操纵的出现和普及，工程师开始放宽其气动稳定性，用飞行控制与电传操纵系统使飞机稳定，从而追求更高的操纵性。而对于民用飞机，则应有较高的稳定性。稳定性与操纵性应综合考虑，以获得最佳的飞机性能。

2.3 飞机的飞行性能

飞机的基本飞行性能是衡量一架飞机的重要指标，一般包括飞行速度、升限航程与航时、升限、起飞着陆性能以及机动性能等。

2.3.1 速度性能指标

在飞机的飞行性能中，飞行速度是重要的性能之一。飞行速度一般包括最大平飞速度、最小平飞速度以及巡航速度等。

1. 最小平飞速度

最小平飞速度是指飞机在一定高度下能够维持水平直线飞行的最小速度。水平直线飞行时飞机的升力应等于其重力，在相同的其他条件下，飞机越重，最小飞行速度越大；而飞行高度越高，由于密度减小，最小飞行速度也会增加。而在前面讲过的增升装置，通过提高升力系数以及增加翼面积等方式，可以降低最小平飞速度，使飞机有能力在更低的速度下飞行。飞机的最小平飞速度越小，它的起飞、着陆和盘旋性能就越好。

2. 最大平飞速度

最大平飞速度是指飞机在一定的高度上做水平飞行时，发动机以最大推力工作所能达到的最大飞行速度，通常简称为最大速度。这是衡量飞机性能的一个重要指标。要提高飞机的最大平飞速度，一方面要减小飞机的飞行阻力，另一方面需要提升发动机的推力。

最大平飞速度一般由动力装置提供的推力等于飞机的阻力这一条件来决定。高度越高，由于空气稀薄，空气的阻力越小，然而稀薄的空气又会使航空发动机的功率降低，所以飞机的最大平飞速度与飞行高度有密切关系。一般喷气飞机的最大平飞速度是在约 11 km 高度处达到的，因为此处的空气比较稀薄，阻力小，而又没有显著降低发动机的功率。

3. 巡航速度

巡航是指飞机可以长时间进行的定常飞行状态。在这种飞行状态下，飞机飞行单位距离的燃油消耗量较小，对于飞机和发动机本身的损耗也较小，这种状态下的速度就是巡航速度。第四代战斗机的超声速巡航性能，就是指可以在发动机相对省油的情况下长时间以超声速飞行的性能。

2.3.2 高度性能

升限是表示一架飞机能达到的最大飞行高度。飞机的静升限是指飞机能做水平飞行的最大高度。随着飞机飞行高度的增加，发动机的推力逐渐下降，当飞机上升到某一极限高度时，发动机的功率已不足以使飞机高度进一步增加，飞机仅能以这一速度做水平直线飞行，这就是飞机的极限飞行高度，也就是静升限。静升限是一个理论值，实际上飞机通常在稍低于理论静升限的高度上飞行，以便具有一定的推力储备和良好的操纵性。一般规定，对于垂直上升速度为 5 m/s 的最大平飞高度作为实际飞行的最大高度，此高度称为飞机的实用升限。

2.3.3 航程与航时

最大航程指的是在一定条件下，飞机可以飞越的最远距离。在轰炸机和运输机的设计中，航程是最重要的指标之一。最大航时指飞机在一定条件下在空中停留的最长时间。对于一些需要在特定空域停留较长时间进行侦察和监视的航空器而言，最大航时是其重要的设计指标。

增加最大航程和最大航时，一方面要提升发动机的燃油效率，另一方面可以通过减小结构质量，增加载油量，并提升飞机的升阻比来实现。

2.3.4 飞机起飞着陆的性能

几乎所有的飞行都是以起飞开始，以着陆结束。起飞和着陆性能的好坏会直接影响到飞机的飞行安全。

1. 飞机的起飞性能

飞机的起飞过程是一个加速飞行的过程，包括地面加速滑跑和离地并爬升到安全高度等阶段，如图 2-35 所示。

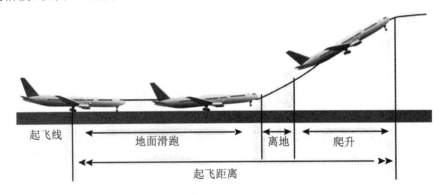

图 2-35 飞机的起飞过程

飞机起飞时，驾驶员加大油门使飞机加速滑跑。当加速到一定速度时，驾驶员操纵飞机抬头增加迎角，进而增加飞机的升力使飞机飞离地面，此时的速度为离地速度。随着升力的进一步增加，飞机加速上升，当飞机上升到安全高度时，起飞过程结束，此时飞机所飞越的地面距离为飞机的起飞距离。

起飞距离是一项重要的起飞性能，显然该距离越短越好。为了缩短飞机的起飞距离，可以采用增升装置增加升力，也可以通过增加附加推力来加速，比如采用助推火箭，缩短加速所需时间。对于航母舰载机而言，可以采用弹射起飞的方式缩短起飞距离。

2. 飞机的着陆性能

飞机的着陆过程是一个速度和高度逐渐下降的过程，包括下滑、拉平、平飞减速、飘落触地和滑跑几个阶段。如图 2-36 所示为飞机的着陆过程。

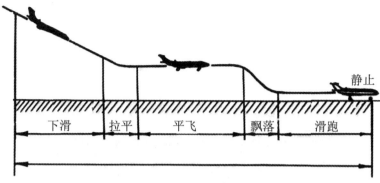

静止

下滑　拉平　平飞　飘落　滑跑

图 2-36　飞机的着陆过程

　　飞机从一定高度开始下滑，在靠近地面处拉平、减速，最后落地滑跑。飞机的着陆性能通常包括着陆距离、接地速度以及着陆滑跑距离。着陆距离是指从飞机下降到某一高度开始算起到最终停下来所通过的地面距离。接地速度是指飞机在接触地面时的速度，而滑跑距离指飞机从接地到完全停止所需的距离。

　　显然飞机的最小飞行速度越小，飞机的接地速度越小，就越容易停下来，着陆距离以及着陆滑跑距离也就越小，因此现代飞机在着陆时都会使用增升装置以减小着陆时的速度。此外，飞机还会使用多种方式减小着陆滑跑距离，除了在起落架设置刹车外，还有通过机构使发动机产生反向推力实现减速，或是打开飞机机翼或机身上的扰流板增加阻力实现减速。军用飞机有时会在着陆后打开减速伞进行减速；航空母舰上可供飞机进行着陆滑跑的距离非常短，因此会在跑道上设置拦阻索，飞机在降落时用尾钩钩住拦阻索而迅速停止。

2.3.5　飞机的机动性能

　　飞机的机动性是指飞机改变自身飞行状态的能力。对于飞机机动性的要求取决于飞机的设计目的。对于战斗机而言，要求有极高的机动性，对于运输机以及客机而言，一般不要求在空中做剧烈机动动作，机动性要求较低。

　　根据牛顿第二定律，飞机改变自身飞行状态需要获得加速度，也就是需要获得额外的力，这些力是由气动力提供的。也就是说，飞机在做机动飞行时会受到比匀速平飞时更大的气动力，因此在设计飞机时，必须考虑到飞机结构在各种飞行情况下所承受的外载荷。

　　在飞机设计中，一般用过载（或载荷系数）来描述飞机所做机动飞行的程度。飞机的过载是指飞机所受到的除了重力之外的外力与飞机自身重力之比。除特殊情况外，通常只考虑垂直方向上的过载，即升力与飞机重力的比值。飞机的机动性设计要求越高，可用过载要求就越高。高机动性要求的飞机可用过载高达 9 左右，而一般的民航客机可承受的过载为 2.5。

　　飞机自身飞行状态不断发生改变的飞行方式称为机动飞行。运输机与民航客机需要通过盘旋来转向，战斗机则可以完成筋斗、跃升、战斗转弯等战术动作以进行空中格斗。随着飞行性能的提高和推力矢量技术的出现，还出现了过失速机动动作，即在失速状态下完成的可控机动动作。

1. 盘旋

飞机在水平面内做等速圆周飞行称为盘旋飞行，如图 2-37 所示。通常坡度（坡度即指飞机倾斜的程度）小于 45°时，称为小坡度盘旋；大于 45°时，称为大坡度盘旋。盘旋和转弯的操纵动作完全相同，只是转弯的角度不到 360°而已。

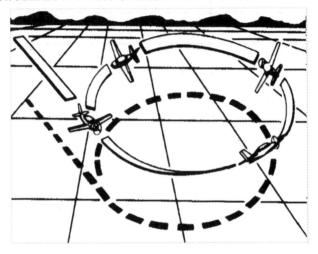

图 2-37 飞机盘旋

盘旋一周所需的时间越短，盘旋半径越小，方向机动性就越好。在作战时，盘旋半径越小越好，这就要尽量使飞机加大坡度，以增大使飞机做曲线运动的向心力。在盘旋中，为了保持在垂直方向上升力与重力的平衡，维持高度不变，当改变坡度时，需要相应地改变升力的大小；坡度越大，所需的升力也就越大，飞机的过载也就越大。例如，当飞机以 80°的坡度盘旋时，升力增大到飞机重力的 5.76 倍，此时飞机结构和飞行员所受的力也相应增大。由于载荷系数的限制，飞机速度越大，盘旋半径也将越大。比如，美国的 SR-71 侦察机，当飞行速度为 3 529 km/h 时，其盘旋半径可达 193 km。

2. 俯冲

俯冲是飞机将位能转化为动能，迅速降低高度，增大速度的机动飞行，作战飞机常借此来提高轰炸和射击的准确度。

俯冲过程分为进入、直线和改出俯冲三个阶段，如图 2-38 所示。在急剧俯冲时，为防止速度增加过多和超过相应高度的最大允许速度，必须减小发动机推力，有时需放下减速板。改出俯冲后的高度不应低于规定的安全高度。从俯冲中改出时，飞行员应柔和地拉杆，增大迎角，使升力大于重力第一分力，构成向心力，迫使飞机向上做曲线运动，这时的过载系数非常大，甚至会达到 9～10。所以，俯冲速度不应过大，改出不应过猛，以免造成飞机结构损坏或飞行员晕厥的事故。

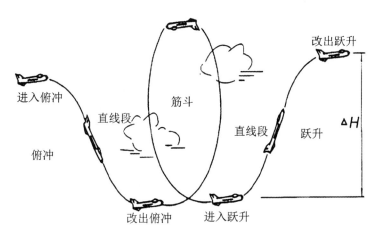

图 2-38 俯冲、筋斗和跃升

3. 跃升

跃升是将飞机的动能转变成势能，迅速取得高度优势的一种机动飞行。跃升性能的好坏由跃升增加的高度及所需的时间来衡量。飞机在做跃升机动后的高度可大大超过飞机的静升限。例如，某歼击机的实用升限为 19 500 m，当在 13 500 m 高度上以 $Ma=2.05$ 的速度进行跃升后，飞机可达到 23 000 m 的高度。通过跃升可达到的最大高度称为飞机的动升限。

4. 筋斗

筋斗是指飞机在铅垂平面内所做的一个轨迹为近似椭圆，航迹方向改变 360° 的机动动作。

筋斗飞行由爬升、倒飞，俯冲、平飞等动作组成。进行筋斗飞行时，飞行员应加速，然后使飞机曲线上升，飞到顶点后，减小油门，飞机开始曲线俯冲，最后改为平飞。

5. 战斗转弯

同时改变飞行方向和增加飞行高度的机动飞行称为战斗转弯。空战中为了夺取高度优势和占据有利方位，常用这种飞行动作。该飞行动作除了采用典型的操纵滚转角的方法外，为了缩短机动时间还可采用斜筋斗方法进行战斗转弯。战斗转弯时，过载可达 3 ～ 4。

6. 过失速机动

过失速机动指的是飞机在超过失速迎角的状态下对飞机姿态进行调整，改变机头指向的机动。"眼镜蛇"机动就是一种典型的过失速机动动作（图 2-39）。

"眼镜蛇"机动由俄罗斯飞行员普加乔夫驾驶 Su-27 战斗机在 1989 年的巴黎航展上第一次展示，这一惊艳的动作震撼了整个世界。机动过程为：飞机机头上仰至 110° ～ 120° 之间，保持短暂的平飞状态后，下压机头恢复水平状态，其飞行过程中飞机的高度几乎没有变化。这个动作展现了该飞机优异的过失速性能。

图 2-39 "眼镜蛇" 机动

随着发动机推力的不断增加以及推力矢量技术的出现，在失速状态下，可以通过偏转发动机喷口的方式改变推力方向，从而控制飞机姿态，战斗机可以进行各种过失速动作。

2.4 直升机的飞行原理

2.4.1 直升机简介

前文所讲的飞机是固定翼飞行器，即机翼与机身固定在一起，依靠飞机前进时空气流过机翼而产生升力，因此这种飞行器需要一定的速度来保持飞行。旋翼飞行器是另一类重于空气的航空器。顾名思义，旋翼飞行器的翼可以通过旋转使气流流过其表面而产生升力。这意味着即使旋翼飞行器本身没有向前的速度或速度很小，也可以产生足够的升力。多数旋翼飞行器可以实现原地垂直起飞、降落和悬停。直升机、多轴旋翼飞行器、旋翼机等都属于旋翼飞行器。

直升机通常有一到两个主旋翼轴，能够悬停。采用单旋翼带尾桨构型的直升机较常见，其机体主要结构主要包括机身、旋翼系统、尾桨、起落装置等（图 2-40）。

图 2-40 采用单旋翼带尾桨构型的直升机

2.4.2　直升机旋翼的工作原理

直升机旋翼提供升力的原理与固定翼飞机相似，只是将平飞的固定翼换成了旋转的旋翼。直升机发动机驱动旋翼提供升力，把直升机举托在空中。

直升机在地面停放时桨叶会由于自身重力的作用呈自然下垂状态。直升机飞行时，旋翼的桨叶会形成一个带有一定锥度底面朝上的大锥体，即"桨盘平面"，而旋翼上产生的总拉力垂直于桨盘平面，如图 2-41 所示。

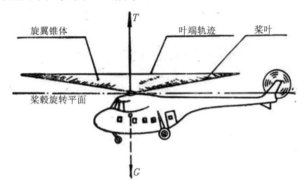

图 2-41　飞行中的直升机的旋翼倒锥

当向上的拉力大于直升机自重，直升机上升，小于自重直升机下降，相等时直升机悬停。通过控制桨盘平面向前、后、左、右等各方向的倾斜，以改变旋翼的拉力指向，从而实现直升机向前、后、左、右不同方向的飞行（图 2-42、图 2-43）。

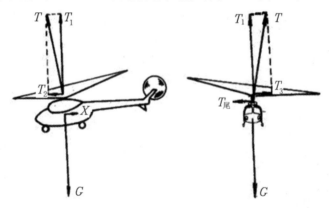

图 2-42　直升机机动飞行示意图

图 2-43　前进中的直升机桨盘平面前倾

旋翼向前倾斜，在产生升力的同时也产生前行的推力。但是如何使旋翼前倾呢？将传动轴或发动机向前倾斜是不现实的，因为这样会使机械结构复杂，可靠性降低。因此，直升机多采用旋转斜板，使桨盘平面向各个方向倾斜，如图2-44所示。

图2-44 直升机旋转斜板

上旋转斜板紧贴下旋转斜板滑动（或在接触面上安装滚珠，减少摩擦阻力），其倾斜角度由下旋转斜板决定。上旋转斜板随旋翼转动，由于前低后高，连杆和支点的作用迫使旋翼上升下降，最后按斜板的角度旋转，达到旋翼倾斜旋转。下旋转斜板不随旋翼转动，但倾斜角度可以由飞行员通过机械连杆或液压做动筒控制，以控制旋翼的倾斜角度。下旋转斜板不仅可以前低后高，还可以左低右高，或向任意方向偏转，这就是直升机旋翼可以向任意方向倾斜的道理。这个改变旋翼在每个旋转周期内角度的控制称周期变距控制，用来控制行进方向。

依据牛顿第三定律，直升机驱动旋翼旋转，旋翼必然会对机体产生一个反作用力。如果只有一个旋翼，直升机就会进入不受控的机体自旋。因此，多数直升机都在尾部装有尾桨，以给机身一个自旋力矩，以抵消主旋翼的反作用力矩，如图2-45所示。此外，如果装有两个大小一致，转速相反的旋翼，不论是左右并排还是前后纵列，或者是同轴

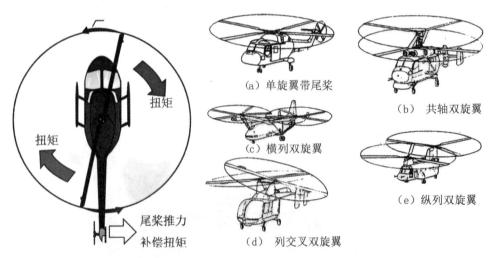

图2-45 尾桨推力补偿旋翼扭矩　　　　**图2-46 各种布局的直升机**

上下，又或者交换互切，都可以抵消相互的反作用力矩，使直升机机体保持平稳。因此，直升机的布局还包括共轴双旋翼、横列双旋翼、纵列双旋翼以及横列交叉双旋翼形式等，各种布局的直升机如图 2-46 所示。

| 拓展广场 |

人物事迹

罗阳，1961 年 6 月 29 日 -2012 年 11 月 25 日，男，汉族，辽宁沈阳人。1982 年 8 月参加工作，1986 年 8 月加入中国共产党，北京航空航天大学飞机设计专业毕业，研究员级高级工程师。歼 -15 舰载机研发项目总负责人、2012 年感动中国年度人物。

2012 年 11 月 25 日 12 时 48 分，罗阳在执行任务时突发急性心肌梗死、心源性猝死，经抢救无效，在工作岗位上因公殉职，年仅 51 岁。

罗阳同志秉持航空报国的志向，为我国航空事业发展做出了突出贡献，他身上体现出的信念坚定、对党忠诚的品格，矢志不渝、航空报国的情怀，攻坚克难、勇攀高峰的拼搏精神，恪尽职守、忘我奉献的崇高品德，严于律己、淡泊名利的人生境界，值得我们所有人学习。

公众号（视频号）矩阵

 航空工业
中国航空工业集团有限公司
北京
航空报国 航空强国 ›
视频号：航空工业

 中国航空博物馆
中国人民解放军空军航空博…
北京
以文本、图片，音视频，小程序等形式，为用户提供在线浏览中国航空博物馆新闻资…›

航空工业沈飞
沈阳飞机工业(集团)有限公司 ✍
辽宁 沈阳
公众号：航空工业沈飞

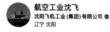 **航空工业哈飞**
哈尔滨飞机工业集团有限责…
闻方寸空间，知航空无限。我们邀您走近哈飞人、知晓哈飞事、领略哈飞产品、分享…
视频号：航空工业哈飞

 航空工业昌飞
昌河飞机工业(集团)有限责…
江西
感谢关注航空工业昌飞！闻方寸空间，知航空无限。昌飞人邀您一起见证祖国直升机…
视频号：航空工业昌飞

 西安航空基地
西安阎良国家航空高技术产…
陕西
西安航空基地是中国首个国家级航空高技术产业基地，也是中国目前唯一以航空为特…
1172 篇原创内容

航空工业陕飞
陕西飞机工业有限责任公司 ✍
陕西
航空报国，航空强国。航空工业陕飞邀您成为"中国预警飞机摇篮"的共同见证者。›

 **航空工业通飞**
中航通用飞机有限责任公司 ✍
广东
闻方寸空间，知通航无限。紧跟通航政策走向，关注行业发展趋势，研究通航管理之…

思考题

1. 有风的时候，人站在两栋高楼中间，通常会感受到风要比站在平坦开阔的地方大。怎么用流体连续性定理解释这一现象？

2. 高速流动的气体和低速流动的气体流动的特点各是什么？

3. 举例说明连续性定理和伯努利定理在自然界中的表现或在日常生活中的应用。

4. 什么是临界马赫数？提高临界马赫数可采取哪些措施？

5. 说明升力和阻力产生的原因、阻力的分类及各自产生的原因。

6. 飞机主要由哪些部分组成，各部分的主要功能是什么？

7. 直升机的旋翼的功用是什么？怎样操纵其上、下、前、后、左、右飞行？单旋翼直升机为什么要有尾桨？

8. 飞机的摩擦阻力是怎样产生的？摩擦双方指什么？怎样减小摩擦阻力？

9. 飞机的稳定性可分为哪几个方面？各是由何种部件或因素保证的？

10. 试绘图分析后掠角如何保证飞机的横侧稳定？

11. 一架正在飞行的飞机如何提高其升力？

12. 简述直升机的组成以及各部分的功能。

13. 起落架有哪几种典型的形式，其各自优缺点是什么？

14. 飞机的飞行性能包括哪些方面，各与哪些主要参数有关？怎样设计才能提高飞机的各种性能？

15. 一架飞机以 $Ma=0.4$ 做定直平飞，现欲将水平直线加速至 $Ma=0.6$，飞行员应如何操纵，为什么？

第3章　飞行器的结构与构造

飞行器作为一类特殊的运载工具，与地面一般的运载工具相比，在结构上有其独特的要求。飞行器种类不同，工作任务不同，其结构系统就有各自不同和特点。对于固定机翼飞机来说，主要包括机翼、机身、尾翼、起落架等主要承力结构；对于直升机来说，主要包括机身、旋翼系统、尾桨、起落装置、操纵系统；对于导弹来说，主要包括弹身、弹翼、舵面等部件；对于卫星、飞船和空间站等航天器来说，主要包括用来执行和完成特定航天任务的各功能系统。

飞行器的结构构造主要起到连接飞行器各系统，提供飞行器良好外形，装载和保护飞行器内部的乘员、有效载荷、机载设备等，承受和传递各种载荷的作用。本章介绍飞行器的结构与构造，主要是指飞行器的结构组成和功能系统。

3.1　飞行器结构的一般要求和常用材料

3.1.1　飞行器结构的一般要求

所谓飞行器结构就是飞行器各受力部件和支撑构件的总称，是飞行器的重要组成部分。结构要承受内部载重、动力装置和外部空气动力引起的载荷，装载内部人员和设备，并提供人员和设备的工作空间。不同的飞行器根据使用要求的不同，结构也有较大的差别，但它们的作用是相同的。飞行器结构可以指整体结构，也可以指各个结构部件，飞行器的结构应满足以下基本要求。

1. 空气动力要求

飞行器结构满足飞行性能所要求的气动外形和表面质量。飞行器的气动外形主要是根据飞行性能要求和飞行品质要求决定的。如果飞行器结构达不到必要的空气动力要

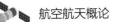

求，将导致飞行阻力增加、升力减小、飞行品质变坏。不仅航空器要满足空气动力要求，而且穿过大气层飞行的导弹和航天器（如弹道导弹、运载火箭、返回式卫星和航天飞机等）也要满足空气动力要求。

2. 质量和强度、刚度要求

在满足一定的强度、刚度和寿命的条件下，要求飞行器的结构质量越轻越好。强度是指结构承受载荷时抵抗破坏的能力。刚度是指结构在载荷作用下抵抗变形的能力。强度不够会引起结构破坏；刚度不足不仅会因变形过大，破坏气动外形的准确性，还会在一定速度条件下发生危险的颤振现象。寿命是指从开始投入使用到报废的时间。增加强度、刚度和寿命都会增加结构质量，在总重量不变的情况下，结构质量增加就意味着有效载重的减少，或飞行性能的下降。

3. 使用维护要求

飞行器结构要求使用方便，便于检查、维护和修理，使用过程中要安全可靠，易于运输、储存和保管。

4. 工艺和经济性要求

在一定的生产条件下，飞行器结构要求工艺简单，制造方便，生产周期短，成本低。

3.1.2 飞行器结构的常用材料

飞行器结构材料的选择对减轻飞行器质量、提高飞行器结构工艺性与性能起到至关重要的作用。飞行器结构使用的材料种类多，按功能可分为结构材料和功能材料，按性质可分为金属材料、非金属材料和复合材料。材料的选用要充分利用材料的机械（力学）、物理性能，满足结构技术要求、环境适应性要求，力求在满足强度、刚度条件下结构质量最小，有良好的工艺性能，成本低，供应方便，优先选用已有型号飞行器上应用成熟的材料。

在选用结构材料时，首先应尽量采用比强度和比刚度大的材料。其次，根据不同的飞行环境适应性条件，要求材料具有一定的耐高温和耐低温性能、良好的抗老化和耐腐蚀能力、足够的断裂韧性和良好的抗疲劳性能。常用于航空航天领域的结构材料有如下几类。

1. 黑色金属材料

使用较多的材料是优质碳素结构钢、合金结构钢、不锈钢和高温合金等。

（1）碳素结构钢。

优质碳素结构钢应用较多的牌号有 20、45 等，主要用于壳体、导管、发动机机架、紧固件等。

（2）合金结构。

合金结构钢主要包括高强度合金钢、超高强度合金钢、弹簧钢、渗碳钢与氮化钢。高强度合金钢具有较高的比强度，工艺简单、性能稳定、价格低廉，适合制造承受大载荷的接头、起落架和机翼大梁等构件。超高强度钢比强度高，能减小结构质量，多用于固体火箭发动机、助推器壳体和高压气瓶。弹簧钢用作弹簧与止动件。渗碳钢常用的是 12CrNi3A，用于飞行器陀螺的凸轮、液压舵机中的阀芯和阀套。氮化钢常用的是

38CrMoAl，用于提高零件表面的硬度、耐磨性和抗疲劳强度。

（3）不锈钢。

不锈钢具有良好的耐腐蚀性和耐低温性，应用最广泛的是奥氏体不锈钢1Cr18Ni9Ti，一般用来制作在高温气动加热、高温燃气流和腐蚀性介质中工作的结构件、焊接件和燃气管路。耐高温的不锈钢还是制造发动机的主要材料。由于不锈钢中合金含量较高，价格也比结构钢高得多。

（4）高温合金。

高温合金又称热强合金、耐热合金或超合金，是20世纪40年代发展起来的一种新型航空金属材料，它可在600～1100 ℃的氧化和燃气腐蚀条件下，承受复杂应力，能长期可靠地工作。主要用于航空发动机的热端部件，如涡轮工作叶片、导向叶片、涡轮盘、压气机盘及涡轮盘环形前后挡板、燃烧室、机匣等部件，也是航天、能源、交通运输和化学工业的重要材料。

2. 有色金属材料

有色金属材料品种繁多，具有许多优良的机械、物理和化学性能，是导弹结构的主要材料。本节主要介绍常用的铝合金、镁合金、钛合金材料及其应用。

（1）铝合金。

有色金属中铝合金在航空航天中应用最为广泛。其特点是密度低，工艺性能良好，有良好的导热和导电性，在所有轻金属中成本最低，表面可自然形成氧化膜，具抗腐蚀性。工作温度一般不超过200～300 ℃。铝合金有较高的比强度和比刚度（密度，约为钢的1/3，强度约为普通钢的1/2），具有良好的耐腐蚀性和低温性能，并且价格低廉。

（2）镁合金。

镁合金的机械加工性能优良，但耐腐蚀性较差，适合用于制造承力较小、壁厚较大的零件。镁合金密度更小（1.75～1.9 g/cm³），其比强度和比刚度与铝合金和合金钢相当，有较大的承受冲击载荷的能力，减振性能好，具有优良的可切削加工性和铸造、锻造性能以及良好的导热性和导电性。

镁合金的缺点是屈服强度和弹性模量低，耐腐蚀性能差。它在空气中形成的氧化膜很不致密，不能起到保护作用，在潮湿大气、淡水、海水及绝大多数酸和盐溶液中均易受腐蚀。

（3）钛合金。

钛合金的密度较小（4.5 g/cm³），强度接近于合金钢，具有较高的比强度。钛合金具有较高的耐热性，工作温度可达400～550 ℃，在该温度下的比强度明显优于耐热不锈钢。另外它在潮湿的大气和海水中的耐腐蚀性也优于不锈钢。钛合金的主要问题是加工成型困难，目前价格比较昂贵。

钛合金突出的优点是比强度高，有良好的耐热性和超低温性能，同时又具有高耐腐蚀性。钛合金具有良好的抗疲劳性能，具有很低的热导率，适于制造隔热构件。钛合金钢线胀系数小，适于做要求尺寸稳定性好的构件。钛合金的缺点主要是弹性模量较低，耐磨性较差，制造工艺较铝、镁、钢等复杂，成本较高。钛合金的强度与合金钢相当，它的比强度是不锈钢的3倍、铝合金的1.3倍，是目前金属结构材料中最高的。因此钛

合金是比较好的航天工程结构材料，在飞行器上得到广泛应用。

3. 复合材料

复合材料是由两种或两种以上不同材料通过某种方式结合而成的新材料。复合材料的密度低，比强度、比刚度很高，抗疲劳性能、减震性能和工艺成型性能都很好。由于复合材料有着非常优越的性能，航空、航天飞行器的结构越来越多地采用复合材料。

通常将复合材料中构成连续相的组分称为基体，非连续相的组分称为增强材料。根据基体和增强材料的不同，可将复合材料分为树脂基（聚合物基）复合材料、金属基复合材料、陶瓷基复合材料、玻璃基复合材料、碳基复合材料、碳／环氧复合材料等。增强材料一般为高强度的纤维材料，主要有玻璃纤维、芳纶纤维、硼纤维、碳纤维和石墨纤维等。基体材料则是具有一定韧性的树脂，主要有环氧树脂、聚酰亚胺树脂以及铝合金和钛合金等。

碳纤维增强树脂基复合材料目前是飞行器上最常用的结构复合材料。其中有承受轴压载荷为主的导弹头锥壳体、仪器舱、级间段，如 MK-12A 导弹用石墨／环氧制作的仪器舱锥壳体，可使结构质量减轻 40%，而且采用整体成型，减少了零部件的品种和数量，简化了工艺，估计省工 50% 左右。碳纤维复合材料还可用于制作翼面、尾翼之类结构件。

金属基复合材料是以一种或数种增强材料，以物理或化学的方式与一种金属基体结合组成的复合材料。其金属基体材料主要有铝、钛、镁、高温合金、难熔金属等。具有优异的高温性能。较高的韧性和抗冲击性能。其导电、导热性好，不会产生静电放电灾难事故。连接强度相对较高，耐辐射性好，主要用于翼前缘、发动机构件等高温条件下及航天飞机、卫星结构等须在太空条件下长期工作的机构，还可代替铍合金用于惯导平台上。

陶瓷基复合材料是以陶瓷为基体，基体与增强材料均有低密度、高强度、高刚度、耐腐蚀、耐高温等特性。陶瓷基复合材料在 800 ～ 1 650 ℃有良好的力学性能。常用的增强材料有碳化硅、氮化硅、氧化铝纤维等。

玻璃纤维增强材料的比强度约为铝合金的 3 倍，但比刚度较低，约为铝合金的 50%，在民用方面使用较为普遍，在航空航天领域的应用有一定限制。如凯芙拉（Kevlar）-49 复合材料，是以凯芙拉 -49 纤维作为增强体，树脂作为基体，其比强度约为强度较高的玻璃钢的 1.8 倍，刚度约为玻璃钢的 2 倍，用它制造的固体火箭发动机壳体比玻璃钢轻 35% 以上。

碳／碳复合材料是以碳纤维增强碳基体的复合材料。将碳纤维预制件反复浸渍合成树脂后，经高温碳化制成，或用碳氧化合物化学沉积制成，有相当高的强度和韧性，耐热性远高于其他任何高温合金，导热性能良好，摩擦特性优异。可用于制造再入大气层的头锥及飞机刹车盘等，其寿命是钢烧结材料刹车盘的 6 ～ 7 倍。

碳／环氧复合材料在航天器结构中得到广泛应用，它可以制成各种杆件、构架、加筋板壳、夹层板壳等主要或次要承力构件，以及太阳能电池板、天线反射器等，还可以用来制作固体发动机壳体。碳／环氧复合材料还可用来制作承受较复杂载荷的飞行器仪器支架。

4. 热防护材料

热防护材料一般是用喷涂、刮涂、包覆、粘接等方法使其附着于飞行器结构的表面，防止外界的热量传入结构件从而起到保护作用。有的热防护材料也能作为结构材料的一部分，兼顾防热和结构两种功能。

飞行器结构的热防护材料种类很多，按防热的机理可分为烧蚀式、隔热式、发汗冷却式、热沉式和辐射式。按材料的性质形态可分为树脂基增强塑料、防热涂层、陶瓷基防热材料、升华型碳基材料、非金属隔热材料、柔性防热材料、防热泥子等。其中树脂基增强塑料和防热涂层应用最多，主要用于舱体的外表面和防热隔板。陶瓷基防热材料用于飞行器天线的窗口或天线整流罩。升华型碳基材料用于燃气舵、发动机喷管喉衬、端头帽等。柔性防热材料用于电缆和摇摆喷管的间隙防热套。防热泥子用于缝隙、孔沿等。

3.2　航空器的构造

3.2.1　气球和飞艇的基本构造

气球和飞艇都属于轻于空气的航空器，分为载人和不载人两种。真正作为飞行器的气球，目前主要有两类：一类是自由气球，自由气球可分为零压气球和超压气球，零压气球如氢气球，它是不载人的，主要作为高空探测使用，如大气环境监测、γ 射线探测等；另一类是系留气球，主要用于气象预报、飞行器监测、广播通信、地形测绘、体育运动、广告庆典等，还可以进行低空预警，可作为边防、海防的空中监测平台。系留气球如热气球，大多数是载人的，另外还有少量的载人充氢动力气球。

飞艇与热气球最大的区别在于具有推进和控制飞行状态的装置，可以进行有动力飞行和方向控制。早期的飞艇采用氢气作为浮力气体，但由于氢气易燃易爆，出于安全的原因，现已被惰性气体——氦气所取代。飞艇主要用于运输、吊装、观光、环境监测、空中预警等用途，大型民用飞艇还可以用于交通运输、娱乐、赈灾、影视拍摄、科学实验等。在运输应用方面具有成本低，安全可靠等优点；在军事应用方面，由于气囊材料是非金属的，雷达反射很小，可用于空中预警。

1. 自由气球的构造

零压气球有与外部大气相连的管道，内压增加，往外排出浮升气体（氦气或氢气等），球体不会因压力过大而被破坏。超压气球依靠球体结构设计和材料承受较大内压，飞行过程中一般不排气或仅排很少气，因此可以实现长时间稳定的飞行。

（1）零压气球的构造。

零压气球采用线性低密度聚乙烯（LLDPE）薄膜，球体由多幅膜片焊接而成，根据球体大小、材料、载荷等不同，球体结构设计不同，通常采用自然形气球。如探空氢气球结构如图 3-1 所示，球面材料由塑料薄膜制成；气球下面连有吊篮，用于装载探测设备和仪器；吊篮内有压舱物，用于控制气球升降。在低空时由于大气的压力，气球体积较小，如图 3-1（a）所示；上升至高空时，大气压力逐渐减小，气球的体积逐渐增大，如图 3-1（b）所示。当氢气体积膨胀到超过球体体积时，氢气从下部放气口溢出，直至达到平衡高度。

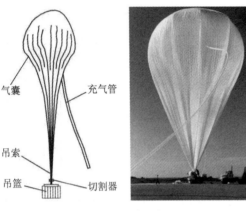

（a）低空时形态 　　　　　　　（b）高空时形态

图 3-1　探空氢气球构造

氢气球一般飞行高度在 30～50 km，利用高空大气环流飞行。在高空的不同高度，大气风向是不同的，可通过放出氢气或抛掉压舱物使气球下降或上升，由此按照预先计划的飞行路线飞行。任务完成后，通过遥控装置将气球与吊篮的连接缆绳切断，气球上升后破裂，掉落地面。吊篮用降落伞回收，取回实验探测设备和试验仪器。

（2）超压气球的构造。

超压气球设计采用新型材料、耐高超压的结构，气球不需要压舱物来保持高度，而是使用超压来有效地降低飞行期间由于气体温度变化引起的高度改变，从而达到更高的飞行性能。超压气球采用 LLDPE 薄膜和聚对苯撑苯并二噁唑纤维（PBO）材料加强带焊接而成，采用南瓜形结构，如图 3-2 所示。

图 3-2　超压气球构造

美国国家航空航天局（NASA）2016 年 5 月 17 日在新西兰南岛的瓦纳卡（Wanaka）机场，成功施放一枚超压气球，进行近太空的科学调查研究。这枚 53.2 万 m^3 的超压气球，预计每 1～3 周在南半球上空环绕地球 1 周，视平流层的风速而定，目标是在空中维持 100 天以上，气球执行任务的飞行高度在 33.5 km。

（3）热气球的构造。

热气球是浮空器的一种，是利用热空气比空气轻的原理在大气中产生浮力实现飞行，其构造如图 3-3 所示。现代热气球球面材料是由高强度尼龙绸经涂敷气密涂料制成。气球下面系有吊篮，装载人员、加热燃料和加热设备。热空气是通过装在吊篮上部的丙烷燃烧器加热产生的。热气球的下部是敞开的，燃烧器打开空气被加热，使热气球内平均温度增加，热气球上升。球内相对冷却的空气和燃烧的废气由下部排出。在气球顶部有放气窗口，可由人力拉动操纵绳打开窗口，放出热气，使热气球下降。由于气球要向外散热，因此要维持飞行高度，必须进行间歇式加热。热气球飞行员利用不同高度风向的差别或不同地形对气流的影响，操纵控制气球飞行，但总的飞行方向是顺风飞行。

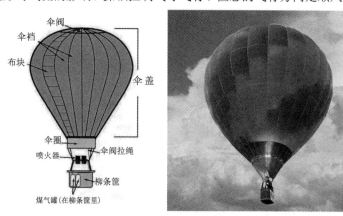

图 3-3　热气球构造

2. 系留气球的构造

系留气球是一种不带动力、通过连接地面设施的缆绳驻留在空中预定位置的浮空器。球体是系统承载平台，采用柔性多层复合材料制作，外形通常为常规流线型球体和非常规扁圆形球体。依据球体积大小，系留气球装备可分为微型、小型、中型、大型、特大型和超大型。

系留气球系统包括球体、系留缆绳、有效载荷、锚泊平台、地面控制系统五部分，如图 3-4 所示。球体主要用于挂载有效载荷和保持系统稳定性；球体尾部的尾翼多采用十字布局或倒 Y 形布局；系留缆绳将气球拴系在地面锚泊设施上，是球体与地面信号传输以及气球供电的主要通道；有效载荷一般是指用来实现通信的电子设备，如雷达、广播、电子侦察等；锚泊平台主要用来操纵球体升降、控制和维护系留气球系统，一般可分为地面固定式、车载移动式、舰载移动式三类；地面控制系统主要用于遥测遥控、监控球体通信设备、监测气球各项工作数据和环境参数等功能，还可作为中心站完成任务设备信息的存储或转发。

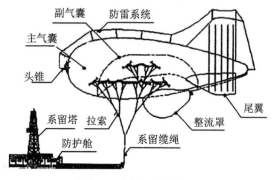

图 3-4　系留气球构造

　　系留气球体积越大，载荷搭载能力越强，驻空高度越高，驻留时间越长，保障需求越大。常规流线型球体外形与尾翼的优化设计可提高平台稳定性，降低气动阻力，主要应用于大中型系留气球；扁圆形球体通过风兜或带龙骨的尾翼设计稳定球体，主要应用于微小型系留气球。420K 系留气球装备是唯一在美国运行的大型系留气球，通过搭载 L88 广域监视雷达，建立了美墨边境地区的系留气球雷达系统（TARS），用以监视低空的飞机、海上和水面的目标，如图 3-5 所示。

图 3-5　大型系留气球 420K

　　12M 系留气球为战术级装备，针对快速部署、撤收、再部署的陆地战场监视应用，具有系统紧凑、操作便捷等特点，可搭载可见光、红外、通信中继类载荷为身处复杂地形或偏远地带的地面部队提供信息支持，该类装备被美军成功应用于伊拉克和阿富汗战争，并为美国海关与边防巡防队提供美墨边境巡防平台，如图 3-6 所示。

图 3-6　中型系留气球 TCOM-12M

　　以色列 RTLTA 公司研制的 Skystar 系列是一类微 / 小型系留气球装备，目前在世界范围内被广泛应用于军用和民用任务中。作为一种战术型单兵系留气球系统，Skystar 系列系留气球装备采用扁圆形球体技术方案，体积均不超过 200 ㎥，可集成在小型车辆上，具有机动性强、易于部署、放飞回收简单等优点，仅需 1～3 人操作，可以使用轻便的操控系统进行载荷控制与应用。Skystar330 主要针对军营和军事力量保护、区域态势感知任务，可实现 15 km 范围的持续、实时情报监视与目标获取，如图 3-7 所示。

图 3-7 微小型系留气球 Skystar330

系留气球球体的气动外形具有良好的静稳定性，在空中能实现自稳定，始终保持头部迎风，具有较强的抗风能力。系留气球具有留空工作时间长、载荷适配能力强、平台通用性好、可机动部署、维护费用低、使用安全和生存能力强等优点，可搭载雷达、技术侦察、通信中继、光电侦察等任务载荷，被广泛应用于中低空的目标侦察、通信中继、低空预警、环境监测、科学测量等军民领域，成功用于执行边海防长时监测、战场阵地实时监测等军事任务以及重大活动的安保任务。

2. 飞艇的构造

飞艇是一种轻于空气的飞行器，具有速度可快可慢，并能在空中悬停，能耗小、噪声低、对环境污染小，面积大、稳定性好，留空时间长等特点。可广泛用于空中摄像、实况转播、空中监视、交通管制、空中广告及观光等方面，在石油和电力巡线、渔情探测、渔政管理、边境巡逻缉私等特殊领域有着独特的用途。

飞艇作为最早的有动力载人飞行器，至今已有 100 多年的历史。1852 年，法国 H. 吉法尔制成世界上第一艘装有蒸汽机的飞艇，在飞艇软式气囊下面有一个三角形的风帆，用来操纵飞行方向，功率仅为 2.2 kW 的蒸汽机带动一个三叶螺旋桨，如图 3-8 所示。

图 3-8 法国 H. 吉法尔制成世界上第一艘飞艇

气球只能依靠自然界的风力顺风飞行，而飞艇是由发动机提供前进动力的轻于空气的航空器。飞艇由巨大的流线型艇体、位于艇体下面的吊舱、起稳定控制作用的尾面和推进装置组成，根据构形不同可分为纯浮力式和混合式两大类。

纯浮力式飞艇的全部浮力由其上部充入氢气的气囊产生。气囊下部带有吊舱，吊舱上装有使飞艇前进的发动机。气囊尾部装有硬式的呈十字形分布的水平安定面和垂直安定面，安定面后有升降舵和方向舵，如图3-9所示。

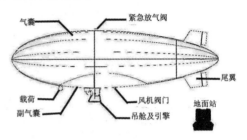

图 3-9 纯浮力式飞艇构造

混合式飞艇包括浮力-旋翼混合式飞艇与浮力-气动升力混合式飞艇。浮力-旋翼混合式飞艇是将气囊和类似于直升机的旋翼组合起来产生升力，或直接在气囊下装几架直升机。这种飞艇有非常大的载重量，可以用来吊装重物，其起吊重量可达上百吨。浮力-气动升力混合式，除了气囊产生浮力外，飞艇还带有类似机翼的升力面，在飞行中依靠前进速度产生部分升力。P-791混合式飞艇将三个加压的圆形充气的升力体并列成一个大的升力体，就像把三个小飞艇连在一起一样，并使用了4个气垫作为着陆装置，起飞滑跑时很像一个气垫船，如图3-10所示。

图 3-10 P-791 混合式飞艇

从结构形式上看，飞艇有硬式、半硬式和软式三种。三种形式的差别主要在于气囊的构造。

（1）硬式。

硬式飞艇的艇体由刚性骨架外罩蒙布或薄铝皮构成，骨架由横向隔框、纵向龙骨梁和桁条，以及承力张线和撑杆等构成，骨架内部则装有许多为飞艇提供升力的充满气体的独立气囊。这种飞艇气囊外形维持好、头部承压大、飞行速度较高、气囊质量大、体积大，如图3-11所示。

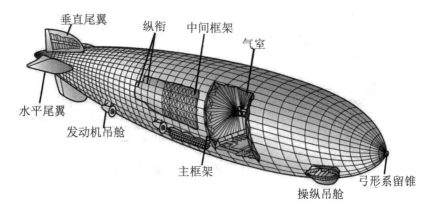

图 3-11　硬式飞艇结构

　　1900 年，齐伯林制造了第一架硬式飞艇，它的最大特点是有一个硬的骨架，骨架是由一根腹部纵向大梁和 24 根长杆及 16 个框架构成，并使用了大量纵向和横向拉线，以增强结构强度。艇体构架外面蒙上防水布制成的蒙皮；艇体内有 17 个气囊，总容积达到 1.2 万 m³，总浮力达 13 t，比当时软式飞艇大 5 至 6 倍。

　　1928 年 9 月 18 日，齐伯林命名的"齐伯林伯爵"号飞艇首飞成功，它是齐伯林公司建造的第一艘大型客运飞艇，也是当时世界上最大的飞艇，如图 3-12 所示。飞艇长达 236.6 m，最大直径为 30.5 m，高 35 m，艇身由铝合金空心骨架支撑，内部的多个气囊总共能容纳 104 700 m³ 的氢气，自重为 118 t，可用升力 60 t。"齐伯林伯爵"号飞艇在 1929 年至 1937 年的 8 年间，做了 590 次飞行，其中包括 144 次越洋飞行（143 次飞越大西洋，1 次飞越太平洋），总计 170 万 km，安全运送旅客三万四千多人次，直到 1937 年 5 月 8 日完成最后一次飞行。

图 3-12　"齐伯林伯爵"号飞艇

　　用于军事用途的硬式飞艇如由美国海军建造的大型硬式飞艇阿克伦号（AKRon），1931 年 9 月 23 日完成首飞，其气囊长度为 239 m，容积达 184 080 m³，如图 3-13 所示。

图 3-13 硬式飞艇阿克伦号（AKRon）

（2）软式。

软式飞艇的艇体由主气囊和前后副气囊组成。气囊用涂胶的密封纤维布制成，内部用张线加强，外形靠充气压力保持。气囊上安装有安全活门，当内外压力超过规定值时自动放气，以保证气囊不被胀破。主气囊内充以昂贵的浮升气体——氦气或氢气。前、后副气囊内充填空气，可根据需要充压或放气。副气囊的作用是在不排放主气囊内浮升气体条件下，保持主气囊的内外压力差为定值。例如当高度增加、外界大气压力降低时，通过副气囊放气而使主气囊增大容积，从而维持主气囊原来的压差值。反之，当外界大气压增高时，向副气囊内充气，使它膨胀，从而减小主气囊容积，仍使主气囊压力略高于外界大气压。设置前、后副气囊还可调节飞艇浮力中心的前后位置。当仅向后副气囊充气时，浮心前移，使飞艇产生抬头力矩；反之，则产生低头力矩。

软式飞艇没有金属骨架，全部用织物制成气囊，用绳索连接吊舱。这种形式的飞艇一般体积较小，飞行速度较高时需要有较大的内外压差。有些飞艇为提高气囊抗风能力、增加飞行速度，在气囊头部装有锥形支撑件，如图 3-14 所示。

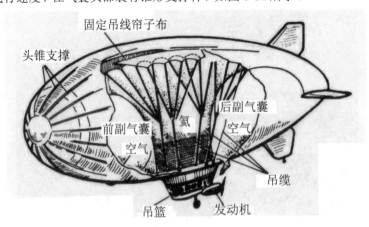

图 3-14 软式充氦飞艇结构

软式飞艇都是热气飞艇，气囊材料、加热系统都与热气球相同。由于热气飞艇是软式飞艇，要维持气囊的流线型，必须有一定的内压。它不像热气球那样下部是开敞的，吊舱与气囊的连接是密封的，吊舱顶部有增压风扇给气囊增压并补充新鲜空气。一般热气飞艇的安定面和舵面都是软式的，并且只有方向舵而没有升降舵。升降操纵是通过控制热空气的加热程度实现的。加热多则上升，下降可以等待气体冷却或操纵顶部的放气口放气。

现代飞艇一般都是软式飞艇，要保持它们的外形，只能是通过气囊中氢气压力来实现，其主要组成部分有气囊、辅助气囊、吊舱、推进装置和尾翼。由于气囊材料性能的限制，早期软式飞艇多用来制造总重 23 t 以下的小型飞艇。随着性能更好的新材料的出现，更大的软式飞艇得以制作，广泛应用在旅游观光、广告宣传、体育赛事转播、空中巡逻、遥感监测、空中交通监控、安保监测等领域。

（3）半硬式。

半硬式介于软式和硬式之间，结合了软式、硬式飞艇的结构特点。与硬式飞艇一样，从外气囊头部到尾部贯穿着一个具有良好气动性能形状的刚性龙骨，但是龙骨仅仅铺在外气囊底部。与软式飞艇不同，飞艇自重及其他主要荷载不是由气囊所承担，而是由刚性龙骨承担。它在气囊头部气动载荷较大部位和气囊尾部安装舵面部位采用硬式骨架，其余部分是软式气囊。在氢气飞艇的气囊内，前后有两个充入空气的副气囊。半硬式飞艇要保持其形状主要是通过气囊中的气体压力，另外部分也要依靠刚性骨架。

半硬式飞艇使中大型飞艇也能具备软式飞艇的优势，同时采用刚性龙骨弥补了艇囊的薄弱点，增加了飞艇设计和布局的灵活性，更重要的是龙骨与蒙皮形成了刚柔一体的协同受力体系，使飞艇具有更优异的结构特性。半硬式飞艇在国外中低空艇被广泛开发应用，如德国的 ZeppelinNT（图 3-15）、CL-160（图 3-16）和 LOTTE 等。

图 3-15 ZeppelinNT 飞艇

图 3-16 CL-160 超大型飞艇

ZeppelinNT 飞艇的内部骨架由三根铝合金龙骨，12 个三角形碳纤维框架，以及用于加强、支撑用的芳纶纤维缆绳组成。ZeppelinNT 的发展使得半硬式飞艇的概念有了新的定义，传统的半硬式飞艇的龙骨等刚性结构只位于气囊的下部（如 Goodyear 半硬式飞艇），而 ZeppelinNT 的龙骨则有三根且呈空间分布，蒙皮的外形不靠骨架而是靠内外压差来维持，蒙皮与骨架之间采用粘合的方式连接起来。

CL-160 超大型飞艇采用半硬式充氢气气囊，最大起飞质量为 450 t，有效载荷为 160 t，飞艇长 260 m，直径为 65 m，已成为有史以来制造的最大的飞艇。

飞艇相对于飞机来说最大的优势就是它具有较长的滞空时间。1957 年 3 月，美国一艘 ZPG-2 型软式飞艇在一次飞行中创造了连续飞行 264.2 h 的世界纪录，其总里程长达 15 200 km。军用飞艇一般都使用氢气保持浮力，因此能安静并且平稳地完成升降和飞行，这对其携带高科技监视设备至关重要。飞艇可以在其气囊中携带大型雷达天线，而后者的形状和尺寸几乎不受限制。与飞机相比，军用飞艇可降低 30% 左右的能耗和飞行费用，其雷达反射面积也要比现代飞机小许多。

中国特种飞行器研究所研发的飞艇产品有 FK4 载人飞艇系列、FK12 遥控／自主控制飞艇系列。载人飞艇主要用于旅游观光、空中广告、交通指挥等；遥控／自主控制飞艇主要用于勘探、电视转播及广告市场等。

3.2.2 飞机的基本构造

飞机在飞行器中数量和种类都居首位，常规型飞机由机身、机翼、尾翼、起落架、动力装置等五大部件组成，并通过机载设备、燃油系统、液压冷气系统、人机环境系统、电气系统、操纵系统等必要的系统构成飞机的全部，如图 3-17 所示。一些特殊结构的飞机会省略某些部件，如无尾布局的飞机没有水平尾翼，无人驾驶飞机没有起落架等。下面介绍机翼、尾翼、机身和起落装置的构造。

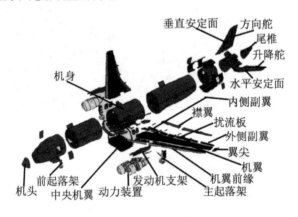

图 3-17 飞机的组成部分

1. 机翼的基本构造

机翼是飞机的一个重要部件，其主要作用是产生升力。机翼内部可以装载燃油、设备、武器，机翼上可以安装起落架、发动机、悬挂导弹、副油箱及其他外挂设备。另外，很多飞机的发动机和主起落架安装在机翼结构上。

（1）机翼的配置。

机翼的配置形式主要包括双翼配置、单翼配置、多翼配置等，如图 3-18 所示。双翼配置通常指具有两个机翼的配置，在飞机发展的早期阶段较为常见，但随着技术的进步，双翼配置逐渐被单翼配置所取代。多翼配置指的是具有三个或更多机翼的飞机。这种配置在特定类型的飞机中有所应用，如三翼面布局的飞机，它包括主翼、平尾以及鸭翼三个翼面，以更好地分配载重和减轻机翼上的载荷。

（a）双翼机　　　　（b）三翼机　　　　（c）四翼机　　　　（d）多翼机

图 3-18 机翼的配置形式

目前，除了个别低速飞机仍是双翼机外，绝大多数是单翼机。单翼机机翼在机身上的配置，可分为上单翼、中单翼和下单翼三种形式，如图 3-19 所示。

从机翼与机身的干扰阻力方面比较，中单翼最小，上单翼次之，下单翼最大。从机身内部容积的利用方面比较，上单翼最为优越。上单翼飞机机翼通过机身的部分骨架，位于机身上部，不影响机身内部容积的利用。从起落架的配置方面比较，下单翼飞机比较有利。上单翼飞机的起落架较长，质量大且不易收放。从发动机维护方面比较，下单翼飞机维护比较方便。上单翼飞机由于机翼位置较高，检修、拆装机翼上的发动机或其他附件，以及向机翼内的油箱添加燃油都不方便。

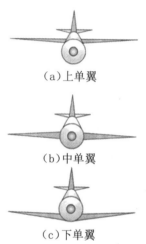

（a）上单翼

（b）中单翼

（c）下单翼

图 3-19 单翼机机翼的配置形式

（2）机翼的主要受力构件。

机翼的外部载荷由特定形式的承力结构承受，承力结构由许多构件组成。机翼的受力构件通常包括纵向（沿翼展方向）骨架、横向（沿气流方向或垂直于翼梁方向）骨架、蒙皮和接头等。纵向骨架有翼梁、纵墙和桁条，横向骨架有普通翼肋和加强翼肋，如图 3-20 所示。

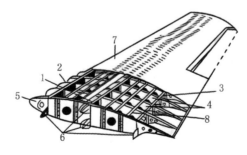

图 3-20 机翼的受力构件
1—翼梁；2—前纵墙；3—后纵墙；4—普通翼肋；5—加强翼肋；6—对接接头；7—蒙皮；8—桁条

①翼梁。翼梁是最强有力的纵向构件，承受大部分弯矩和剪力，在机翼根部与机身

用固定连接接头连接,主要有三种形式的翼梁:腹板式、整体式和桁架式翼梁。

如图 3-21 所示为腹板式翼梁,多用于现代飞机机翼,由缘条和腹板铆接而成,缘条用铝合金或合金钢的厚壁型材制成,用于承受拉、压力。腹板用铝合金板制成,用于承受剪力。薄壁腹板上往往还铆接了许多铝合金支柱,以增强其抗剪稳定性和连接翼肋。

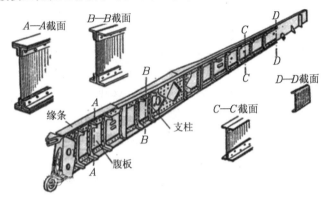

图 3-21 腹板式翼梁

如图 3-22 所示为整体式翼梁,是一种用高强度的合金钢锻制成的腹板式翼梁,刚度大,可通过调整截面积尺寸来满足强度要求。

如图 3-23 所示为桁架式翼梁,常用在翼型较厚的低速重型飞机上,由上下缘条和许多直支柱、斜支柱连接而成。翼梁受剪力时,缘条之间的支柱承受拉力和压力。缘条和支柱,有的采用铝合金管或钢管制成,有的则用厚壁开口型材制成。

图 3-22 整体式翼梁　　　　　**图 3-23 桁梁式翼梁**

②纵墙。纵墙的结构与翼梁差不多,它主要承受剪力,相对翼梁而言承受弯矩很小或根本不承受弯矩。它的凸缘较小,在机翼根部与机身用较弱的固定接头或用铰链接头连接。

③桁条。桁条主要用于支撑蒙皮,提高蒙皮的承载能力,将蒙皮的气动力传递给翼肋。桁条顺展向布置,固定在翼肋上。桁条用板材弯制或是用挤压型材制作。

④普通翼肋和加强翼肋。翼肋是横向受力骨架,用来支撑蒙皮,维持机翼的剖面形状。在有集中载荷的地方（如安装发动机、起落架等）,翼肋可以是由板材弯制而成的腹板式,如图 3-24 所示。普通翼肋得到加强则为加强翼肋,如图 3-25 所示。翼肋也可以是组合式的,如图 3-26 所示。为了与蒙皮连接及自身受力,翼肋上下有类似翼梁的凸缘的缘边,也称缘条。为了减轻质量和使内部零件通过,翼肋上开有减轻孔。

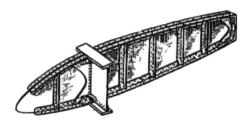

图 3-24　腹板式翼肋

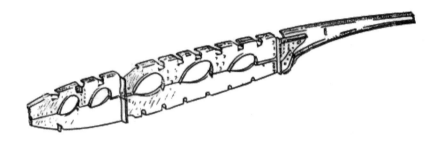

图 3-25　腹板式加强翼肋

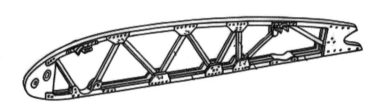

图 3-26　桁架式组合翼肋

⑤蒙皮。蒙皮的主要功用是承受局部气动载荷，形成和维持机翼的气动外形，同时参与承受机翼的剪力、弯矩和扭矩。蒙皮与翼梁及纵墙的腹板形成盒状封闭剖面，以承受扭矩。

（3）机翼的典型构造形式。

机翼构造形式很多，主要有蒙皮骨架式、整体壁板式和夹层式三种典型类型。实际飞机的机翼构造形式可以是以上三种典型形式，也可以是几种类型的组合或介于典型形式之间的过渡形式。

①蒙皮骨架式机翼，又称薄壁构造机翼，按翼梁的数目不同分为单梁式、双梁式和多梁式机翼，如图 3-27 所示。如图 3-28 所示是一个单梁式机翼。双梁式和多梁式机翼的构造与之类似。梁式机翼的特点是蒙皮较薄，桁条较少，弯矩主要由翼梁来承受。随着飞行速度的提高，局部气动载荷加大，需要增加蒙皮厚度和桁条数量来保持蒙皮的强度和刚度。

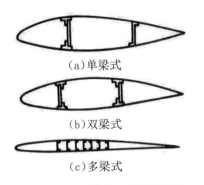

（a）单梁式

（b）双梁式

（c）多梁式

图 3-27 按翼梁数目分类的机翼

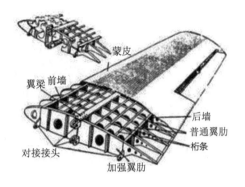

蒙皮

翼梁 前墙

后墙

普通翼肋

桁条

对接接头

加强翼肋

图 3-28 蒙皮骨架式机翼（单梁式）

②整体壁板式机翼将蒙皮与纵向骨架、横向骨架合并成上下两块整体壁板，然后用铆接或螺接连接起来，如图 3-29 所示。上、下壁板一般是用整体材料，用锻造或化学加工等方法制造而成。优点是强度大、刚性好、接缝少、表面光滑、气动外形好、零件少、装配容易，能有效地利用机翼内部空间，尤其对使用机翼整体油箱有利。整体壁板结构可用于金属材料，也适用于复合材料。

③夹层式机翼主要是以夹层壁板做蒙皮，甚至纵墙和翼肋也是用夹层材料制造，如图 3-30、图 3-31 所示。夹层壁板由内外层面板承受载荷，面板由很轻的夹芯支撑。

与同样质量的单层蒙皮相比，夹芯蒙皮的强度大、刚度大，能承受较大的局部气动载荷，有良好的气动外形。上、下面板可用金属材料也可用复合材料制造。内部一般采用蜂窝夹层或泡沫塑料夹层，夹层材料中充满空气和绝热材料，可以起到良好的隔热作用，能较好地保护其内部设备。

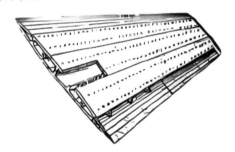

图 3-29 整体壁板式机翼

图 3-30 夹层式机翼

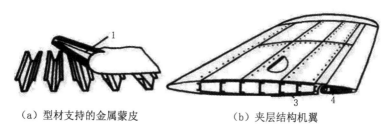

（a）型材支持的金属蒙皮　　　　　　（b）夹层结构机翼

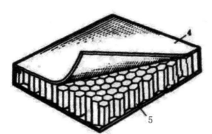

（c）蜂窝夹层壁板

图 3-31　夹层式机翼结构
1—金属蒙皮；2—夹层机翼壁板；3—全高度夹层结构操纵面；4—面板；5—蜂窝芯子

2. 尾翼的基本构造

飞机的尾翼是安装在飞机后部的起稳定和操纵作用的装置，是飞行控制系统的重要组成部分。尾翼可以用来控制飞机的俯仰、偏航和倾斜以改变其飞行姿态，舵面的构造与机翼相似。大多数尾翼包括水平尾翼和垂直尾翼，如图 3-32 所示。

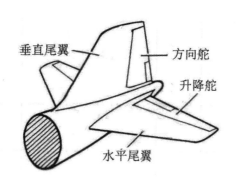

图 3-32　飞机尾翼结构

水平尾翼简称平尾，是飞机纵向平衡、稳定和操纵的翼面。平尾左右对称地布置在飞机尾部，基本为水平位置。翼面前半部通常是固定的，称为水平安定面。后半部铰接在安定面的后面，可操纵上下偏转，称为升降舵。升降舵的后缘还装有调整片。飞机在飞行中会因各种干扰（如大气中的阵风）而偏离原来姿态。平尾具有恢复飞机原有姿态的能力，对飞机起纵向稳定的作用。

在超声速飞机上将水平尾翼做成可操纵偏转的整体，称为全动平尾。在全动平尾上不再有安定面和升降舵之分。全动平尾的构造与机翼相同，如中国的歼 –8 飞机的全动平尾，其前缘部分采用整体壁板式的结构，而后缘部分则是铝合金蜂窝实心夹层结构。

垂直尾翼简称垂尾或立尾，起保持飞机的航向平衡、稳定和操纵作用，原理与平尾相似。垂直尾翼由固定的垂直安定面和可动的方向舵组成。与平尾相同，垂尾翼面的前半部分通常是固定的，称垂直安定面，后半部分铰接在安定面后部，可操纵偏转，称方向舵。它在飞机上主要起方向安定和方向操纵的作用。根据垂尾的数目，飞机可分为单垂尾、双垂尾、三垂尾和四垂尾飞机。

也有少数采用 V 尾翼，某些机翼和尾翼还会采用特殊结构形式，如图 3-33 所示。

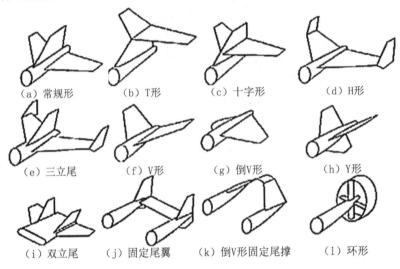

（a）常规形　　（b）T 形　　（c）十字形　　（d）H 形

（e）三立尾　　（f）V 形　　（g）倒 V 形　　（h）Y 形

（i）双立尾　　（j）固定尾翼　　（k）倒 V 形固定尾撑　　（l）环形

图 3-33 飞机尾翼布局

V 形尾翼由左右两个翼面组成，像是固定在机身尾部带大上反角的平尾。V 形尾翼兼有垂尾和平尾的功能。翼面可分为固定的安定面和铰接的舵面两部分，也可做成全动型式。呈 V 形的两个尾面在俯视和侧视方向都有一定的投影面积，所以能同时起到纵向（俯仰）和航向稳定作用。当两边舵面做相同方向偏转时，起升降舵作用；分别做不同方向偏转（差动）时，则起方向舵作用。

3. 机身的基本构造

机身是飞机的一个重要部件，用来装载人员、货物、设备、燃油等物品，同时固定机翼、尾翼、起落架等部件，使之连成一个整体，如图 3-34 所示。机身横截面以圆形为最好，但为满足其他要求（如安装发动机、保证良好的视界、隐身等），也可采用椭圆形、卵形以及其他各种形状。一架飞机的机身可分为若干段，根据需要，每段的横截面形状可以不相同。

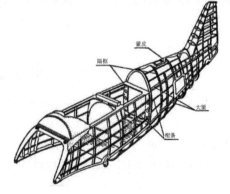

图 3-34 飞机机身结构

机身的结构形式与机翼类似，现代飞机的机身结构是由纵向元件（沿机身纵轴方向）——长桁、桁梁和垂直于机身纵轴的横向元件隔框以及蒙皮组合而成。其结构形式可分为构架式、硬壳式和半硬壳式三种形式，分别如图 3-35、图 3-36、图 3-37 所示。隔框用于维持横截面形状，其他构件的名称和受力作用与机翼基本相同。

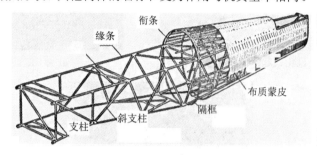

图 3-35 构架式机身结构

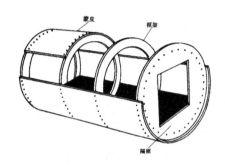

图 3-36 硬壳式机身结构

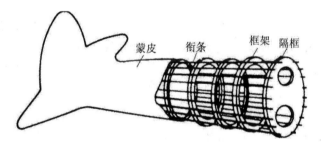

图 3-37 半硬壳式机身结构

4. 起落装置的基本构造

飞机起落装置是飞机的主要部件之一，是重要的具有承力兼操纵性的部件，担负着飞机安全起降的重要使命。起落架是飞机起飞、着陆、滑跑、地面移动和停放所必需的支持系统，其性能的优劣直接关系到飞机的使用与安全。它的功用是提供飞机起飞、着陆和地面停放之用，用来吸收着陆冲击能量、减小冲击载荷、改善滑行性能。

飞机的起落装置多种多样，如许多飞机使用的机轮式起落架（图 3-38（a））、水上飞机使用的浮筒式起落架（图 3-38（b））和供飞机在雪地起降用的滑橇式起落架（图 3-38（c）），另外还有一些特殊飞机使用的起落装置，如无人驾驶飞机的滑轨弹射器等。

(a) 机轮式起落架

(b) 浮筒式起落架

(c) 滑橇式起落架

图 3-38 不同起落架结构式飞机

有些飞机带有两种起落装置，如水陆两用飞机既有在水上起降的浮筒，也有在陆地上使用的轮式起落架；有些飞机的起飞装置和着陆装置是不同的，如有些无人驾驶飞机用滑轨弹射起飞，但使用降落伞降落。本节介绍使用最广泛的机轮式起落架。

（1）起落架组成。

典型的起落架由减震器、支柱、机轮以及收放机构等部件组成，如图 3-39 所示。

①减震器。减震器的作用是吸收着陆和滑跑时的冲击能量，减小冲击载荷。减小载荷有利于减轻结构质量，改善乘客乘坐体验。

②支柱。支柱是用来承受地面各个方向的载荷并作为安装机轮的支撑部件。为了充分利用构件，减轻质量，减震器和支柱可合二为一。

③机轮。机轮用于地面运动，具有一定的减震作用。机轮上安装有刹车装置，以减小着陆滑跑距离，同时利用左右机轮不同的刹车力可以使飞机在地面转弯，提高地面机动性。通常在一个起落架上安装两个以上的机轮，机轮数量通常为 2 ~ 6 个，如图 3-40 所示。

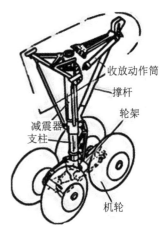

图 3-39 典型起落架结构

（a）单组机轮 -2 轮

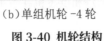

（b）单组机轮 -4 轮

（c）单组机轮 -6 轮

图 3-40 机轮结构

④收放机构。收放机构用于起落架的收起和放下，在飞行时起落架收起以减小阻力，在着陆前起落架放下以支撑机身，收放机构同时也用于固定支柱，使支柱与机体成为一个整体受力的构件，来承受飞机着陆和滑跑中的载荷。

（2）起落架的布置形式。

根据主起落架相对于飞机重心位置的不同，起落架在飞机上的布置有以下几种形式。

①前三点式。两个主轮保持一定间距左右对称地布置在飞机重心稍后处，前轮布置在飞机头部的下方，如图 3-41 所示。飞机在地面滑行和停放时，机身地板基本处于水平位置，便于旅客登机和货物装卸。重型飞机用增加机轮和支点数目的方法减低轮胎对跑道的压力，以改善飞机在前线土跑道上的起降滑行能力。

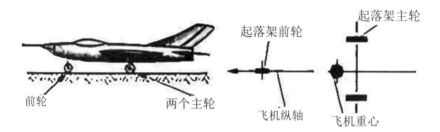

图 3-41 前三点式起落架布置形式

前三点式布置形式的主要优点是：前轮远离飞机重心，能有效地缩短着陆滑跑距离；飞机滑跑方向稳定性好，起飞着陆容易操纵；机身轴线与地面基本水平，可避免喷气发动机的燃气烧坏跑道；飞行员视界好。缺点是：前起落架承受的载荷大，构造复杂，尺寸大，质量大；前轮会产生摆振现象，需要采取防止摆振的措施。

②后三点式。两个主轮（主起落架）布置在飞机的重心之前并靠近重心，尾轮（尾支撑）远离重心布置在飞机的尾部，如图 3-42 所示。20 世纪 40 年代中期前，后三点式起落架在装有活塞发动机的飞机上曾得到广泛应用。

图 3-42 后三点式起落架布置形式

后三点式布置形式的主要优点是：在飞机上易于安装尾轮，结构简单，尺寸、质量都较小；着陆滑跑时迎角大，可利用较大的阻力来进行减速，缩短滑跑距离。缺点是：在大速度滑跑时，遇到前方撞击或强力刹车时，容易发生倒立；速度较大时着陆容易跳起，造成低空失速；滑跑过程中方向稳定性差；起飞滑跑时机身仰起，飞行员视界受限。

③自行车式。前轮和主轮前后布置在飞机对称面内（即在机身下部），重心距前轮与主轮几乎相等，如图3-43所示。自行车式起落架主要用于不宜布置三点式起落架的飞机上，如上单翼的轰炸机，起落架无法安装在机翼上，而机身中部有炸弹舱口，起落架不能布置在重心附近，适合采用自行车式。目前仅有少数飞机采用这种起落架布局形式，如英国的"海鹞"垂直起降战斗机等。

图3-43 自行车式起落架布置形式

自行车式起落架由于没有左右主轮，不能采用主轮刹车方式转弯，在前轮需加装转弯操纵装置，使得结构质量加大。由于前轮离重心相对较近，承受载荷较大，起飞时不易离地，常采用伸长前起落架支柱或缩短后起落架支柱的方法来增大迎角帮助起飞。

④多轮多支柱式起落架。布置形式与前三点式起落架类似，飞机的重心在主起落架之前，但其有多个主起落架支柱，一般用于大型飞机上，旨在减小对跑道的压力，同时分散对机体过大的集中载荷，应用机型有美国的波音747客机、C-5A运输机以及苏联的伊尔86客机，起落架布置如图3-44所示。其中，美国C-5A运输机有四个主起落架，每个主起落架上有6个机轮，与前起落架加在一起共有28个机轮。

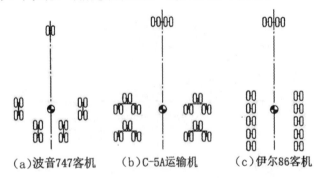

(a)波音747客机　　(b)C-5A运输机　　(c)伊尔86客机

图3-44 多轮多支柱式起落架布置

3.2.3 直升机的基本构造

直升机主要由机体和升力（含旋翼和尾桨）、动力、传动三大系统以及机载飞行设备等组成。与飞机相比，直升机机身、起降装置和动力装置与飞机类似，操纵系统与飞机不同，而旋翼、尾桨和传动系统则是直升机所特有的。

直升机按大小分轻型直升机、中型直升机和重型直升机。按旋翼布局分为单旋翼式和双旋翼式，目前使用最广泛的直升机是单旋翼直升机，如图 3-45 所示。

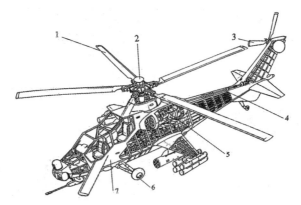

图 3-45　直升机的结构
1—旋翼；2—桨毂；3—尾翼；4—传动系统；5—发动机；6—起落架；7—机身

单旋翼式又分为单旋翼带尾桨和单旋翼无尾桨。单旋翼带尾桨主要由旋翼、尾桨、操纵系统、传动系统、机身、起降装置和动力装置等组成，一个水平旋翼负责提供升力，尾部一个小型垂直旋翼（尾桨）负责抵消旋翼产生的反扭矩，如图 3-46 所示。单旋翼无尾桨直升机的一个水平旋翼负责提供升力，机身尾部侧面有空气排出，与旋翼的下洗气流相互作用产生侧向力来抵消旋翼产生的反扭矩，如美国麦道直升机公司生产的 MD520N 直升机（图 3-47）。

图 3-46　单旋翼带尾桨直升机（直 10）　　**图 3-47　单旋翼无尾桨直升机（MD520N）**

双旋翼式又分为纵列式、横列式、共轴式和交叉式。双旋翼式直升机纵列式两个旋翼前后纵向排列，旋转方向相反，如美国波音公司制造的 CH-47"支努干"运输直升机（图 3-48）。横列式两个旋翼左右横向排列，旋翼轴间隔较远，旋转方向相反，如苏联米里设计局研制的 Mi-12 直升机（图 3-49）。共轴式两个旋翼上下排列，在同一个轴线上反向旋转，如苏联卡莫夫设计局研制的卡 -50 武装直升机（图 3-50）。交叉式两个旋翼左右横向排列，旋翼轴间隔较小，并且不平行，旋转方向相反。例如，卡曼宇航公司研制的 K-MAX 起重直升机（图 3-51）。

图 3-48 CH-47 运输直升机

图 3-49 Mi-12 直升机

图 3-50 卡 -50 武装直升机

图 3-51 K-MAX 起重直升机

1. 机体的基本构造

机体是直升机的重要部件，用来支持和固定直升机的部件和系统，并用来装载人员、物资和设备。机体外形对直升机的飞行性能、操纵性和稳定性有重要影响。直升机机体一般从前至后分为驾驶舱、人员 / 货物 / 设备舱、过渡段、尾梁和尾斜梁等，如图 3-52 所示。一般在机翼中段上方安装旋翼，在尾梁后部或尾斜梁上安装尾桨和水平安定面。

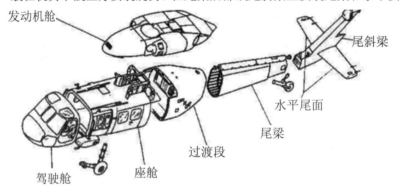

图 3-52 直升机机体结构

机体除承受各种装载的载荷外，还承受动部件、武器发射和货物吊装等动载荷，这些载荷通过接头传给机体。旋翼、尾桨传给机体的交变载荷，会引起机身结构振动，影响乘员的舒适感及结构的寿命。因此，在设计机身结构时，必须采取措施降低直升机机体的振动水平。

2. 旋翼的基本构造

直升机的旋翼主要由桨叶和桨毂组成，一般由涡轮轴发动机或活塞式发动机通过由传动轴及减速器等组成的机械传动系统来驱动，也可由桨尖喷气产生的反作用力来驱动。桨叶的设计除了要考虑气动方面的要求外，还要考虑动力学和疲劳方面的要求。旋翼桨叶一般有 2～8 片，按其材料的构成可分为混合式桨叶、金属桨叶和复合材料桨叶三种形式。

按桨叶与桨毂连接方式的不同，旋翼大体上可分为铰接式、无铰式、半无铰式和无轴承式等几种类型，如图 3-53 所示。

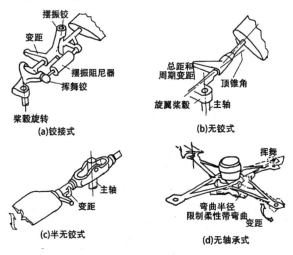

图 3-53　直升机旋翼类型

（1）铰接式。

铰接式又称全铰接式，桨叶通过挥舞铰、摆振铰与桨毂相连。在一般情况下，桨叶除旋转运动外，还有绕挥舞铰的上下挥舞运动、绕摆振铰的前后摆动（摆振运动）及通过操纵变距铰的变距运动。这种形式的旋翼桨叶根部的弯曲载荷较小，但结构复杂、维护不便。

（2）无铰式。

无铰式旋翼取消了挥舞铰和摆振铰，但仍有总距铰和变距铰。桨叶在挥舞方向和摆振方向相对于桨毂是固支的。桨叶的挥舞运动和摆振运动表现为桨叶根部（或桨毂支臂）的弯曲变形。与铰接式相比，其结构简单，但桨叶和桨毂的弯曲载荷较大。

（3）半无铰式。

半无铰式旋翼（也称跷跷板式旋翼）的主要特点是只有两片桨叶，彼此连成整体，共用一个中心水平铰（跷跷板铰链），没有摆振铰但仍有变距铰。这种形式旋翼的结构也比较简单，但操纵性较差。

（4）无轴承式。

无轴承式旋翼不仅没有挥舞铰和摆振铰，连变距铰也取消了，桨叶的挥舞、摆振和变距运动都是通过桨叶根部的柔性元件来完成。这种旋翼形式结构简单，但要求桨叶根部的材料既要有很高的弯曲强度和刚度，又要有很低的扭转刚度。随着先进复合材料在旋翼上的应用，无轴承式旋翼也逐渐发展起来。

3. 自动倾斜器

自动倾斜器是直升机操纵系统的一个主要组成部分，主要功能是将直升机飞行操纵系统传递过来的驾驶员或自动驾驶仪的操纵指令转换为旋翼桨叶运动，继而实现旋翼的总距及周期变距操纵。

自动倾斜器主要由不旋转环（又称不动环）、旋转环（又称动环）和轴承等组成。不旋转环通常位于外侧，安装在旋翼轴上，并通过一系列推拉杆与周期变距杆（驾驶杆）和总距操纵杆相连，可以向任意方向倾斜，也能垂直上下移动。旋转环通常位于内侧，通过轴承安装在不旋转环上，旋转环通过拉杆与变距摇臂相连，并可以同旋翼轴一起转动，结构如图 3-54 所示。

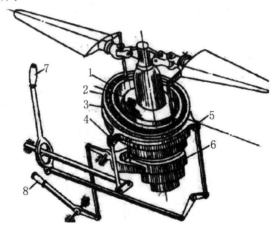

图 3-54 自动倾斜器构造
1—旋转环；2—不旋转环；3—套环；4、5—操纵拉杆；
6—滑筒；7—直升机驾驶杆；8—油门变距杆

为了操纵旋翼桨叶的总距，驾驶员通过操纵油门总距杆，在液压助力器的作用下，使自动倾斜器实现沿旋翼轴向上或向下的移动，并保证不改变周期变距操纵的方向，从而同时增大或减小所有桨叶的桨距，实现直升机的上下运动。

直升机的横向和纵向操纵，是通过驾驶员操纵驾驶杆和液压助力装置使自动倾斜器向相应的方向倾斜。由于旋转环同桨叶的变距摇臂之间有固定长度的拉杆相连，所以自动倾斜器的倾斜会导致每片桨叶的桨距发生周期性变化，使旋翼产生的空气动力不对称，桨叶的旋转平面将向所需方向倾斜，旋翼的拉力矢量方向因而发生改变，这样就可以操纵直升机的横向（左右）和纵向（前后）飞行。

4. 尾桨的基本构造

尾桨是用来平衡反扭矩和对直升机进行航向操纵的部件，旋转着的尾桨相当于一个垂直安定面，能对直升机航向起稳定作用，可以改善直升机的方向稳定性，而且还可以通过加大或减小尾桨的拉力（推力）来实现直升机的航向操纵。

尾桨的构造与旋翼相似，常规尾桨通常由尾桨叶、尾桨毂及变距机构组成。尾桨叶连接在尾桨毂上,是产生空气动力的旋转翼面;尾桨毂是连接尾桨叶和尾传动系统、尾操纵系统的中间部件;尾桨变距机构主要由滑筒、三叉拨杆、变距拉杆等组成,用来改变尾桨的桨距角,以改变尾桨拉力的大小和方向。

尾桨通常包括常规尾桨、涵道尾桨和无尾桨系统三种类型。

(1)常规尾桨。

这种尾桨的构造与旋翼类似,由桨叶和桨毂组成,结构可参考图 3-45 中的尾翼。

(2)涵道尾桨。

这种尾桨由置于尾斜梁中的涵道和位于涵道中央的转子组成,其特点是尾桨直径小、叶片数目多。涵道尾桨的构造如图 3-55 所示。

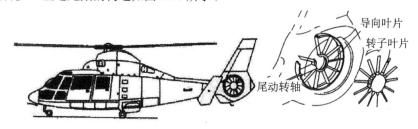

图 3-55 涵道尾桨的构造

(3)无尾桨系统。

无尾桨系统主要是用一个空气系统代替常规尾桨,该系统由进气气口、压力风扇、带缝尾梁等几部分组成,如图 3-56 所示。采用可变距风扇、环量控制尾梁和航向喷气推进器来替代尾桨的功能,其优点是没有普通尾桨的安全问题,提高了气动效率,降低了噪声,减少了维护费用。

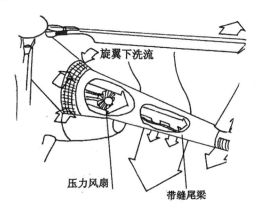

图 3-56 无尾桨系统

5. 起落装置的基本构造

直升机起落装置的主要作用是吸收着陆时的冲击能量,减小着陆时由撞击引起的过载,保证在整个使用过程中不发生"地面共振"。此外,起落装置还用来使直升机具有在地面运动的能力,减少滑行时由于地面不平而产生的撞击与颠簸。

在陆地上使用的直升机起落装置有轮式起落架（图 3-57）和滑橇式起落架（图 3-58）。如果要求直升机具备在水面起降或应急着水迫降能力，还要有水密封机身和保证横侧稳定性的浮筒或应急迫降浮筒。对于舰载直升机，还需要装备特殊着舰装置。

图 3-57 轮式起落架直升机

图 3-58 滑橇式起落架直升机

3.3 火箭和导弹的构造

火箭是依靠火箭发动机推进的飞行器，自身携带全部推进剂，不依赖外界工质产生推力，可以在稠密大气层内，也可以在稠密大气层外飞行，是实现航天飞行的运载工具。导弹是指依靠自身的动力装置（火箭发动机、喷气发动机等）推进，由控制系统控制其飞行并导向目标的一种武器。两者相比，火箭是仅依靠火箭发动机产生的反作用力推进，而火箭发动机只是导弹使用中的一种动力装置；火箭的有效载荷是卫星等航天器，而导弹的有效载荷是战斗部。

3.3.1 火箭的基本构造

1. 探空火箭

探空火箭是对近地空间进行环境探测、科学研究和技术试验的火箭，按研究对象的不同可分为气象火箭、地球物理火箭、生物火箭和防冰雹火箭等。探空火箭一般是无控制的，具有结构简单、成本低、发射灵活方便等优点。探空火箭比探空气球飞得高，比低轨道运行的人造卫星飞得低，其飞行高度在 30～200 km。

运载火箭是把人造地球卫星、载人宇宙飞船、航天站、空间探测器或航天飞机等有效载荷送入预定轨道的火箭。运载火箭是在洲际弹道导弹的基础上发展起来的，其要求与弹道导弹不同，更强调可靠性、各轨道的运载能力、通用性和经济性。

目前用单级火箭很难使航天器入轨，一般采用多级火箭，但级数越多结构就越复杂，可靠性也会降低，且级数过多对减小火箭起飞质量效果不显著。因此，当速度能满足要求时，应尽量减少级数，目前很少采用多于四级的火箭。图 3-59 所示为"长征"三号甲三级串联式运载火箭的结构示意图。

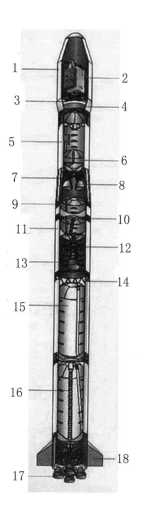

图 3-59 "长征"三号甲火箭结构
1—整流罩；2—卫星；3—卫星支架；4—仪器舱；5—液氢箱；
6—液氧箱；7—二、三级级间段；8—三级发动机；
9—二级氧化剂箱；10—箱间段；11—二级燃料箱；
12—二级游动发动机；13—二级主发动机；
14—一、二级级间杆系；15—一级氧化剂箱；
16—一级燃料箱；17—一级发动机；18—尾翼

（1）运载火箭的组合方式和级间分离。

多级火箭一般有串联型、并联型和混合型三种组合方式。

①串联型是火箭各子级之间依次同轴相连，如图 3-60（a）所示，各子级发动机顺序工作。其优点是：气动阻力小；级间连接简单，分离时干扰小，分离故障少；发射装置比较简单。其缺点是：火箭长度大，弯曲刚度差；火箭的运输、储存和发射前起竖等不便。

②并联型在中间有一个芯级，各子级（助推器）围绕芯级周围，捆绑式连接，子级的轴线与芯级平行或有一小的夹角，子级与芯级发动机同时开始工作，如图 3-60（b）所示。这种多级火箭可以利用已有的单级火箭组合在一起，因而加快了研制过程。火箭的长度

短，在发射台上稳定性好。其缺点是：横截面大，飞行阻力大；级间连接较复杂，分离时干扰大。目前较少采用并联型火箭。

③混合型是具有串联型的芯级，并且在芯级周围还捆绑有助推子级，如图3-60（c）所示。

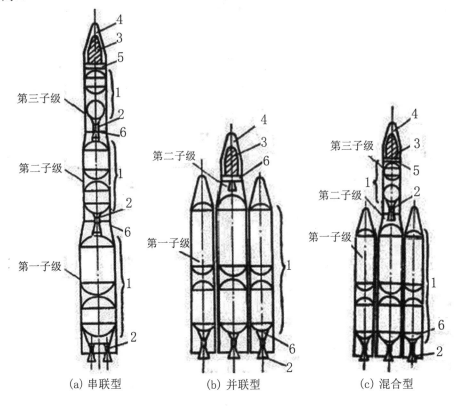

(a) 串联型 (b) 并联型 (c) 混合型

图 3-60 多级火箭的组合方式
1—推进剂箱；2—火箭发动机；3—有效装荷；4—头部整流罩；5—仪器舱；6—级间承力接头

对于不同的组合方式，火箭的级间分离会有所不同，如图3-61所示。

火箭的分离机构是把各级火箭连接成一个整体，并把有效载荷安装在末级火箭上面的一种分离-连接装置。分离机构的功用是在导弹飞行过程中，使需要与弹体分离的部分适时可靠地分离。在整个飞行过程中，火箭按照预定的飞行程序要把已完成工作使命的部件，如助推器、整流罩、下面级火箭等及时抛掉，以减小结构死重，轻装前进。在航天器进入预定的轨道时，航天器要及时与末级火箭分开，以便独立、不受干扰地执行航天任务。

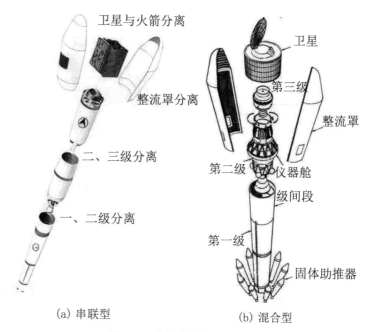

（a）串联型　　　　　　　　（b）混合型

图 3-61　多级火箭的分离

按照连接和分离对象不同，分离机构分为星、箭分离机构，级间分离机构，抛罩机构以及诱饵和子弹头的释放机构等。按照连接结构和分离力的作用方向不同，分离机构可以划分为纵向分离机构和横向分离机构（图 3-62）。

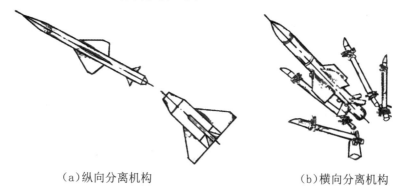

（a）纵向分离机构　　　　　　　　（b）横向分离机构

图 3-62　火箭分离机构

（2）运载火箭的构造。

运载火箭主要的组成部分有箭体结构系统（又称箭体结构）、动力装置系统（又称推进系统）和制导系统，称为运载火箭的主系统，该系统工作的可靠与否将直接影响运载火箭飞行的成败。

①箭体结构系统。箭体结构系统是运载火箭的基体，用来维持火箭的外形，承受在地面运输、发射操作和飞行等过程中作用在火箭上的各种载荷，安装连接火箭各系统的所有仪器、设备，把火箭上所有系统、组件连接组合成一个整体，如图 3-63 所示。

②动力装置系统。动力装置系统是推动运载火箭飞行并获得一定速度的装置。对液

体火箭来说，动力装置系统由推进剂输送、增压系统和液体火箭发动机两大部分组成。对固体火箭来说，其动力装置系统较简单，主要部分就是固体火箭发动机，推进剂直接装在发动机的燃烧室壳体内。

③制导系统。制导系统的作用是使运载火箭沿预定轨道正常可靠飞行，把有效载荷送到预定的空间位置并使之准确进入轨道。制导系统由导引系统和控制系统组成，其中导引系统采用惯性导引系统，控制系统采用液压舵机、燃气舵机或摆动发动机。

如图3-64所示是某三级运载火箭构造图，箭体由整流罩、仪器舱、贮箱、级间舱段、尾部舱段和分离、操纵机构等组成。因火箭垂直发射，且很快穿过大气层而按程序飞行，所以该箭体没有翼面。在火箭头部整流罩内安装有人造卫星，各舱内还安装有制导系统、无线电测量系统和动力系统。

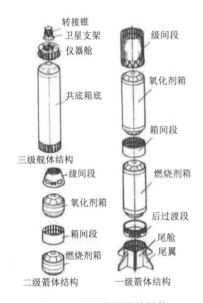

图3-63 三级火箭箭体结构

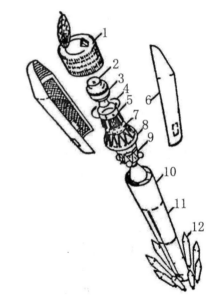

图3-64 三级运载火箭构造
1—卫星；2—卫星连接器；3—第三级发动机；
4—第三级分离绑带；5—旋转平台；6—整流罩；
7—制导系统；8—第二级支架；9—第二级动力系统；
10—第一级间段；11—第一级；12—固体助推器

此外，运载火箭上还有一些不直接影响飞行成败并由箭上设备与地面设备共同组成的系统，例如遥测系统、外弹道测量系统、安全系统和瞄准系统等。

3.3.2 导弹的基本构造

导弹是一种飞行武器，它装有战斗部（弹头），依靠自身动力装置推进，由制导系统导引，控制其飞行轨迹，导向目标并摧毁目标。装有普通炸药战斗部的导弹称为常规导弹；装有核装置战斗部的导弹称为核导弹；装有生物或化学剂战斗部的导弹称为特种导弹。

导弹武器的类型不同，大小差异很大，作为一种可控武器，导弹主要由以下四个主要部分组成。

①战斗部系统。战斗部系统是摧毁目标的主要执行者，由战斗部、引信和保险装置组成。针对打击目标特点的不同，为使战斗部对目标有较好的破坏效果，有不同类型的战斗部供选择。

②动力系统。动力系统是使导弹运动并达到一定速度要求的动力来源，其主要部分是发动机。导弹上经常使用的发动机有固体或液体火箭发动机和各种航空喷气发动机。除发动机之外，动力系统还包括发动机架、推进剂输送和管理系统（对液体火箭发动机系统而言）等附属系统。

③制导系统。制导系统是导引系统和控制系统的综合，其任务是控制导弹准确命中预定目标。制导系统可以全部装在导弹上，也可以一部分装在导弹上，而另一部分安装在地面的指挥站内。

④弹体结构。弹体结构的作用是将导弹的各个组成部分牢固地连接在一起，并使导弹有一个良好的气动外形，是导弹的承力结构。如图 3-65 是"萨姆 -2"导弹弹体分解图。弹体由弹身、弹翼、操纵面与弹上机构（分离、操纵机构等）组成。

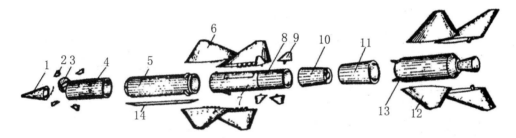

图 3-65 "萨姆 -2"导弹弹体分解图
1—一舱；2—前翼；3—二甲舱；4—二乙舱；5—三舱；
6—弹翼；7—四甲舱；8—四乙舱；9—舵面；10—五舱；
11—六舱；12—稳定面；13—固体助推器；14—整流罩

弹身的主要功用是装载战斗部系统、推进系统和制导系统的弹上设备，同时将各部分连为一个整体。弹身提供的升力占总升力的比例大，在以大迎角飞行的情况下，其升力是相当可观的。

弹翼的功用是提供升力，其实质与机翼相同。导弹在平飞时，升力的作用是平衡重力。在机动飞行时，升力是使导弹做曲线飞行的向心力，亦称为法向力。

与飞机外形相似的巡航导弹（图 3-66）的操纵面与飞机相似。操纵机构的功用是将控制伺服机构传来的力传递给操纵面，从而使之偏转。对于有些导弹来说，还具有翼面折叠展开机构，可实现翼面展向尺寸的缩短或恢复。

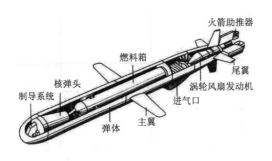

图 3-66 "战斧"巡航导弹结构

导弹是依靠制导系统来控制飞行轨迹的飞行武器,它的任务是把炸药弹头或核弹头运送到目标附近引爆并摧毁目标。

导弹的分类方法很多,但每种分法都应概括地反映出它们的主要特征。通常导弹按照发射点和目标位置的不同,可分为面对面、面对空、空对面和空对空四大类。发射点和目标的位置可以在地面、地下、水面(舰船上)、水下(潜艇上)和空中,我们约定地面(包括地下)和水面(包括水下)统称为面。此外,还可按照作战使命、弹道特征以及所攻击的目标进行分类。常用分类方法如图 3-67 所示。

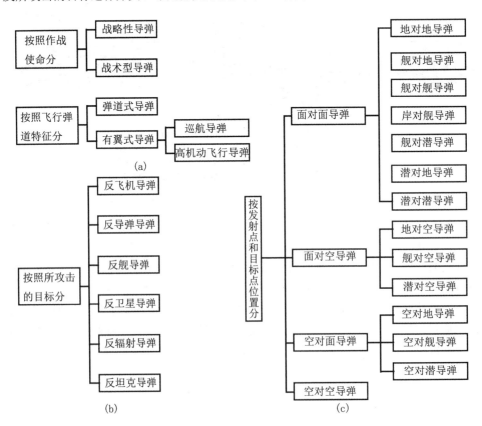

图 3-67 导弹常用的分类方法

按照以上分类,下面描述几类典型导弹的特点。

1. 有翼导弹

(1)有翼导弹的特点。

与炮弹相比,导弹的射程远、威力大、准确度高,对目标的摧毁概率高得多。其飞行原理和构造形式都与飞机接近,某些巡航导弹与飞机相差无几,不同之处在于导弹是一次性使用、无人驾驶的飞行武器。

有翼导弹有复杂的制导系统,气动外形和构造比较简单。作为一种武器,其系统概念较强,必须在一个完整的系统下,才能很好地工作和发挥战斗威力。可以发挥飞行器大速度、大迎角和大机动性的潜力,对保存环境和监测手段有特殊要求。

(2)有翼导弹的基本构造及各部分的功用。

如图 3-68 所示,有翼导弹由战斗部系统、动力系统、制导系统和弹体几部分组成。

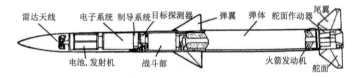

图 3-68 有翼导弹的构造

①战斗部系统。由战斗部、引信和保险装置组成。战斗部的功用是摧毁目标;引信的功用是保证在恰当的时机引爆战斗部;保险装置是防止保存、运输和装卸过程中爆炸。

②动力系统。为导弹提供飞行动力。它由发动机、燃料储存和输送装置组成。在导弹上使用最多的是固体火箭发动机,巡航导弹上一般采用涡轮喷气发动机或冲压发动机。

③制导系统。引导控制导弹以一定的准确度飞向目标。巡航导弹多用惯性导航、卫星导航和图像匹配导航系统或者它们的组合,高机动性导弹常使用无线电制导和红外制导,射程较大的地空导弹常由其他地面引导系统提供无线电制导指令。

④弹体。包括弹身、弹翼和操纵面三部分。它们的功用与飞机类似,结构形式比较简单,一般为圆形截面。但在飞行过程中弹身提供升力的比例比飞机机身大。

(3)导弹的气动外形。

导弹的气动布局与飞机类似,分为正常式、鸭式、无尾式和可偏弹翼式四种,如图 3-69 所示。大多数导弹的弹体都是细长的圆形截面,弹翼对称布置。

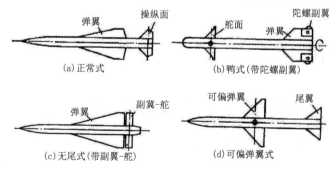

图 3-69 导弹的气动布局

按照弹翼在圆周方向的布置可分为平面型（多为巡航导弹）、"X"型和"十"字型，如图 3-70 所示。平面形用于巡航导弹，弹翼有较好的升力。后两种形式用于高机动型导弹，在转弯时都不必像飞机那样倾斜，只是正常飞行时的姿态是"X"型或"十"字型的差别。

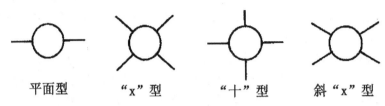

图 3-70 弹翼在圆周方向的布置

2. 现代巡航导弹

大部分航迹处于"巡航"状态的导弹称为巡航导弹。它的外形与飞机相近，一般采用空气喷气发动机。这里介绍的巡航导弹主要是指战略巡航导弹。

图 3-71 所示为美国的"战斧"巡航导弹的部位安排示意图。该导弹的弹体为模块式设计，除其战斗部、发动机和制导系统可按作战任务不同而改变外，其余部分如动力系统、弹翼、尾翼等的内部尺寸和部位安排均相同。

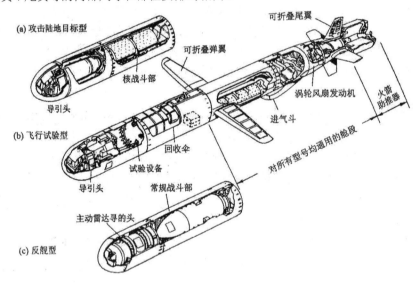

图 3-71 "战斧"巡航导弹的部位安排

该弹是圆柱形弹身，在尾段串接一个固体助推器，弹身中部装有一对窄梯形可折叠直弹翼，弹身腹部装有一台涡轮风扇发动机和收放式进气口，尾部装有"十"字型可折叠尾翼。平时，弹翼顺航向向后折叠在弹身纵向储翼槽中，尾翼从根部沿周向折叠，进气口收在弹身内，便于收藏在轰炸机的炸弹舱内或放入舰艇的发射管内，减小了助推器工作时的阻力。导弹发射后尾翼靠弹簧机构展开并进行滚动控制，助推器熄火后抛掉，弹翼由作动器打开，进气口也打开，涡扇发动机启动并开始工作。

3. 弹道导弹

（1）飞行方式。

弹道导弹是指在火箭发动机推力作用下按预定程序飞行，关机后按自由抛物体轨迹飞行的导弹。其飞行弹道一般分为主动段和被动段。主动段（又称动力飞行段或助推段）是导弹在火箭发动机推力和制导系统作用下，从发射点起飞到火箭发动机关机时的飞行路径；被动

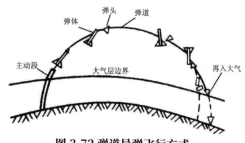

图 3-72 弹道导弹飞行方式

段包括自由飞行段和再入段，是导弹按照在主动段终点获得的给定速度和弹道倾角做惯性飞行，到弹头起爆的路径，如图 3-72 所示。弹道导弹都是使用火箭发动机，射程由火箭发动机停止工作点（主动段终点）的速度决定，主要采用多级火箭推进的方法，前级工作完成后抛掉发动机和空燃料箱，减小导弹的质量，使剩余部分具有更高的质量比，进而增加射程。

（2）弹头和级间分离方式。

弹道导弹采用弹头可分离技术，在主动段终点时弹头与弹体自动分离，再入大气层时弹头上有安定翼，可保证稳定飞行。弹体在重入大气层时烧毁。因为再入大气层时的载荷很大并且温度很高，弹头分离就使弹体不必考虑再入大气层的问题，结构重量减轻，增加了导弹的质量比，进而增加射程。

（3）弹道导弹的控制方式。

弹道导弹要离开稠密大气层飞行，不能像有翼导弹那样使用气动舵面来操纵和稳定导弹姿态，必须利用发动机的燃气来进行操纵。操纵的方法有以下几种。

①燃气舵。将舵面置于燃气喷流内，作用与舵面在空气中的作用相同。这种控制方式结构简单、操纵方便，但会造成推力损失。

②摆动发动机。将液体火箭主发动机安装在万向轴承上，可以在俯仰和偏航进行控制。另外两个小的辅助发动机的差动控制导弹的滚转运动。对于由四个液体火箭发动机并联组成的主发动机，只要每个发动机绕一个轴切向摆动，就可以对导弹进行三轴姿态控制。

③摆动喷管。固体火箭发动机不能整个摆动，可将发动机的喷管装在球形关节上，通过做动筒操纵偏转，使推力产生俯仰和偏航力矩分量。但对滚转的控制，还要增加另外的控制措施。对于具有四个喷管的发动机组，可以像摆动发动机那样对导弹进行三轴姿态控制。

④固定式姿态控制发动机。将推力室固定在弹体上，每个推力室可以根据需要断续工作，产生推力，对导弹的三个姿态进行控制。这种控制方式结构简单，不需要转动机构和作动器，仅需要对推进剂的喷和停进行控制。但由于控制推力较小，适用于大推力的主发动机停车后，对导弹的被动段进行控制或对分离后的弹头进行控制。

⑤二次喷射技术。二次喷射技术利用另外储存的气体或液体向喷管内喷射，或从燃烧室引出一股燃气到喷管，使喷管喷出的燃气流的方向发生改变，产生控制力矩。这种

操纵方式所产生的控制力矩比较小，所以实际应用较少。

（4）多弹头弹道导弹的弹头控制方式。

采用多弹头技术可以提高弹道导弹的攻击效率和命中率，是突防的有效措施。多弹头可以采用真假混装来减小被拦截的概率。多弹头由母弹头（即母弹舱）和其内部的多个子弹头组成，根据弹头的控制方式的不同，多弹头可分为三种形式。

①集束式多弹头。集束式多弹头又称"霰弹式"多弹头，一个母弹头内集中捆绑几个子弹头，与弹体分离后，抛掉母弹头上的整流罩，将子弹头释放出来。子弹头按惯性飞行，弹着点形成一个几千米到几十千米的散布面，如图3-73所示。集束式多弹头的命中精度差，只适合打击大城市那样的面目标，对于摧毁导弹发射井一类的单点硬目标却无能为力。

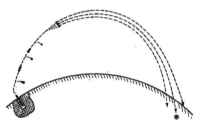

图3-73 集束式多弹头飞行弹道

②分导式多弹头。分导式多弹头是集束式多弹头的发展，其母弹头装有推进系统和制导系统，而子弹头上没有。图3-74所示为母弹头的结构示意图。母弹头与弹体分离后，可以做机动飞行，在不同的速度、高度和方向上逐个释放子弹头。各子弹头可以分别攻击不同的目标，也可以沿不同方向攻击同一目标。

③机动式多弹头。机动式多弹头又称全导式多弹头，它的母弹头和子弹头都装有推进系统和制导系统，都可以进行机动飞行。子弹头可以像分导式多弹头那样，在不同的时间分别发射出去，也可以同时发射。子弹头机动飞行的轨迹可以是弹道式，也可以是平飞攻击，还可以是突然跃起再俯冲飞行目标，如图3-75所示。在多个子弹头中间可以有假弹头，这种突防方式使敌方的反导系统很难对它进行拦截。此外，由于子弹头上增加了精确的末制导系统，能够自动寻找和瞄准目标，使命中精度大大提高。

多弹头技术在民用上也有重要的使用价值。如用一枚火箭发射多颗民用卫星就是利用了分导式多弹头技术。这种发射方式可以提高火箭发射效率，节约发射成本。

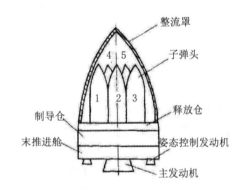

图3-74 分导式多弹头结构

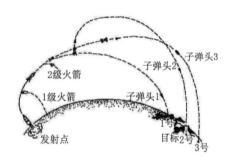

图3-75 机动式多弹头飞行弹道

| 拓展广场 |

人物事迹

1. 为中国造 12 种火箭的人

中国第一枚运载火箭"长征"一号总体方案设计者、中国第一颗返回式卫星总设计师，中国 18 种探空火箭中有 12 种是他担任型号负责人研制出来的、他就是与中国共产党同龄的"两弹一星"元勋王希季。1921 年 7 月 26 日王希季生于云南昆明，中共党员，中国空间事业开创人之一，是中国早期从事火箭技术研究的组织者之一，卫星总设计师、空间返回技术学科的带头人。

他创造性地把中国探空火箭技术和导弹技术结合起来，提出了中国第一枚卫星运载火箭的技术方案。

（相关事迹可登录微信公众号"CCTV 国家记忆"（ID：cctvguojiajiyi）或扫左侧二维码观看）

2. 新中国飞机设计大师

顾诵芬，中共党员，1930 年 2 月 4 日出生于江苏苏州，是享有盛誉的新中国飞机设计大师、新中国航空科技事业的奠基人之一、我国飞机空气动力设计奠基人、我国航空科技事业的引领者、我国航空界唯一的两院院士、航空工业第一位航空报国终身成就奖获得者。

他主持了歼教 -1、初教 -6、歼 -8、歼 -8 Ⅱ 飞机气动布局设计，奠定了中国亚声速飞机和超声速飞机气动力设计的基石，推动了中国气动力研究、设计基础手段建设发展。

（详细事迹可登录：https://baijiahao.baidu.com/s?id=1716082404529990173&wfr=spider&for=pc 收看）

3. 央视集体解密中国 12 位飞机总设计师，每一位都堪称国宝

（详细事迹可登录：https://m.163.com/dy/article/DF90JJP00526V5AP.html 收看）

思考题

1. 对飞行器结构的一般要求是什么？

2. 什么是复合材料？它们有哪些特点？

3. 飞艇在飞行操纵上与飞机有什么不同？

4. 飞机的组成有哪几大部件和哪些系统？

5. 飞机结构中翼梁、翼肋、桁条和蒙皮分别起什么作用？

6. 前三点式起落架与后三点式起落架相比有哪些优缺点？

7. 直升机旋翼的种类有哪些，各有何特点？

8. 直升机自动倾斜盘是如何工作的？

9. 直升机尾翼的种类有哪些，各有何特点？

10. 运载火箭的组合方式有哪几种？各有什么优缺点？

11. "长征"三号甲是几级运载火箭？火箭的级间分离方式有哪几种，各有何特点？

12. 火箭与导弹的区别？

13. 弹道导弹的多弹头控制方式有哪几种？它们的特点是什么？

14. 有翼导弹由哪些部分组成？各部分的功用是什么？

15. 导弹的制导方式主要有哪几种？它们的主要区别是什么？

第4章 飞行器动力

4.1 飞行器动力概述

除气球外的飞行器要飞行就需要动力，推动飞行器飞行的装置称为动力装置，由发动机、推进剂或燃料系统以及保证发动机正常有效工作所必需的导管、附件、仪表和在飞行器上的固定装置等组成，为方便讲述，本章把飞行器动力装置简称为发动机。发动机是飞行器的动力源，是将能量转变为机械功或推力的热力机械，航空发动机的能源主要是燃油（航空煤油和航空汽油）的化学能，此外还有太阳能、核能、电能或其他化学能。航空发动机的性能对飞行器的发展有着非常重要的影响。

1883年活塞式发动机的问世，为第一架飞机的试飞成功创造了条件，早期的飞机几乎都采用活塞式发动机与螺旋桨作为动力装置。从人类首次利用动力飞行开始到第二次世界大战结束，活塞式发动机作为飞机的动力装置，占据了统治地位。在两次世界大战的推动下，活塞式航空发动机不断改进完善，得到迅速发展，第二次世界大战结束前后达到其技术的顶峰。发动机功率从近10 kW提高到2500 kW左右，功率重量比（发动机功率与发动机质量之比，简称功重比，计量单位是kW/daN）从0.11 kW/daN提高到1.5 kW/daN，飞行高度达15 000 m，飞行速度从16 km/h提高到近800 km/h，接近了螺旋桨飞机的速度极限。带螺旋桨的活塞式发动机的最大缺点是飞行速度受到限制（800 km/h以下）。一方面，因为发动机需用功率与飞行速度的三次方成正比，随着速度的提高，所需发动机功率急剧增大，而通过增加汽缸数目来增大功率所带来的重量负荷飞机不能承受；另一方面，随着飞行速度的提高，螺旋桨的效率急剧下降并有机毁人亡的危险。因此，为实现高速飞行，必须寻求新的动力装置，这就是喷气式发动机的出现并快速发展的原因。与喷气式发动机原理有关的研究已有久远的历史，中国古代的火箭和走马灯

131

就是喷气推进和涡轮机原理的体现，但取得航空工程实用性进展还是在第二次世界大战后期。

第二次世界大战以后，随着涡轮喷气发动机的发展，活塞式航空发动机逐渐退出了航空领域的霸主地位。但由于其良好的经济性和可靠性等特点，它并没有因此退出历史舞台，至今仍为许多轻型飞机所选用，如在初级教练机、农林机、运动机、无人机和直升机上继续使用。

喷气式发动机是一种直接反作用推进装置，既是热机又是推进器。低速工质（空气和燃料）经增压、燃烧后高速喷出直接产生反作用推力。由于喷气式发动机没有了限制飞行速度的螺旋桨，单位时间流入发动机的空气流量比活塞式发动机大得多，从而能产生很大的推力，使飞机的飞行速度得到极大的提高。空气喷气发动机的出现，使飞机突破声障，并使飞行器的飞行速度达到几倍声速成为可能。经过一个世纪的发展，航空燃气涡轮动力装置技术取得了巨大成就，自诞生以来一直居于航空动力的主导地位。

火箭发动机的出现，为航天器的发展奠定了基础，使人类冲出地球，飞向宇宙的梦想成为现实。可以说，飞行器的发展是伴随着发动机的发展而发展的，飞行器发展的每一个里程碑都与发动机的发展有着密切的联系。

飞行器发动机的种类很多，其用途也各不相同。通常可以按发动机产生推力原理的不同和发动机工作原理的不同将航空航天发动机分为四大类，如图4-1所示。

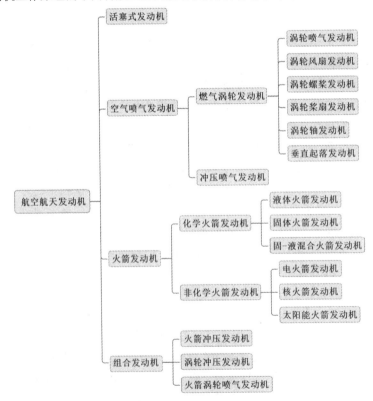

图 4-1 航空航天发动机的分类

活塞式发动机是一种把燃料的热能转化为带动螺旋桨转动的机械能的发动机。螺旋桨高速旋转时，使空气加速向后流动，空气对螺旋桨产生反作用力，从而推动飞行器前进。因此活塞式发动机不能直接产生使飞行器前进的推力，而是通过带动螺旋桨转动产生推力。

喷气式发动机可以利用向后喷射高速气流，直接产生向前的反作用力，来推动飞行器前进。空气喷气发动机、火箭发动机和组合发动机都属于这种类型。

空气喷气发动机是利用大气层中的空气，与所携带的燃料燃烧产生高温气体，它利用空气中的氧气作为氧化剂，因此只能作为航空器的发动机。按具体结构的不同，空气喷气发动机又可分为涡轮喷气发动机、涡轮风扇发动机、涡轮螺桨发动机、涡轮桨扇发动机、涡轮轴发动机和冲压喷气发动机等类型。

火箭发动机不依赖于空气而工作，完全依靠自身携带的氧化剂和燃料产生高温、高压气体，因此可以在高空和大气层外使用。若按形成喷气流动能的能源的不同，火箭发动机又可分为化学火箭发动机和非化学火箭发动机。

组合发动机是指两种或两种以上不同类型发动机的组合，包括空气喷气发动机之间的组合，以及空气喷气发动机与火箭发动机之间的组合等。

不同类型的发动机由于其结构和产生推力的原理的不同，适合不同的速度和高度范围，各类发动机的适用范围情况如图 4-2 所示。

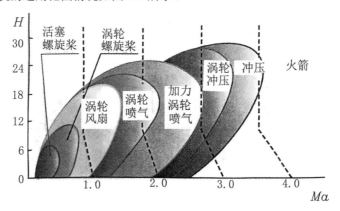

图 4-2　各类发动机的适用范围

4.2　活塞式航空发动机

航空活塞动力装置主要由航空活塞式发动机和螺旋桨两部分构成。航空活塞式发动机的作用是将热能转换为机械能，螺旋桨的作用是产生空气动力。燃油和空气混合以后在汽缸中燃烧，使燃油所具有的热能经过汽缸、活塞、连杆、曲轴等转变为机械功，再经

过减速器将机械功传递给螺旋桨；在发动机的驱动下螺旋桨在空气中旋转给空气作用力，空气则给螺旋桨反作用力而产生拉动飞机前进的动力。

4.2.1 活塞式发动机基本结构与工作原理

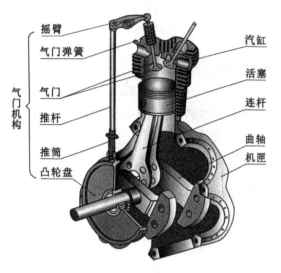

图4-3 活塞式航空发动机结构

活塞式航空发动机是一种燃烧汽油的往复式内燃机。它带动螺旋桨高速转动而产生推力，其结构主要由汽缸活塞组（汽缸、活塞和涨圈）、曲轴连杆机构、气门机构和机匣等组成，如图4-3所示。

汽缸活塞组是通过在汽缸活塞组内进行的气体热力循环，将燃油燃烧后放出的热能转化为机械能。油气混合气体在汽缸内燃烧，产生高温高压燃气推动活塞做直线运动，汽缸头部装有保证油气混合气体进入汽缸的进气活门和将燃烧后的废气排出缸体的排气活门。活塞在汽缸中处于的最上位置时，为上死点位置；在汽缸中处于的最下位置时，为下死点位置。

活塞发动机一般都用汽油作为燃料，其工作每一循环包括四个行程（即活塞在汽缸中上下运动各两次），即进气行程、压缩行程、膨胀行程和排气行程，如图4-4所示。

连杆将活塞和曲轴连接在一起，用来传递活塞和曲轴之间的运动。曲轴将活塞的往复运动变成自身的旋转运动，并带动螺旋桨转动，使发动机产生推力。

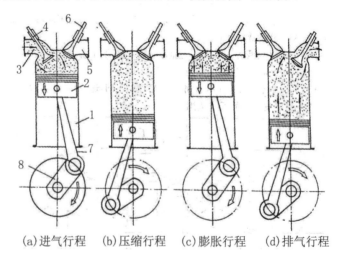

(a)进气行程　(b)压缩行程　(c)膨胀行程　(d)排气行程

图4-4 活塞式发动机结构和工作原理
1—汽缸；2—活塞；3—进气门；4—进气阀；5—排气门；6—排气阀；7—连杆；8—曲轴

在进气行程，活塞从上死点运动到下死点，进气活门开放而排气活门关闭，雾化了的汽油和空气的混合气体被下行的活塞吸入汽缸内。在压缩行程，活塞从下死点运动到上死点，进气活门和排气活门都关闭，混合气体在汽缸内被压缩，在上死点附近，由装在汽缸头部的火花塞点火。在膨胀行程，混合气体点燃后，具有高温高压的燃气开始膨胀，推动活塞从上死点向下死点运动。在此行程，燃烧气体所蕴含的内能转变为活塞运动的机械能，并由连杆传给曲轴，成为带动螺旋桨转动的动力。所以膨胀行程也称做功行程。在排气行程，活塞从下死点运动到上死点，排气活门开放，燃烧后的废气被活塞排出缸外。当活塞到达上死点后，排气活门关闭，此时就完成了四个行程的循环。

实际上，航空活塞式发动机都是多汽缸发动机，但不论发动机有多少个汽缸，每个汽缸都是按照上述四个行程的顺序进行工作。但是各个汽缸内同样的行程并非同时进行，而是此起彼伏、按一定的次序均匀错开的。这样就可以保证活塞推动曲轴的力量比较均匀，发动机的运转较为平稳。如图 4-5 所示为九汽缸星形发动机的工作示意图。

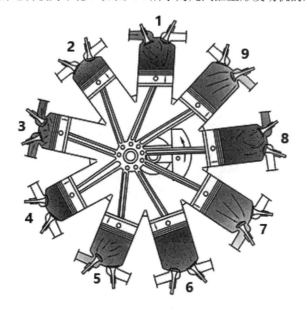

图 4-5　九汽缸星形发动机工作示意图

4.2.2　活塞式航空发动机的种类

活塞式发动机的运转速度很高，汽缸内每秒钟要点火燃烧几十次。高温高压的工作条件使得汽缸壁温度很高，因此活塞发动机必须配备冷却系统。航空发动机按冷却方式和汽缸布局可大致分为星形气冷发动机和直列液冷发动机两种。最早活塞发动机上采用的是液体冷却，如图 4-6（a）所示，在发动机机体外壳内有散热套，具有一定压力的冷却液在套中循环流动，将热量带走。由于液体冷却系统，包括水箱、水泵、散热器和相应的管路系统等，其结构复杂而笨重。因此，后来采用气冷式冷却系统，如图 4-6(b)所示。气冷式发动机汽缸以曲轴为中心，排成星形，故又称星形发动机。汽缸外面有很多散热片，飞行时产生的高速气流将汽缸壁的热量散去，达到冷却目的。

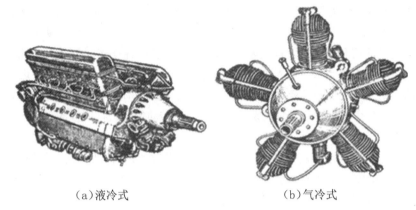

（a）液冷式　　　　　　　　　　（b）气冷式

图 4-6 活塞式航空发动机的冷却方式

为满足功率的要求，航空发动机一般都是由多汽缸组合构成的。其排列方式有直列形、星形等。直列形又分为直立形、对立形和 V 形、W 形等，如图 4-7 所示。一般星形发动机的汽缸组数为奇数个，如 5 缸、7 缸、9 缸，为了增加功率还可以将其多排叠加，将多个汽缸组排成好几排，如图 4-8 所示。星形发动机的结构较为紧凑，且可靠性较高，大部分采用气冷式设计，具有质量轻，功率提升潜力大，维护性和生存性较强等特点。

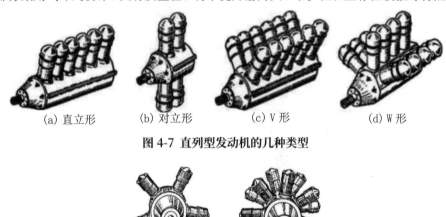

(a) 直立形　　　(b) 对立形　　　(c) V 形　　　(d) W 形

图 4-7 直列型发动机的几种类型

（a）单排　　　　　　（b）双排

图 4-8 星形发动机

4.2.3 活塞式航空发动机的辅助工作系统

活塞式航空发动机的辅助工作系统主要由以下几部分组成。

1. 进气系统

进气系统内常装有增压器来增大进气压力，以此改善高空性能。

2. 燃料系统

燃料系统由燃料泵、气化器或燃料喷射装置等组成。燃料泵将汽油压入气化器，汽油在此雾化并与空气混合进入汽缸。

3. 点火系统

点火系统由磁电机产生的高压电在规定的时间产生电火花，将汽缸内的混合气体点燃。

4. 冷却系统

发动机内燃料燃烧时产生的热量除转化为动能和排出的废气所带走的部分内能外，还有很大一部分传给了汽缸壁和其他有关机件。冷却系统的作用就是将这些热量散发出去，以保证发动机的正常工作。

5. 启动系统

将发动机发动起来，需要借助外来动力，通常用电动机带动曲轴转动使发动机启动。

6. 定时系统

定时系统是由曲轴带动凸轮盘推动连杆和摇臂，定时将进气活门和排气活门开启和关闭的系统。

4.2.4 活塞式发动机的性能评定

活塞式发动性能评定指标，主要有以下几个方面。

1. 发动机功率

发动机用于驱动螺旋桨运转的功率称为发动机有效功率，简称发动机功率。活塞式发动机主轴输出的功率是轴功率。航空活塞式发动机的功率一般为 70～2 000 kW，大的可达 3 500 kW。

2. 燃油消耗率

燃油消耗率（耗油率）是发动机经济性的一项指标，其值越小，经济性越好。一般定义为产生 1 kW 功率在每小时所消耗的燃料的质量。飞机上使用的吸气式发动机的单位燃油消耗率为 0.26～0.4 kg/(kW·h)；增压式发动机的燃油消耗率为 0.3～0.52 kg/(kW·h)。

3. 功率重量比

功率重量比是指发动机提供的功率与其重力的比值，称为发动机功重比。发动机的功重比越大，航空活塞式发动机一般在 0.62～1.5 kW/daN 的范围内。某些性能优越的发动机，功重比可达 2.14～2.5 kW/daN。

4. 加速性

加速性是指发动机从最小转速加速到最大转速所需要的时间，时间越短加速性越好，越有利于飞机的机动飞行。

5. 发动机尺寸

发动机尺寸是指发动机的迎风面积和长度，迎风面积和长度大，不仅会使飞行阻力显著地增加，而且装在飞机上所占的地方就大。因此，在相同功率的条件下，发动机尺寸越小越好，特别是迎风面积越小越好。衡量迎风面积的大小，是以发动机产生 1 kW 功率所具有的迎风面积的大小作为标准的。一般大功率航空活塞式发动机在起飞工作状态下产生 1 kW 功率所具有的迎风面积：直径为 120～150 cm 的单排和双排星形发动机为

$8.16 \sim 16.33 \; cm^2 / kW$；V 形发动机为 $0.82 \sim 6.12 \; cm^2 / kW$。

此外，其他的性能参数还有工作可靠性、维修性、使用寿命、迎风面积、结构质量及体积尺寸等参数。

4.3 航空燃气涡轮发动机

1913 年，法国工程师雷恩·罗兰获得第一个室喷气发动机专利，它属于无压气机式空气喷气发动机，与后来的冲压发动机基本相同，如图 4-9 所示。有压气机式空气喷气发动机是由英国人弗兰克·惠特尔和德国人汉斯·冯·奥海因在同一时期分别发明的，这类发动机又称为涡轮喷气发动机。惠特尔 1930 年申请了专利，1937 年 4 月研制出世界上第一台离心式涡轮喷气发动机，如图 4-10 所示为离心式涡轮喷气发动机示意图。

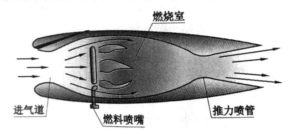

图 4-9 无压气机式空气喷气发动机

随着涡轮喷气发动机的发展，逐渐派生出多种类型的带有压气机的航空发动机，这一类发动机的共同特点是由压气机、燃烧室、涡轮三大部件构成了发动机的核心部件。发动机工作时，空气经压气机压缩后，进入燃烧室，在燃烧室与喷入的燃油混合燃烧，生成高温高

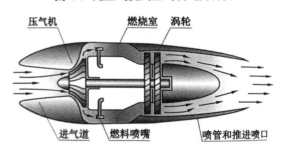

图 4-10 离心式涡轮喷气发动机

压燃气。燃气在膨胀过程中驱动涡轮做高速旋转，将部分能量转变为涡轮的机械能。涡轮带动压气机不断吸进空气并进行压缩，使发动机能连续工作。压气机、燃烧室和涡轮这三大部件组成了燃气涡轮发动机的核心机，它不断输出具有一定可用能量的燃气，因此又称燃气发生器。按核心机输出燃气可用能量的利用方式不同，燃气涡轮发动机分为涡轮喷气发动机、涡轮风扇发动机、涡轮螺桨发动机、涡轮桨扇发动机、涡轮轴发动机和垂直起落发动机等。

4.3.1 涡轮喷气发动机

涡轮喷气发动机主要由工作部分和工作系统组成，组成涡轮喷气发动机的各部件，以及保证其工作的各系统，都是直接或间接地为了产生推力而设置的。下面以单转子（轴）涡轮喷气发动机为例，介绍其主要工作部件、工作系统及工作过程。

1. 主要工作部件

涡轮喷气发动机的主要工作部件有进气道、压气机、燃烧室、涡轮和喷管，如图4-11所示。

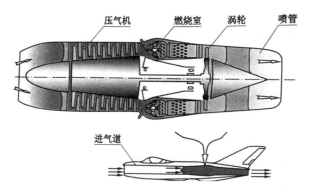

图 4-11 涡轮喷气发动机的主要工作部件

进气道用来引导足够数量的空气顺利进入发动机，在飞行中还可通过冲压作用提高空气压力。

压气机用来提高气体的压力，它通过高速旋转的叶轮，对进入压气机的气体做功，达到增压的目的。

燃烧室用来组织燃油与空气混合、燃烧、释放化学能、不断给气体加热，以提高气体温度。

涡轮用来带动压气机转动，涡轮安装在燃烧室之后，在高温、高压燃气作用下旋转，并将燃气的焓转换为涡轮轴功。由于涡轮与压气机同轴连接，涡轮旋转时，即带动压气机转动。

喷管用来使高温、高压燃气膨胀，将部分焓转换成气体的功，最后高速喷出。有些涡喷发动机，如涡喷6、涡喷7、涡喷13系列发动机上还装有加力燃烧室。

2. 主要工作系统

发动机的工作系统是确保发动机正常工作的组成部分。主要有燃油（控制）系统、滑油系统、启动系统、防冰系统、防火系统和操纵系统等。

发动机燃油系统的作用是根据发动机油门和飞行条件的变化，计量适当的燃油量，确保发动机工作安全、稳定、可靠。

发动机滑油系统的作用是不断将滑油送到发动机各摩擦面（轴承和齿轮），以减小摩擦阻力和机件磨损，并带走由于摩擦所产生的热量，起到润滑散热作用。

发动机启动系统的作用是将发动机从静止状态顺利加速到慢车状态，确保启动过程迅速可靠。

发动机防冰系统的作用是预计发动机存在结（积）冰的条件时，接通发动机防冰装置，防止发动机结冰，确保发动机正常工作。

发动机防火系统的作用是当发动机出现严重过热或火警时，通过发动机灭火装置进行灭火，防止发动机严重损坏，危及飞行安全。

发动机操纵系统的工作保证飞行员通过发动机操纵台上油门杆的操纵实现对发动机的正确使用和控制。电传操纵系统的采用使该系统机构简化且提高了操纵精度，是现代飞机发展的方向。

3. 涡轮喷气发动机的工作过程

空气首先由进气道进入发动机，空气流速降低，压力升高。当气流经过压气机后，空气压力可提高几倍到数十倍。具有较高压力的空气进入燃烧室，与从喷嘴喷出的燃料充分混合，经点火后燃烧，燃料的化学能转换为内能，燃烧产生的高温高压气体驱动涡轮，使涡轮高速旋转产生机械能，并带动压气机和其他附件工作。涡轮出口燃气直接在喷管中膨胀，使燃气可用能量转变为高速喷流的动能而产生反作用力。

（1）进气道系统。

进气道是发动机进气的通道，主要作用是整理进入发动机的气流，消除旋涡，保证在各种工作状态下都能供给发动机所需要的空气量。尤其是在高速飞行的情况下，要通过进气道将高速气流的速度逐渐降下来，尽量将气流的动能转变为压力势能，然后再进入压气机，保证压气机有良好的工作条件。

根据飞机飞行速度的不同，进气道可分为亚声速进气道和超声速进气道。

亚声速进气道如图 4-12（a）所示。由于其通道形状是扩散形，因此在亚声速飞行时，可以使气流流速降低，从而起到增压的作用。这种进气道在飞行速度 $< 1.5 Ma$ 的飞机上仍可适用，当超声速气流流到进气道入口部位时，会产生一个弓形激波，气流通过激波后变为亚声速，激波损失也不大。

当飞行速度 $> 1.5 Ma$ 时，激波损失加大，需要采用超声速进气道，如图 4-12（b）所示。超声速进气道内部装有调节锥，当超声速气流遇到调节锥的头部时会产生一个斜激波，气流通过斜激波后，速度下降，压力提高，但速度仍为超声速。气流继续向后流动，在进气道入口处又产生一个正激波，气流速度进一步下降，并变为亚声速气流进入进气道。这种气流在流动过程中产生两个激波的进气道叫二波系超声速进气道，它比只产生一个正激波进气道的能量损失大大降低。如果飞机的速度继续增加，可采用三波系或多波系的进气道。

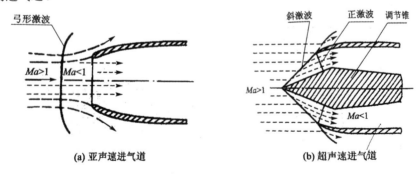

(a) 亚声速进气道　　　　　　**(b) 超声速进气道**

图 4-12 进气道类型

现代高性能飞机推进系统对进气系统的综合要求越来越高，进气道必须以尽可能小的总压损失完成从高速的自由流至压气机进口所要求的减速增压任务；在各种飞行条件下，都能提供发动机所需要的空气流量；在所有飞行条件和较大的工作范围内，进气道都能稳定工作；出口流场不均匀性和非定常性在发动机可以允许水平内；进气道的外阻力应尽可能小；质量轻、尺寸小、构造简单、工作可靠、维护简便。对于战斗机而言，减小进气道形成的强雷达反射源，提高飞机隐身能力，是现代飞机进气道重要技术之一，如我国歼 –20 飞机和教 –9 山鹰教练机舰载型使用的"蚌式"进气道（图 4-13，diverterless supersonic intakes, DSI）；卡尔特（CARET）进气道是超声速进气道的一种，中文翻译为"后掠双斜面超声速进气道"或者"双斜切乘波进气道"，如图 4-14 所示。

图 4-13 "蚌式"进气道

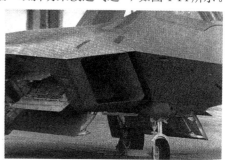

图 4-14 "CARET"进气口

　　(2) 压气机。

　　压气机的作用是提高进入发动机燃烧室的空气压力。它是利用高速旋转的叶片对空气做功的。压气机有离心式和轴流式两种类型。

　　离心式压气机的组成如图 4-15 所示，它主要由离心叶轮、扩散器、导流器和导气管组成。其中离心叶轮与涡轮轴相连，由涡轮带动高速转动。由于叶轮高速旋转，由导流器进入叶轮中心部位的空气在离心力作用下，被甩至出口处，此时空气已有较大的压力和速度。然后再经过扩散器，进一步将速度动能转变为压力能，当气流到达导气管出口处时，空气已具有较高压力，增压后的空气随后流入燃烧室进行燃烧。离心式压气机的增压比（出口压力与进口压力之比）较低，一般小于 10，且离心叶轮直径较大，仅适用于小功率发动机。

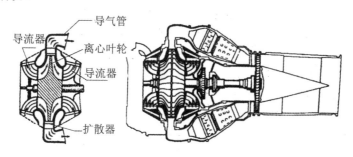

图 4-15 离心式压气机的组成

　　现代航空涡轮发动机多采用轴流式压气机。轴流式压气机由静子和转子两部分组成，如图 4-16（a）、（b）所示。静子又称整流器或导向器，与机匣固定在一起；转子又称工作轮，它与涡轮轴相连接，并由涡轮带动高速旋转，如图 4-16（c）。

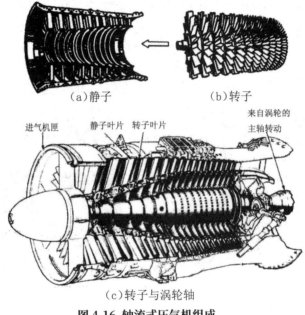

（a）静子　　　　　　　（b）转子

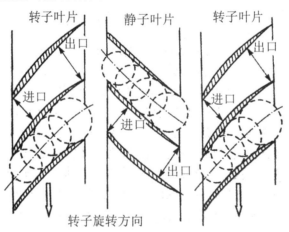

（c）转子与涡轮轴

图 4-16　轴流式压气机组成

静子和转子都由多排叶片组成，静子叶片和转子叶片沿压气机轴向交错排列。一排转子叶片和在其后的一排静子叶片形成压气机的一级，二者的相对运动迫使进气道来的空气进行增压。压气机转子叶片和静子叶片的剖面形状都和机翼剖面相似，其相邻叶片所构成的通道是进口小出口大的扩散形，如图 4-17 所示，所以当空气流过通道时，能起到增压和产生必要的空气动力的作用。

转子叶片　　　　静子叶片　　　　转子叶片

转子旋转方向

图 4-17　静子和转子叶片通道

空气经过一级转子叶片后，其压力、速度和温度都得到提高。由于转子在高速旋转时，不仅把空气以高速向后打，同时也使空气沿圆周方向运动，因此，在每一级转子叶片之后，需要用一级静子叶片进行整流。静子叶片的作用除了对气流起减速增压作用外，还改变气流的方向，以满足下一级工作叶片的需要。

因为单级轴流压气机增压有限，为了得到较高增压比，因此需将多级组合在一起，形成多级轴流压气机。目前大多数轴流压气机有 5 ～ 17 级，多的可达 24 级以上。

增压比反映了压气机对气体的压缩程度，提高发动机的增压比可以提高压缩效率和燃烧率。早期发动机的增压比为 3 ～ 5，当前军用涡轮风扇动机的增压比约为 25 ～ 30，先进的民用发动机增压比已达 45。现代先进发动机为了提高压气机（或风扇）单级增压比，采用的新技术主要有叶型技术、前掠和后掠叶片技术、端弯技术和串列叶片技术等。

（3）燃烧室。

燃烧室是组织燃料与空气混合进行燃烧的部件。发动机工作时，在燃烧室喷入燃油与来自压气机的高压空气混合，形成可燃混合气，并进行充分有效的燃烧。从燃烧室流出的高温、高压燃气推动涡轮旋转后，在喷管中进一步膨胀加速产生推力。可见，燃烧室的功用就是把燃料中的化学能经过燃烧释放出来转为热能，使气体的总能量增大，提高燃气在涡轮和喷管中的做功能力。因此，燃烧室工作的好坏，将直接影响到发动机工作的可靠性、安全性与性能。

空气经压气机增压后，进入燃烧室。燃烧室是燃料与从压气机出来的高压空气混合燃烧的地方。燃料（航空煤油）燃烧后，燃料的化学能转变为内能，气体温度和压力升高。高温高压的气体冲向涡轮，驱动涡轮旋转而做功。

燃烧室主要由火焰筒、喷嘴、涡流器和燃烧室外壳组成，如图 4-18 所示。从压气机出来的高压空气在燃烧室进口处分为两部分，一部分小股气流进入火焰筒头部及其小孔，与燃料混合进行燃烧，另一部分大股气流则沿着火焰筒与燃烧室外套之间的通道向后流动，以冷却火焰筒。当这股气流流到火焰筒的后段时，气流又从火焰筒上的孔洞进入火焰筒内，与燃烧区内的气流混合后流向涡轮。这样就不致使火焰筒壁的温度过高，也不会使涡轮因为过热而烧毁。

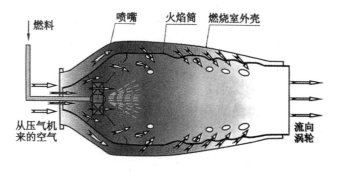

图 4-18　燃烧室原理图

喷嘴的主要作用是提高燃料的雾化质量，以便使燃料与空气充分混合。

涡流器的作用是使空气产生旋涡，以便与燃料均匀混合，并在适当部位形成点火源。

燃烧室中气流速度很高，要完成在高速中可靠点火，需要依靠涡流器。涡流器安装在火焰筒头部进口处，其形状如图 4-19 所示。在两个圆环之间焊上斜向排列的叶片，称为旋流片。气流经过旋流片构成的通道而产生旋转运动,形成一个强旋流流场,中心部分形成低压区,于是火焰筒后面的高温气体便向中心区倒流,形成一个低速的重复循环区(回流区),重复循环的燃气可以把新喷进来的燃油珠迅速加热到点火的温度以促进燃烧。回流区形成类似烟圈一样的环行涡流,起稳定和保持火焰的作用。回流区内气流轴向速度分布复杂,大小和方向有所不同,在轴向气流速度低的地方可形成点火源,以保证发动机在各种工作状态下稳定点火。

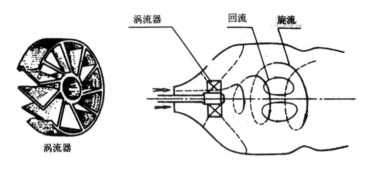

图 4-19 涡流器工作原理

现代燃气轮机燃烧室按基本结构可以分为单管燃烧室、环管燃烧室和环形燃烧室三大类型。

①单管燃烧室。如图 4-20 所示,单管燃烧室又称筒形燃烧室。它的结构特点是每一个管形火焰筒的外面都有一个单独的外壳,组成一个单管燃烧室。沿发动机圆周均匀地安装有 8 ~ 16 个这样的单管,各单管之间用联焰管连通,传播火焰和均衡压力。这种燃烧室为早期发动机所用,现已逐渐淘汰。

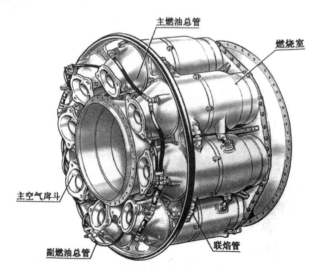

图 4-20 典型的单管燃烧室

②环管燃烧室。环管燃烧室又称为筒环形燃烧室,如图 4-21 所示,它的结构特点是将若个管形火焰筒,沿圆周均匀安装在同一个内外壳体间的环腔内,相邻火焰筒燃烧区

之间用联焰管连通。环管燃烧室的结构比较紧凑，外廓尺寸显著地减少。外壳体是承力构件，有利于减轻发动机结构的质量和提高发动机整体刚性。目前使用的发动机，多数燃烧室是这种类型，如涡喷 6、涡喷 7、涡喷 8、涡喷 13 发动机等。

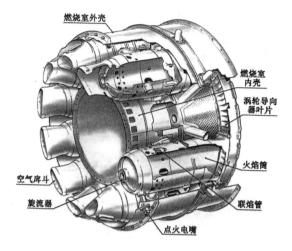

图 4-21　环管燃烧室结构

③环形燃烧室。环形燃烧室的结构特点是在燃烧室内、外壳体之间的环腔内，安装了一个由共同的火焰筒内外壁构成的环形燃烧区和掺混区，如图 4-22 所示，在火焰筒头部装有几个燃油喷嘴和稳定装置。燃烧室的各个气流通道都是环形的，因此与压气机出口环形气流可以获得最好的气动配合，气流均匀，流动损失最小，还有利于设计短扩压器。无疑环形燃烧室结构最紧凑，迎风面积最小，容积利用率最高。目前正在使用的环形燃烧室以火焰筒的不同形式又分为带头部的环形燃烧室（涡桨 6、涡扇 11 发动机）、全环形燃烧室、回流式环形燃烧室。近年来，新型发动机上广泛采用了环形燃烧室。

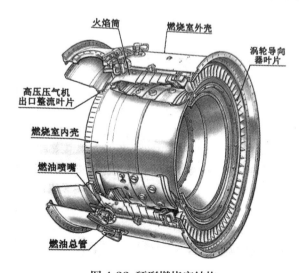

图 4-22　环形燃烧室结构

(4) 涡轮。

涡轮的功用是将燃烧室出口的高温高压气体的能量转变为机械能。燃气从燃烧室流出后,冲击到涡轮上,使涡轮高速旋转产生机械能。涡轮的机械能以轴功率的形式输出,驱动压气机、风扇、螺旋桨和其他附件转动。燃气经过涡轮后,温度及压力骤然下降,速度渐增。从涡轮流出的燃气流向尾喷管,由尾喷管喷出产生推力。

涡轮由静止的导向器和转动的工作叶轮组成,其组成和压气机相似,如图4-23所示,导向器和工作叶轮在径向都装有很多叶片,导向器叶片装在两个同心环之间,工作叶片装在叶轮的四周。为了使燃气按一定角度冲击到涡轮的工作叶片上,需要在工作叶片之前用导向叶片来对气流进行导向。导向叶片和工作叶片的通道都是收缩形的(与压气机叶片形成的通道正好相反),如图4-24所示。从燃烧室出来的气流经导向器叶片的收缩通道后,速度大大提高,而压力和温度却下降,在导向器出口处燃气速度可达到声速甚至更高。此高速气流以一定的角度冲击工作轮叶片,使涡轮以每分钟几千甚至几万转的转速高速旋转。

(a)导向器工　(b)作叶轮

图4-23 涡轮的组成

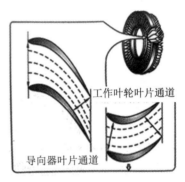

图4-24 导向器和工作叶片的通道

由于涡轮的转速很高,工作叶片承受了很大的离心力,同时叶片又在很高的温度下工作,因此,必须用高强度且能耐高温和耐腐蚀的材料制造,并且还应采取必要的冷却措施。

(5) 加力燃烧室。

发动机的推力与涡轮前燃气的温度有关,涡轮前燃气的温度越高,发动机产生的推力也越大。但这受涡轮叶片材料耐热性的限制,即使对涡轮叶片采取较好的冷却措施,涡轮前燃气温度也只能限制在1 800 ℃左右,所以靠提高燃气温度来加大推力是有困难的。为了获得更大的发动机推力,可以采用加力燃烧室结构。加力燃烧室位于涡轮的后面,流经涡轮的燃气中还有不少氧气,因此可以在加力燃烧室再次喷油燃烧,以提高喷管出口燃气的喷射速度而加大推力,如图4-25所示为带加力燃烧室的涡轮喷气发动机结构。由于加力燃烧室中没有转动部件,所以允许温度进一步提高,一般可达到2 000 ℃左右。加力燃烧后,燃气能量和排气速度也都大大提高。在不改变压气机和涡轮工作状态的情况下,加力燃烧室可有效地增加发动机推力,一般推力可以提高25%～60%。例如,美国F-15飞机在使用加力燃烧室时,推力可提高70%。使用加力时,燃油消耗率很大,温度也很高,因此发动机加力状态只能短时间使用,一般低空飞行不超过十几秒,高空飞行则可使用较长的时间。

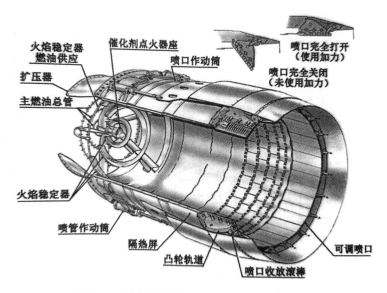

火焰稳定器
燃油供应
催化剂点火器座
喷口作动筒
喷口完全打开
（使用加力）
扩压器
喷口完全关闭
（未使用加力）
主燃油总管
火焰稳定器
喷管作动筒
隔热屏
凸轮轨道
喷口收放滚棒
可调喷口

图 4-25 带加力燃烧室的涡轮喷气发动机结构

（6）尾喷管。

尾喷管是发动机的排气系统。不同的燃气涡轮发动机，尾喷管的设计也有所不同。尾喷管一般由中介管和喷口组成，如图 4-26 所示。中介管在涡轮后由整流锥和整流支板组成，起整流的作用；否则燃气会在涡轮后产生强烈涡流，影响推力。亚声速飞机的尾喷口一般为收敛形，以获得更高的喷气速度。当飞机超声速飞行时，如果仍采用收敛形尾喷管，尾喷口出口处的压力大大超过当地大气压力，因此燃气不完全膨胀所造成的推力损失将很大。例如，当飞机速度为 $1.5Ma$ 时，收敛形尾喷管造成的推力损失为 10%；当飞机飞行速度为 $3Ma$ 时，推力损失达到 50%。因此当飞机飞行速度 $> 1.5Ma$ 时，为了保证燃气能充分膨胀，减少推力损失，不论有无加力燃烧室，发动机都应采用收敛扩散形的调节超声速尾喷管，即拉瓦尔喷管。图 4-27 所示为中国歼 -20 战斗机可调节超声速尾喷管，图 4-28 所示为拉瓦尔喷管燃气加速膨胀工作原理示意图。

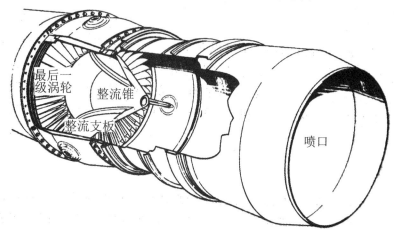

最后一级涡轮
整流锥
整流支板
喷口

图 4-26 尾喷管组成

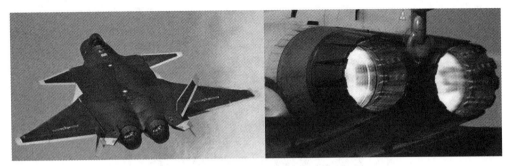

图 4-27 中国歼 -20 战斗机可调节超声速尾喷管

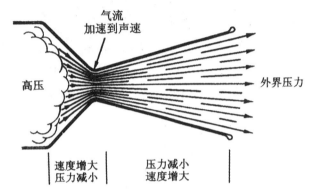

图 4-28 拉瓦尔喷管燃气加速膨胀工作原理示意图

4. 燃气涡轮发动机主要性能

（1）推力性能指标。

①推力和推力单位。发动机推力是燃气涡轮发动机的主要性能参数，推力的单位有 N、kN。当飞机的空气动力特性相同时，发动机推力越大，飞机飞得就越快越高，机动性也就越好。但发动机推力的大小，不足以评定发动机循环性能的优劣。

②推重比的全称为发动机推力重力比，是航空喷气发动机在海平面静止状态下发动机所产生的最大推力与其重力之比。

③单位迎风推力：发动机推力与发动机最大迎风面积之比，单位为 N/m^2。

（2）经济性能指标。

①耗油量，发动机工作时单位时间内消耗的燃油质量称为耗油量。

②燃油消耗率指在单位时间或单位里程内所消耗的燃油质量，简称耗油率。

涡轮喷气发动机在低速时耗油量比活塞式发动机要大，目前涡轮喷气发动机的使用范围为 $0.7 \sim 3.0\,Ma$，飞行速度过高或过低，对于涡轮喷气发动机都是不利的。另外，随着飞行高度的增加，空气密度减小，发动机的进气量也要减少，所以推力就会下降。一般情况下，使用涡轮气发动机的飞行器，在 $8 \sim 12\,km$ 的高度上可以获得最大飞行速度。如果飞行高度太高，则推力会下降到不能满足飞行要求的程度。涡轮喷气发动机一般在 $25 \sim 30\,km$ 以下的高度上使用。

涡轮喷气发动机是燃气涡轮发动机最基本的形式。随着航空燃气涡轮技术的发展，又出现了涡轮螺桨发动机、涡轮风扇发动机、涡轮桨扇发动机、涡轮轴发动机和推力矢量发动机等多种类型。

4.3.2 涡轮螺旋桨发动机

涡轮喷气发动机的速度高、推力大,适用于较高速度飞行的飞机。在较低的速度下,由于耗油率太高,很不经济。而活塞式发动机虽然比较适合在低速下飞行,但由于其功率小、质量大、振动大等缺点使其应用范围受到一定限制,目前一般只用在飞行速度较低的小型飞机上。对于飞行速度在 500 ~ 800 km/h 的中低速飞机或对低速性能有严格要求的巡逻、反潜或灭火等类型的飞机,为了进一步改善发动机的经济性,现在普遍采用涡轮螺桨发动机。

涡轮螺桨发动机和涡轮喷气式发动机相比,后边也是由压气机、燃烧室、涡轮和尾喷管等几部分组成,所不同的是在前面加了一个直径很大的螺旋桨。一般压气机由涡轮带动,由于螺旋桨的转速比涡轮低得多,所以压气机需要通过一个减速器降低转速之后再驱动螺旋桨,如图 4-29 所示。发动机启动以后,涡轮开始工作,带动前面的压气机转动,并从进气道吸入大量的空气,被压气机压缩的空气送入燃烧室进行燃烧,从燃烧室出来的高温高速气流吹动涡轮高速旋转。涡轮除了带动前面的压气机转动以外,还要带动螺旋桨旋转。为了驱动大功率的螺旋桨,涡轮级数也相对较多,一般为 2 ~ 6 级。

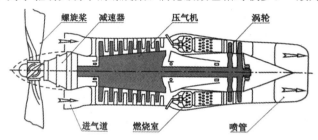

图 4-29 涡轮螺桨发动机的组成

涡轮螺桨发动机是一种主要由螺旋桨提供拉力和燃气提供少量推力的燃气涡轮发动机。涡轮带动螺旋桨转动,产生拉力,从涡轮出来的气流从尾喷管喷出,产生推力。由于涡轮燃气的大部分能量都转变成轴做功带动螺旋桨和压气机转动,因此,螺旋桨产生的拉力约占飞机总推力的 90%,而只有很小一部分燃气能量用来在尾喷管中膨胀加速产生推力,因此,排气推力一般不超过 10%。

涡轮螺桨发动机与活塞式发动机相比,具有功率重量比大、耗油率低、振动小和高空性能好的优点。与涡轮喷气发动机比,由于螺旋桨旋转时桨叶往后推出的气体量远比涡轮喷气发动机的排气量大,因此涡轮螺桨发动机在低亚声速(700 km/h 以下)飞行时效率较高,耗油率小,经济性能好。但由于受到螺旋桨效率的影响,它的适用速度一般不应超过 900 km/h,因为当飞行速度达到 850 ~ 900 km/h 以上时,螺旋桨叶尖区出现超声速气流,产生激波,螺旋桨效率急剧下降,大大降低了其原有的优势。同时,由于螺旋桨直径较大,为了不使桨尖碰地,就必须加大起落架的高度或将发动机安装在更高的位置,这都将会增加飞机的质量或使飞机维护不便。为了解决这些矛盾,同时又要保证

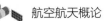

发动机的经济性能，较好的方案就是采用涡轮风扇发动机。

4.3.3 涡轮风扇发动机

涡轮风扇发动机是在涡轮螺桨发动机的基础上发展起来的。把螺旋桨的直径大大缩小，增加桨叶的数目和排数，并将所有的桨叶叶片包在机匣内。它克服了螺旋桨的缺点，形成了能在较高的速度下很好地工作的"风扇"。

涡轮风扇发动机的结构和涡轮喷气发动机的结构也很相似，所不同的是在此基础上增加了风扇和驱动风扇的低压涡轮，如图 4-30 所示。涡轮分为高压涡轮和低压涡轮，高压涡轮带动压气机转动，低压涡轮带动风扇转动。

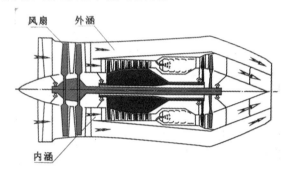

图 4-30 涡轮风扇发动机原理图

当发动机启动后，风扇转动，风扇吸入大量的空气，并将空气进行压缩。压缩的气流分成两部分，一部分气流和普通涡轮喷气发动机一样，进入压气机、燃烧室和涡轮，最后经尾喷管加速排出产生推力，这部分气流通过的通道称为内涵道。另一部分气流经过风扇对气流进行压缩后，从外边的通道不经燃烧直接加速喷出产生推力，这部分气流所经过的通道称为外涵道。所以这类发动机又称内外涵发动机，其中外涵道气流与内涵道气流的流量之比称为涵道比。

进入发动机的两部分气流可以分别从各自喷管排出，也可以在涡轮后混合，然后再一起排出。前者推力是内外涵推力的总和，推力随着发动机参数和工作状态的不同变化很大；后者带有共同的喷管，经过涡轮膨胀后的内涵燃气流在混合室与外涵空气流进行混合。混合气在喷管内膨胀加速，然后产生推力，如图 4-31 所示。由于喷管出口处的温度场均匀，所以这种发动机与前者相比，推力可有所增加，经济性也有所改善。

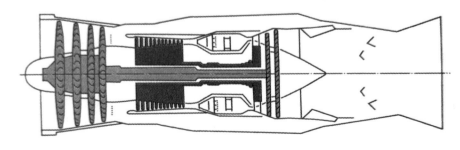

图 4-31 混合排气涡扇发动机结构图

涵道比是涡轮风扇发动机的重要设计参数，它对发动机耗油率和推重比有很大影响。不同用途的涡轮风扇发动机应选取不同的涵道比，如远程运输机和旅客机使用的涡轮风扇发动机，其涵道比为 4 ～ 10，战斗机选用的加力式涡轮风扇发动机的涵道比一般小于 1，甚至可小到 0.2 ～ 0.3。从广义来看，涡轮风扇发动机的涵道比减小到零时即成为涡轮喷气发动机，而涡轮螺桨发动机和桨扇发动机则可看作为除去外涵机匣的涵道比极大（一般说大于 25）的涡轮风扇发动机。

涡轮风扇发动机主要包括不加力涡轮风扇发动机和加力涡轮风扇发动机两大类。不加力涡轮风扇发动机涵道比较大，主要用于高亚声速运输机；加力涡轮风扇发动机涵道比较小，在第三代战斗机和第四代战斗机中广泛采用。

1. 不加力涡轮风扇发动机

在涡轮风扇发动机中，涡轮不仅要带动压气机工作，还要带动风扇工作，因此燃料燃烧产生的很大一部分能量转变成了带动压气机和风扇转动的机械能，这样从尾喷管排出气流的温度和速度都下降了。气流喷出时能量损失减少，因此，在亚声速飞行时效率较高。由于涡轮风扇发动机的风扇可以吸入大量的空气，使进入发动机的空气量增加，燃气喷出速度下降。

但燃气流量与速度的乘积比原来的发动机还大，也就是说、在燃油量一定的情况下，推力却有所增加。涡轮风扇发动机工作噪声较小，而且有一部分推力不经燃油热烧即可获得，因此耗率也相对较低，经济性好，非常适合飞行速度为 0.8 ～ 0.9Ma 的民用飞机和军用运输机使用。

远程运输机和旅客机一般采用的是不加力涡轮风扇发动机，这种发动机不但涡轮前温度较高，且风扇直径较大，涵道比一般在 8 ～ 10 以上，图 4-32 所示为具有大涵道比的不加力涡轮风扇发动机。涵道比的提高，可以充分发挥风扇的效能。因此，为了进一步提高发动机的性能，民用涡轮风扇发动机有向高涵道比、高涡轮前温度和高增压比发展的趋势。

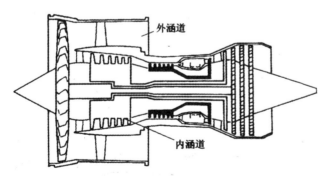

图 4-32　具有大涵道比的不加力涡轮风扇发动机

2. 加力涡轮风扇发动机

随着涵道比的增加，不可避免地使发动机的排气速度和单位推力下降，发动机的迎风面积增大，推重比降低。这些问题对于民用飞机不是主要问题，但对于超声速飞行的歼击机却无法接受。为了提高涡轮风扇发动机的使用性能，歼击机上采用的是涵道比小于 1 的加力风扇发动机。对于内外涵分开排气的加力风扇发动机，可以只在内涵道涡轮后喷油燃烧，也可以同时在外涵道喷油燃烧；对于内外涵混合排气的加力风扇发动机，则在内外两股气流混合后喷油燃烧，其加力燃烧室的构造与涡轮喷气发动机相似，所不同的是涡轮风扇发动机的加力燃烧室含有大量新鲜的空气，因此可以比一般的涡轮喷气发动机产生更大的推力，且耗油率较低。加力涡轮风扇发动机的结构示意图如图 4-33所示。

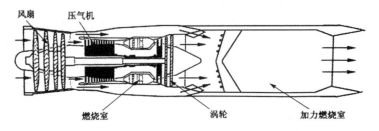

图 4-33 加力涡轮风扇发动机示意图

加力涡轮风扇发动机广泛应用在第三代战斗机上，与涡轮喷气发动机相比，加力涡轮风扇发动机有两个突出的优点。第一，加力比（加力后的推力与不加力时的推力之比）大，地面静止时加力比可达 1.7，超声速飞行时由于受到冲压的影响，加力比可达 3 以上。这就可以大大改善飞机的加速性能，有利于满足歼击机的作战要求。第二，经济性能好，无论飞机以超声速飞行还是亚声速巡航，耗油率都比较低。但涡轮风扇发动机迎风面积较大，在低亚声速（小于 700 km/h）时，耗油率比涡轮螺桨发动机高。

4.3.4 涡轮桨扇发动机

涡轮桨扇发动机是可用于飞机飞行速度 800 km/h 以上的一种燃气涡轮螺桨风扇发动机，简称涡轮桨扇发动机。这种发动机介于涡轮风扇发动机和涡轮螺桨发动机之间，产生推力的装置是桨扇。桨扇无外罩壳，有 8～10 片桨叶，桨叶的剖面形状为超临界翼型，桨叶薄而后掠，桨盘直径仅为普通螺旋桨的 40%～50%，质量减轻到原来的 50%～60%，这对于提高桨扇的转速较为有利。桨扇的桨叶数目较多，可以弥补桨叶短和后掠角带来的缺点。

桨扇发动机的突出优点是推进效率高，而且省油。桨扇发动机与同级别涡轮风扇发动机相比可省油 20%，与早期的波音 707 和 DC-9 飞机的发动机相

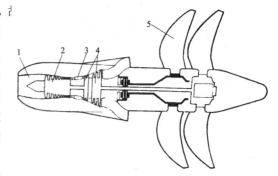

图 4-34 涡轮桨扇发动机
1—进气道；2—压气机；3—燃烧室；
4—涡轮；5—桨扇

比，可省油 60%。涡桨发动机最大缺点是噪声比较大，因此难以在客机上推广应用，目前

最成功的案例是用在乌克兰的安 –70 军用运输机上。安 –70 发动机的桨扇为前置，如图 4-35（a）所示。美国通用电气公司早期试验的 GE36 发动机的桨扇为后置，如图 4-35（b）所示。

（a）安 – 70 桨扇发动机　　　　　　　　（b）GE36 桨扇发动机

图 4-35　前置和后置桨扇

4.3.5　涡轮轴发动机

涡轮轴发动机是现代直升机的主要动力，它的组成部分和工作过程与涡轮螺桨发动机很相似，所不同的是燃气的可用能量几乎全部转变成涡轮的轴做功，用于通过减速器带动直升机的旋翼和尾桨旋转，因而燃气不提供推力。涡轮的输出轴可以由发动机的前面伸出，也可以由发动机的后部伸出，如图 4-36 所示。由于直升机的旋翼和尾桨转速不能太大，因此涡轮轴和旋翼之间需加装减速装置进行减速。也可以由后面的自由涡轮直接带动旋翼转动。

涡轮轴发动机与活塞发动机相比，其主要优点是功率大、质量轻和体积小，且由于没有活塞式发动机的往复运动，所以振动小，噪声低。涡轮轴直升机无论从航程、速度、升限还是装载量上都比活塞式直升机要大，经济性也更好，但耗油量要比活塞式发动机大，随着功率的增加，此差距将会缩小。

涡轴发动机与涡喷发动机本质上是同根同源的，两者的区别在于：涡喷发动机通过产生向后喷出的高温高压高流速燃气，获得向前的推力；而涡轴发动机是通过动力涡轮（自由涡轮），将燃气的动能和热能转化为直升机旋翼的机械能。

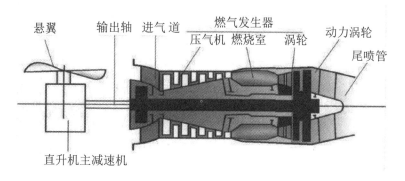

图 4-36　涡轴发动机示意图

4.3.6 推力矢量发动机

推力矢量控制技术是指发动机推力通过喷管或尾喷流的偏转，使其推力的一部分变成操作力代替或部分代替操纵面的作用，从而增强飞机的操纵能力，并对飞机的飞行进行实时控制的技术。

普通的航空发动机提供的推力方向是固定的，其方向一般通过飞机的纵向中心或与纵向轴线呈一定夹角。而推力矢量发动机通过喷管或尾喷流的偏转，可调整发动机推力的方向，除了可以提供垂直起降或短距起降能力外，还能在空战中为飞机提供额外的机动力，为飞机在失速状态下提供有效的控制力，提升飞机的机动能力。此外，调整推力方向也可使飞机在阻力最小的迎角下巡航飞行以增大飞行航程。

1．垂直起降发动机

飞机起飞一般指达到一定的起飞速度时，由机翼产生足够的升力，使飞机升空。要想缩短飞机起飞和着陆滑跑距离，一定推力的发动机在短滑跑距离中达不到机翼产生足够升力的速度。如果飞机在起飞和着陆时，发动机能够产生垂直方向的推力，就可以大大缩短起飞和着陆时的滑跑距离，降低飞机对机场跑道长度的要求，对军用飞机来说，这将极大地增加机动作战的能力。

如图 4-37 所示为一种可转喷口的涡轮风扇发动机示意图，它既可用于垂直起落，也可用于水平飞行。发动机装有 4 个可转喷口和阀门机构，能改变发动机的推力方向。在垂直起落过程中，喷口逐渐旋转向下，燃气向下喷出，产生向上的推力使飞机起飞，如图 4-38（a）所示，巡航飞行时可转喷口转向后面，产生向前的推力，如图 4-38（b）所示。

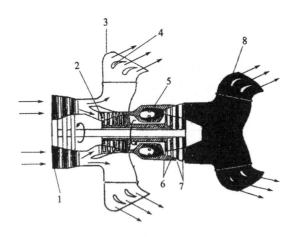

图 4-37 可转喷口的涡轮风扇发动机示意图
1—风扇；2—压气机；3—前可转喷口；4—导流叶片；
5—燃烧室；6—高压涡轮；7—低压涡轮；8—后可转喷口

（a）燃气向下喷出   （b）喷口转向后面

图 4-38 转变发动机喷口的飞行姿态

F-35B 的发动机尾喷管具备向下偏转的能力，尾喷管由三节连接在一起的管道构成，每节管道采用的都是钛合金材料，以应对尾烟的高温，每节管道之间通过环形轴承连接，如图 4-39 所示。当 F-35B 进入悬停状态或是准备垂直降落时，发动机尾喷管就向下偏转 $95°$，由此产生垂直升力，而这一偏转过程在短短的 $2.5\,s$，内就能完成。

图 4-39 F-35B 发动机尾喷管

这种动力装置的优点是单台发动机即可满足产生升力和推力的要求，发动机利用率高，使用维护也方便，其缺点是起飞升力较小。为了在起飞阶段产生更大的升力，在发动机上也可使用加力燃烧室来提高喷射速度，加大垂直起飞时的升力。英国罗尔斯·罗伊斯公司研制的"飞马"发动机即属此类发动机。这种发动机已装备在英国的"鹞"式强击机和美国的"AV-8"飞机上，其 4 个喷管通过齿轮、链条等机构保持同步运动，喷管转动范围可达到 $98.5°$。

如图 4-40 所示为升力风扇发动机结构图，它是在普通的涡轮喷气发动机上加装了一个风扇。涡轮喷气发动机为巡航飞行提供推力，在飞机起飞和着陆时，涡轮喷气发动机尾喷管中的换向活门关闭，燃气通过管道引向升力风扇，吹动风扇的周缘涡轮转动

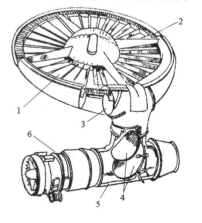

图 4-40 升力风扇发动机结构图
1—升力风扇；2—周缘涡轮；
3—管道；4—换向活门；
5—尾喷道；6—涡轮喷气发动机

而产生升力，此时喷气发动机是作为升力风扇的燃气发生器而工作的。当飞机水平飞行时，换向活门打开，燃气直接从尾喷管喷出，产生推力。此类发动机可以产生较大的升力，且风扇排气速度较低，噪声小。但风扇体积较大，巡航飞行时升力风扇成为消极质量，实际使用存在一定的困难。

如图 4-41 所示为 F-35B 垂直起降飞机使用的 F135 升力风扇发动机，发动机除了尾喷口可向下转动外，机体前面还有一个升力风扇，升力风扇由传动轴带动工作，尾喷口向下的气流和升力风扇产生的向下气流形成两条气柱，可以把飞机稳稳地托起，完成飞机的短距／垂直起降。

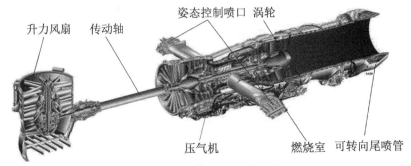

图 4-41 F135 升力风扇发动机

2. 推力矢量发动机

第四代战斗机要求具有超声速巡航、隐身、过失速机动性和超视距攻击等能力，推力矢量技术成为第四代战斗机的重要技术特征之一。第四代飞机所采用的发动机是推重比 10 以上的涡轮风扇发动机，其推力矢量技术不受飞机飞行姿态的影响，可以保证飞机在操纵舵面几近失效的低速，并在大迎角条件下进行超机动飞行。

对于推力矢量发动机的喷口形式，目前主要包括折流板、二元推力矢量喷管和轴对称推力矢量喷管这三种形式。

（1）折流板推力矢量喷口。

美国的 X-31 飞机发动机采用的是折流板推力矢量喷口，当折流板偏转时，发动机喷气流方向发生改变，因此可以使飞机产生俯仰和偏航的操纵力矩，实现大迎角情况下对飞机的操纵，如图 4-42 所示。

图 4-42 折流板推力矢量喷口

（2）二元推力矢量喷管。

二元推力矢量喷管是指飞机的尾喷管能在俯仰和偏航方向偏转，从而使飞机能在俯仰和偏航方向上产生垂直于飞机轴线的附加力矩，因而使飞机具有推力矢量控制能力。二元矢量喷管通常是矩形的，或者是 4 块可以配套转动的调节板。

如图 4-43 所示，F-22 飞机使用的 F119 发动机采用的就是二元推力矢量喷管。F119 发动机的尾喷口是矩形的，由 4 块平板围成，上下两块平板可以上下摆动，可以使发动机喷口气流上下偏转，控制飞机的俯仰运动，但它的左右两块平面是固定的，不能提供偏航控制力矩。F119 发动机是普惠公司为 F-22 飞机研制的先进双转子加力涡轮风扇发动机，涵道比为 0.2～0.3，增压比为 23～27，可以实现不开加力的超声速巡航、过失速机动和短距起降及隐身。

图 4-43 F119 推力矢量涡轮风扇发动机

（3）轴对称推力矢量喷管。

轴对称推力矢量喷管尾喷口形状为圆形，可实现全方位的矢量推力，提供飞机任意方向的推力，目前已用在俄罗斯的 Su-35、Su-37 等飞机上。如图 4-44 所示为 Su-37 采用的 AL-37FU 发动机的轴对称推力矢量喷管，它是在成熟的轴对称收敛——扩散喷管技术的基础上新增加了一套转向机构带动喷管偏转，因此在现役飞机上移植相对容易，但其喷口设计及转向控制机构比较复杂。

图 4-44 AL-37FU 轴对称推力矢量喷管

如图 4-45 所示为轴对称推力矢量喷管结构示意图。图中 A9 调节环是实现推力矢量控制的核心构件，其主要功能是通过 A9 环作动筒的调节实现喷口 A9 的收扩和矢量偏转。图中的 A8 环作动筒为喉道面积调节作动筒，用来调整喉道 A8 处的横截面积，以满足不同飞机飞行速度的需求。

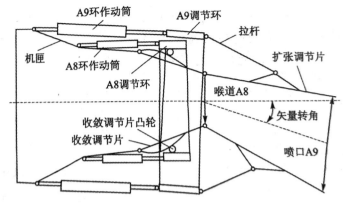

图 4-45 轴对称推力矢量喷管结构示意图

4.4 冲压发动机

冲压发动机是一种利用迎面气流进入发动机后减速，使空气提高静压的空气喷气发动机。冲压发动机与燃气涡轮发动机不同，它们没有专门的压气机，是靠飞行器高速飞行时的相对气流进入发动机进气道后减速，将动能转变成压力能，使空气静压提高的一种空气喷气发动机。它通常由进气道（扩压器）、燃烧室和尾喷管三部分组成，其结构如图 4-46 所示。冲压发动机没有压气机，也就不需要燃气涡轮，因此又称为不带压气机的空气喷气发动机。

由于没有压气机和涡轮等转动部件，因此结构大大简化。

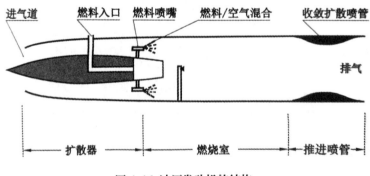

图 4-46 冲压发动机的结构

冲压发动机的工作原理和涡轮喷气发动机大体相似，但由于没有压气机，其压缩空气的方法是在进气道中将高速气流经过一系列激波，将速度滞止下来，并将气流的流动动能转变成压力能，来提高空气的压力（例如，当飞行速度为 $2Ma$ 时，如果没有能量损失，当速度滞止为零时，其压力可提高 7 倍左右；当飞行速度为 3 Ma 时，其压力可提高 37 倍；当飞行速度为 5 Ma 时，其压力可提高 53 倍）。减速增压后的气流在燃烧室与燃油进行混合、燃烧，产生高温、高压燃气，然后经尾喷管排出而产生推力。

　　现在冲压发动机按适应的飞行速度可分为亚声速、超声速和高超声速冲压发动机。亚声速冲压发动机使用扩散进气道和收敛形尾喷管。以航空煤油为燃料，飞行时增压比不超过 1.80，当飞行速度 < 0.5 Ma 时一般不能正常工作，此类发动机常用于亚声速航空器上，如亚声速靶机。超声速冲压发动机采用超声速进气道，燃烧室入口的气流为亚声速，燃烧在亚声速气流中进行，尾喷管的形状为收敛形或收敛扩散形，以航空煤油或烃类为燃料，其适应的飞行速度为 1～6 倍声速，常用于超声速靶机和地对空导弹，如图4-47 所示。

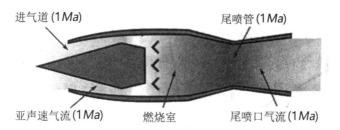

图 4-47　超声速冲压发动机

　　高超声速冲压发动机使用碳氢燃料或液氢燃料，燃烧室入口的气流为超声速，燃烧在超声速气流中进行，尾喷管的形状为扩张形，如图 4-48 所示。超声速或高超声速气流在进气道扩压到约为 4 Ma 的较低超声速，然后燃料在超声速燃烧室中与空气混合并燃烧，最后燃烧后的气体经扩张形的喷管排出产生推力。采用碳氢燃料时，超燃冲压发动机的飞行速度在 8Ma 以下；使用液氢燃料时，其飞行速度可达 6～25 Ma。高超声速冲压发动机燃烧室中静温静压都较低，所以大大减轻了热传导和结构负荷，构造简单，质量轻，但其在燃烧室稳定燃烧比较困难，热防护也比较难。2004 年美国的高超声速无人飞行器 X–43A 进行的试验飞行，创造了 9.8 Ma 的世界纪录，X–43A 用的就是高超声速冲压发动机。

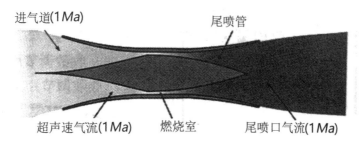

图 4-48　高超声速冲压发动机

　　冲压发动机产生的推力与进气速度有关。飞行速度越大，冲压越大，因而产生的推力也就越大，所以冲压发动机适合高速飞行。在低速飞行时冲压作用小，压力低，经济

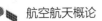

性差（耗油率高）。由于冲压发动机在静止时不能产生推力，因此要靠其他动力装置将其加速，达到一定速度后才能正常工作，所以冲压发动机通常要和其他发动机组合使用，形成组合式动力装置。如果冲压发动机作为飞行器的动力装置单独使用，则这种飞行器必须由其他飞行器将其携带至空中并具有一定速度时，才能将冲压发动机启动。

冲压发动机与涡轮喷气发动机相比，构造简单，质量轻，推重比大，成本低，高速飞行状态下（>2 Ma），经济性好、耗油率低。但由于低速时推力小、耗油率高，静止时根本不能产生推力，因此不能自行起飞，必须要有助推器助飞。另外，冲压发动机对飞行状况的变化敏感。例如，飞行速度、飞行高度、飞行迎角（迎角大，进气受到影响，能量损失大）等参数变化都直接影响发动机的工作，因此，其工作范围较窄。目前冲压发动机的适用范围为 0.5 ~ 6 Ma，飞行高度为 0 ~ 40 km，推重比可达 10 以上。常用于靶机和飞航式战术导弹，也可用作高超声速飞行器的动力装置。

4.5 火箭发动机

火箭推进本质上也是喷气推进的一种类型，与通常的空气喷气推进相比，这种推进喷射的物质全部来源于动力装置自身携带的推进剂，不需要利用周围的大气。因此火箭推进装置广泛应用于运载火箭、弹道导弹和各类航天器上。

火箭推进装置又称为火箭发动机。凡不利用周围介质，仅依靠飞行器本身带的物质（燃烧剂、氧化剂或核能与工质等）产生反作用射流而获得反作用力的直接反作用式发动机，统称为火箭发动机。按照发动机工作时使用的初始能源类型，可分为化学火箭发动机、电火箭发动机和核火箭发动机。

化学火箭发动机是目前发展得最为成熟和应用最为广泛的火箭发动机。化学火箭发动机的工作原理是：化学推进剂在燃烧室中发生高压燃烧反应，其产生的能量把反应生成的气体加热到很高温度（2 500 ~ 4 100 ℃），这些气体继而在喷管中膨胀，并在加速到很高的速度（1 800 ~ 4 300 m/s）后喷出。按推进剂的物理状态，化学火箭发动机分为液体火箭发动机、固体火箭发动机和混合火箭发动机三种类型。

4.5.1 液体火箭发动机

液体火箭发动机是液体推进剂火箭发动机的简称，是使用液态化学物质（液体推进剂）作为能源和工质的化学火箭发动机。

1. 组成和工作

液体火箭发动机由推进剂贮箱、推进剂供应系统、推力室和各种自动调节器等部分组成。如图 4-49、图 4-50 所示分别是挤压式和泵压式两种典型的液体火箭发动机简图。

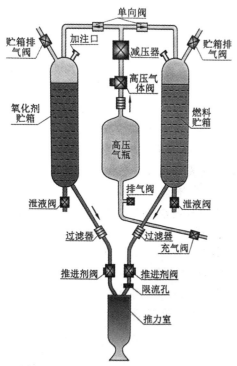

图 4-49 双组元挤压式液体火箭发动机

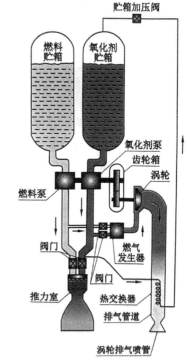

图 4-50 双组元泵压式液体火箭发动机

（1）推进剂及其分类。

推进剂即火箭的工质，其经过化学和热力学变化而形成工作气体。液体火箭推进剂是一种液态物质或几种液态物质的组合。推进剂组元是指单独贮存并单独向发动机供给的液体火箭推进剂的组成部分。

①按推进剂所包含的基本组元的数目分类，分为单组元推进剂、双组元推进剂和三组元推进剂。

单组元推进剂是指在同一物质中既含有氧化剂又含有燃烧剂，它可能是几种成分的混合物，也可能是单一物质，如硝基甲烷、肼和过氧化氢。单组元推进剂在常温状态下是稳定的，当受热或受催化作用时就会分解并产生炽热的燃烧气体。

双组元推进剂是指包含两种推进剂组元的推进剂，一种组元是氧化剂，另一种组元是燃烧剂，它们被分别贮存，并且在燃烧室以外不混合。现代液体火箭发动机广泛采用双组元液体推进剂，如图 4-49、图 4-50 所示的均为双组元推进剂火箭发动机。对于双组元推进剂，氧化剂和燃烧剂按推进剂混合比进行混合反应以产生高温燃气。液体火箭发动机中使用的氧化剂主要有液氧、硝酸、四氧化二氮、过氧化氢、液氟等；燃烧剂主要有液氢、碳氮燃烧剂、肼、偏二甲肼、一甲基肼等。

三组元推进剂由氧化剂、燃料和摩尔质量小的组元组成，液氢和甲烷等都是摩尔质量小的组元。采用第三种组元后，可增大动力装置的比冲（单位质量推进剂所产生的冲量，单位 m/s），但同时也使结构复杂，使飞行器的质量增大。

②按推进剂或其组元保持液态的温度范围分类，可分为高沸点推进剂、低沸点推进剂和低温推进剂。

高沸点推进剂组元的沸点高于298 k（25 ℃），这类推进剂在地面的一般使用条件下呈液态，而且在贮存时无蒸发损失。硝酸、偏二甲肼、一甲基肼、肼、火箭煤油都是高沸点推进剂组元。

在标准大气压力下，低沸点推进剂组元的沸点温度高于120 k（-153 ℃），但低于298 k（25 ℃），常温下该种推进剂组元处于不断汽化的状态，如四氧化二氮就是一种低沸点推进剂组元。低温推进剂组元的沸点温度低于120 k（-153 ℃），该种推进剂组元不能长期贮存，需要在使用时现场临时加注。使用低温推进剂组元时，贮箱、管路和阀门必须采取绝热措施，液氧、液氢、液氟、液态甲烷都是低温推进剂组元。

③按氧化剂和燃料互相接触后能否自行着火分类，可分为自燃推进剂和非自燃推进剂。自燃推进剂意味着氧化剂和燃料相互接触就会引发燃烧，于是发动机中省去了点火系统，可以提高发动机工作的可靠性。常用的自然推进剂有硝酸/混胺、硝酸/偏二甲肼、四氧化二氮/混肼、四氧化二氮/偏二甲肼、四氧化二氮/甲基肼。非自燃推进剂必须由点火系统点燃，常用的非自燃推进剂有液氧/液氢、液氧/煤油、液氧/偏二甲肼。

（2）推进剂供应系统。

推进剂供应系统是在所要求的压力下，以规定的混合比和流量，将贮箱中的推进剂组元输送到推力室中的系统。推进剂供应系统包括贮存或产生挤压气体的装置，作用是将推进剂输送到推力室中的增压装置、输送管路以及各种自动阀门、流量和压力调节装置。

按输送方式不同，推进剂供应系统可分为挤压式供应系统和泵压式供应系统。挤压式供应系统适用于小推力液体火箭发动机，大推力液体火箭发动机则使用泵压式供应系统，这种系统是靠涡轮泵给推进剂增压来输送推进剂的。

如图4-49所示，它包括一个高压气瓶、高压气体阀、减压器、推进剂贮箱（氧化剂贮箱、燃料贮箱）、推进剂阀和输送管道。辅助部件包括加注和排泄设备（如泄液阀、排气阀）、单向阀、过滤器。在贮箱被加注满以后，靠遥控打开高压气体阀，使高压气体经减压器减压后，以定常压力值进入推进剂贮箱中。当推进剂阀门打开后，贮箱内的推进剂在气体的压力作用下被挤压到推力室头部，由喷注器喷入燃烧室中燃烧，生成高压和高温的燃气。燃气经喷管膨胀加速后，以高速排出，产生推力。

如图4-50所示为一种燃气发生器循环的泵压式系统，它包括推进剂贮箱、涡轮泵组件、燃气发生器、推力室和涡轮排气喷管。贮箱内的推进剂经过涡轮泵后，变成了高压液体推进剂，泵后面的一小部分氧化剂和燃料进入燃气发生器内发生燃烧反应，其产生的燃气用于驱动涡轮，驱动完涡轮的燃气经涡轮排气管排出。泵后其余氧化剂和燃料进入推力室，在推力室内发生燃烧反应，燃烧后产生的燃气膨胀加速，最终从推力室内高速喷出，从而产生推力。

（3）推力室。

推力室是将推进剂的化学能转化为机械能的装置，它由喷注器、燃烧室和喷管等构成，如图 4-51 所示。将化学能转化为热能的部分称为燃烧室；将热能转化为动能的部分称为喷管。除了燃烧室和喷管之外，液体火箭发动机的推力室还有一个特有的部件——喷注器，它位于燃烧室的头部。推进剂组元从燃烧室头部的喷注器喷入，在燃烧室内进行雾化、蒸发、混合、燃烧，将推进剂的化学能转化为热能，产生高温、高压的燃气，再经喷管加速膨胀后以高速喷出，从而产生推力。

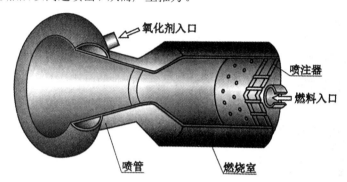

图 4-51　液体火箭发动机的推力室剖视图

（4）自动调节部分。

自动调节部分包括贮箱增压系统、吹除与预冷系统、推进剂利用系统、液体火箭发动机的启动与关车系统、控制调节阀等。

①贮箱增压系统。贮箱增压系统就是挤压供应系统的一部分，增压系统的作用是保证供应系统的贮箱内具有将推进剂挤压进推力室的较高压力，通常为 12 ～ 13 MPa，而在泵压式供应系统中，增压系统与输送系统是分开的，增压系统的作用是保证供应系统的贮箱内有较小的压力，以避免泵的气蚀。通常贮箱内的压力仅为 0.07 ～ 0.35 MPa。

②吹除与预冷系统。由于液氧／液氢推进剂都是低温推进剂，如液氢的沸点为 20 k（-253 ℃）左右。在加注前，如果贮箱、发动机管路和腔道内有空气存在，液氢就可能与空气中的氧发生化学反应，很可能引起爆炸；另外由于低温的氢很可能使空气中的氧与水蒸气冻结，水蒸气结冰后导致阀门及其他组件动作失灵及孔道堵塞等事故。所以对氢氧发动机，在液氧／液氢推进剂加注前，必须用氮、氦等惰性气体对推进剂贮箱及发动机系统进行吹除和置换，在关车后也需要及时吹除。

对于使用低温推进剂的液体火箭发动机，要设置预冷系统。目的是将推进剂供应系统管路、腔道等组件的温度降到液氢、液氧的温度，以防止低温推进剂流入发动机供应系统管路和腔道时受热而发生汽化，避免推进剂气相和液相两相流入泵和推力室内，发生泵失速、推进剂流量和压力波动、启动延缓及推力室富氧而烧蚀等不良后果。所以，液氧／液氢发动机在启动前必须进行预冷。

③推进剂利用系统。在液体火箭发动机中，用以调节发动机推进剂混合比，保证推进剂组元（燃料和氧化剂）同时耗尽（或剩余量最小）的控制系统称为推进剂利用系统。

由于运载火箭在飞行过程中受到飞行过载、气动加热以及发动机调整和制造造成的质量偏差等影响，发动机实际工作混合比可能偏离额定混合比，导致某一种推进剂组元提前用完，而另一种组元则剩余过多，使发动机工作时间缩短、关机后飞行器最终质量增大等，降低了运载工具的性能。采用推进剂利用系统进行控制可以减少推进剂剩余量。

④液体火箭发动机的启动。从发出启动指令到进入主级工况的过程称为启动。在启动时将经历一系列程序和与其有关的过程来保证发动机从启动准备状态过渡到主级工况状态。启动时，在燃烧室和发动机装置中将存在不稳定过程，保证可靠启动是发动机重要的工作阶段，液体火箭发动机大部分故障都是发生在启动阶段。

液体火箭发动机的关车是指从发出关车指令到推力下降到零期间的过渡过程。发动机关车是必不可少的。例如，当火箭达到所需的速度后、航天器完成必需的机动飞行后、在试车台上完成试验或出现故障时，都需要关车。

⑤控制调节阀。阀门是液体火箭发动机中不可缺少的组件，其承担着对液体火箭发动机的控制、调节和操作检测功能。液体火箭发动机中使用的阀门有许多种，比较重要的有断流阀、控制阀、止回阀和保险阀等。

2. 分类及应用

除了按供应系统的类型对液体火箭发动机分类外，还有许多种分类方式。按使用的推进剂组元数目不同分为单组元液体火箭发动机、双组元液体火箭发动机和三组元液体火箭发动机；按使用的推进剂类型不同分为可贮存推进剂液体火箭发动机、自燃和非自燃推进剂液体火箭发动机、低温推进剂液体火箭发动机；按完成任务形式分为芯级液体火箭发动机、助推级液体火箭发动机、L面级液体火箭发动机和空间用液体火箭发动机；按推力大小可分为大推力液体火箭发动机和小推力液体火箭发动机；按发动机的功能不同分为用于发射有效载荷并使有效载荷的速度显著增加的主推进液体火箭发动机和用于轨道修正和姿态控制的辅助推进液体火箭发动机。

液体火箭发动机是液体弹道导弹、运载火箭及航天器的主要动力装置，是这些飞行器不可缺少的主要组成部分。在第一代战略导弹武器中都采用了液体火箭发动机。由于这种发动机性能好、推力大、适应性强、技术成熟、工作可靠，故近代大型运载火箭、航天飞机等都以液体火箭发动机作为主要的动力装置。

4.5.2 固体火箭发动机

固体火箭发动机是使用固体推进剂火箭发动机的简称。

1. 基本组成和工作

固体火箭发动机主要由燃烧室壳体、固体推进剂装药、喷管、点火装置、推力矢量控制装置和推力终止装置等组成，如图 4-52 所示。

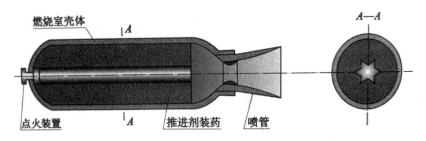

图 4-52 固体火箭发动机简图

（1）发动机壳体。

发动机壳体不仅是容纳推进剂装药的容器，也是推进剂装药的燃烧室。发动机壳体的形状有细长的圆柱形、球形和类球形，其形状由装药形状或者飞行器对长度或直径的限制来确定。

在发动机工作时，壳体需承受 $2\,500 \sim 3\,500\ ℃$ 的温度和 $5 \sim 15\ MPa$ 的压力。发动机壳体除了和喷管、推进剂药柱等构成火箭发动机的结构体外，常常还作为导弹和运载火箭的基本结构，需要承受复杂的外力和环境条件引起的力学、热学和光学载荷。因此，发动机壳体除了要有高的比强度、比刚度等物理性能外，还要有良好的工艺性。

发动机壳体有整体金属壳体和整体纤维缠绕增强塑料壳体两类。金属壳体刚性好，可适度变形，可加热到较高温度；纤维缠绕增强塑料壳体的主要优点是质量轻。

固体火箭发动机与液体火箭发动机相比的突出特点是结构和形状简单、零部件少，一般没有运动件，因此固体火箭发动机具有可靠性高、维护和操作使用简便等优点。

（2）喷管。

固体发动机的喷管为非冷却式结构，工作环境极其恶劣，内型面要受到燃气的急剧加热及冲刷，尤其是喉部要承受高压、高速和高达 $3\,500\ ℃$ 左右的高温，并含有一定量熔融态颗粒的两相流的机械冲刷、化学侵蚀和热冲击。因此，对喷管材料的绝热性能、抗侵蚀性能、机械强度及热物理性能的要求很高。同时，由于固体火箭发动机的推力方向控制是依靠摆动喷管实现的，因此固体火箭发动机喷管结构比液体火箭发动机喷管要复杂得多。

（3）点火装置。

点火装置是负责在火箭发射前将点火信号传递给发动机，引发推进剂的燃烧，从而带动火箭进行飞行任务。分为烟火剂点火器和点火发动机两类，前者以烟火剂为点火药，适用于中小型固体火箭发动机点火；后者先以烟火剂点燃点火发动机中的药柱，相继再点燃发动机燃烧室中的药柱，适用于大型火箭发动机点火。

烟火剂点火器包括发火和能量释放两大系统。发火系统最常用的是电桥式的电发火管，电流通过桥丝转化成热能，使对热敏感的火药燃烧引燃点火药或通过传爆药引燃点火药。能量释放系统是点火器的中心部分，它的作用是在满足预定能量释放速率的前提下，向点火药表面提供足够的热流，使之达到能够维持稳定燃烧的条件。

点火发动机又称小火箭式点火装置，它由电发火管、引燃药盒、点火药、点火发动机壳体、装药和喷孔等组成。特点是点火持续时间长，点火能量大，点火装药燃面的变化规律可以控制，工作稳定、可靠等。

（4）推力矢量控制装置。

根据飞行器飞行的不同要求，固体火箭发动机要进行推力方向的控制，由于固体火箭发动机的质量、尺寸以及发动机和飞行器的结构整体化，导致其推力方向的控制比液体火箭发动机难度大。固体火箭发动机中常用的推力矢量控制装置有燃气舵、燃气调整片、轴承摆动喷管、柔性喷管和液体二次喷射。

（5）推力终止装置。

推力终止装置是固体火箭发动机完成关车或实现正负推力平衡的装置。理论上推力

终止方法按工作原理可分为熄火法和反推力法两大类。熄火法又分为喷灭火剂熄火法和快速降压熄火法两种,但这两种方法都没有得到应用。

反推力法就是当需要推力终止时,设法使发动机获得一个与正推力方向相反的反推力,来抵消正推力,达到推力终止的目的。这种方案主要是在发动机壳体上,对称开若干个孔,在孔的位置上安装与发动机轴线成某一角度的、并向前倾斜的反向喷管。当推力终止时,打开机构反向喷管,燃气从反向喷管中排出,产生反推力。

2. 固体推进剂装药

发动机工作时,由点火装置点燃点火药。点火药的燃烧产物流经装药表面,将装药迅速加热点燃,将推进剂的化学能转化成燃烧产物的热能,继而气体膨胀加速后高速排出产生推力。固体推进剂是由氧化剂、燃料(可燃剂)和其他添加剂组成的固态混合物。

固体火箭发动机推进剂装药是装填在燃烧室中具有一定形状和尺寸的推进剂药柱。装药的几何形状和尺寸决定了发动机燃烧产物的生成率及其随时间的变化规律,从而决定了发动机的工作压强和推力随时间变化的规律,即决定了发动机的内弹道性能。

固体推进剂装药有许多种分类方法,按药柱的几何形状可分为管形装药、星形装药、车轮形装药、水母形装药、多孔形装药、狗骨形装药、锥柱形装药和翼柱形装药等。

按燃烧表面所处的位置可分为端面燃烧药柱、侧面燃烧药柱和侧端面燃烧药柱。

按安装方式分主要有两种:贴壁浇注和自由装填。前者是指将燃烧室壳体作为模具,推进剂直接浇注到壳体内,与壳体或壳体绝热层黏结;后者是指药柱的制造在壳体外进行,然后装入壳体中。自由装填药柱用在一些小型战术导弹或中等规模的发动机上,一般成本较低,易于检查。贴壁浇注装药呈现出更好的性能,由于不需要支撑装置,且绝热层薄,因此与自由装填装药相比,有较高的容积装填系数。目前,几乎所有的大型固体发动机和许多战术导弹发动机都使用贴壁浇注装药。

固体火箭发动机推力的形式取决于发动机工作时装药燃烧表面积的变化。为获得随时间增大的推力,需使用增面燃烧装药,即药柱燃烧表面积按递增规律变化;为获得随时间减小的推力,需使用减面燃烧装药,即药柱燃烧表面积按递减规律变化;为使燃烧时间内推力基本不变,需使用等面燃烧装药,即药柱燃烧表面积不随时间变化。

3. 应用

固体火箭发动机广泛应用于各类导弹,特别适用于各类导弹向小型、机动、隐蔽的方向发展,提高生存能力,因此在各类战术、战略导弹的动力装置中固体化的趋势已十分明显。固体火箭发动机也广泛应用于各种航天器和运载工具上,如用作大型运载火箭的助推发动机,航天器的近地点、远地点加速发动机,变轨发动机和返回航天器的制动发动机。

4.5.3 固液混合火箭发动机

混合火箭发动机是混合推进剂火箭发动机的简称,它使用的推进剂有固体和液体两种,一般把燃烧剂为固体、氧化剂为液体的称为正混合,反之为逆混合。如图 4-53 所示是一种典型的正混合固液火箭发动机简图。

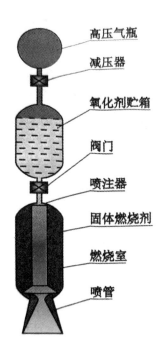

图 4-53 正混合固液火箭发动机简图

发动机启动时，高压气瓶中的高压气体通过减压器降低至所需的压强进入氧化剂贮箱；受挤压的液体氧化剂经阀门进入燃烧室，而后由燃烧室头部的喷注器喷入到燃烧剂药柱的内孔通道中。药柱点燃后，内孔药柱表面生成的可燃气体与通道内的液体氧化剂射流互相混合并燃烧，产生的燃气从喷管排出，产生推力。

目前混合火箭发动机多数为正混合发动机，因为这种组合的推进剂可以提高推进剂的平均密度比冲。此外，燃料的体积通常都小于氧化剂的体积，所以正混合具有燃烧室尺寸小的优点。另一个重要原因是固体氧化剂都是粉末，要制成一定形状并具有一定机械强度的药柱比较困难。固体燃烧剂一般都选用贫氧推进剂而避免使用纯燃烧剂，这样有利于工艺成型以及点火和燃烧。

4.5.4　电火箭发动机

电火箭发动机用电做能源，用氢、氮、氟或碱金属（铯、汞、铷、锂等）的蒸气作工质。电能加速工质，形成高速射流排出，产生推力。电火箭发动机比冲高、寿命长，但推力小于 100 N，适用于航天器的姿态控制、位置保持和星际航行等。根据能源转换的方式，电火箭发动机可基本分电热型、静电型和电磁型。电热型的有电阻加热喷气推力器和电弧喷射推力器；静电型的有离子发动机（ION）；电磁型的有霍尔效应推力器（HALL）和脉冲等离子体推力器（PPT）。

1. 电阻加热喷气推力器

电阻加热喷气推力器是使用电阻加热器将推力室中的液体加热，使之变为气体，再经过常规的喷管将气体喷出产生推力，如图 4-54 所示，采用的推进剂有肼、氨。电阻加热喷气推力器所能达到的比冲一般为 2 940 ～ 3 430 m/s，推力可达 500 mN。这种推力器最先用于 Intelsat-5 同步轨道卫星的南北位置保持。苏联的"流星 3"、"资源"和 GOMS 等系列卫星的轨道修正也使用电阻加热发动机。

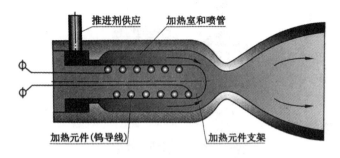

图 4-54 电阻加热喷气推力器

2. 电弧喷射推力器

电弧喷射推力器是通过两电极间的电弧放电将电能转化成热能，加热的推进剂（温度上升到 6 000 ～ 20 000 K）经喷管膨胀加速以后，以很高的速度（7 000 ～ 20 000 m/s）排出。电弧喷射推力器比达到 3 920 ～ 11 760 m/s。这种推力器于 1993 年首次成功地在 Telestar-4 卫星上做南北位置保持。chostar、Asiasat-2 和铱星等卫星也使用这种发动机。

3. 离子发动机

离子发动机（ion engine, IE）是在宇航中应用得最广的一种电推进装置。在离子发动机中，由阴极发射的电子撞击氙原子使之电离。在电离室内通过偏转的磁场，使电离效率得以提高。然后，氙离子在静电场作用下被加速到非常高的速度（30 000 ～ 100 000 m/s），随后经中和成中性粒子后排出。离子发动机的比冲可达到 24 500 ～ 49 000 m/s，为深空任务的最佳选择，在静止轨道卫星的南北位置保持，远地点到静止轨道的转移方面也很有竞争力。

在 1998 年，离子发动机首次作为主推进在"深空"1 号探测器上使用。该离子发动机能够产生 0.09 N 的推力，比冲 32 340 m/s，每天消耗 100 g 的氙推进剂，发动机总的工作时间超过了 14 000 h。可见离子发动机虽然推力小，但能通过长时间的积累达到更高的总冲量，并最终达到更高的速度。

4. 霍尔效应推力器

霍尔效应推力器（图 4-55, hall effect thruster, HET）是目前最先进和有效的电推进装置之一。1879 年，美国物理学家霍尔在实验中发现，当电流垂直于外磁场通过导体时，在导体垂直于磁场和电流方向的两个端面之间会出现电压。这个电压称为霍尔电压。这一现象便是霍尔效应。霍尔效应涉及了电场力与磁场力，是库

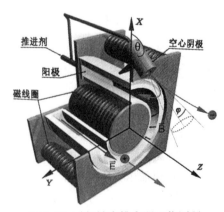

图 4-55 霍尔效应推力器工作原理

伦与洛伦兹之间的一场角力。

1962 年，苏联科学家莫罗佐夫提出了静态等离子推力器（stationary plasma thruster，SPT）的概念。推进剂气体一部分通过阳极进入环形放电室，一部分进入空心阴极。在推力器内部，有一对互相垂直的电场和磁场（电场沿轴向方向，磁场沿径向方向）。空心阴极是一个维持稳定放电的电子源。其产生的电子在径向磁场洛伦兹力的作用下，形成了一个做圆周运动的电子束。这个电子束便是霍尔电流的来源。霍尔电流在磁场中产生霍尔效应。在轴向电场的相互作用下，欢腾的电子与推进剂激烈碰撞并使推进剂电离。在电磁场的作用下，推力器内部的离子产生轴向加速度并最终高速喷出，形成推力。依此原理，苏联研制出了静态等离子推力器。

另有一种霍尔推力器——TAL 推力器，是带阳极层的静态等离子推力器，但人们对它的研究远不如 SPT 那样多。因此，后面提到的霍尔推力器也就是指静态等离子推力器（SPT）。

HALL 推力器一直是俄罗斯电推进发展的主要方向，他们研制的 HALL 推力器的功率范围为 50 W ～ 50 kW，已在"流星""宇宙""射线"等卫星上进行过 70 多次空间试验和应用。

5. 脉冲等离子体推力器

脉冲等离子体推力器（pulsed plasma thruster，PPT），其工作原理如图 4-56 所示。阴极和阳极组成放电通道，固体特氟隆推进剂安放在两极中间，还有一个推动特氟隆推进剂移动的弹簧。贮能电容的正负端分别与相应的两极极板相连，在阴极上装有火花塞。电源转换装置（PPU）将卫星平台提供的低压直流电转换为高压电流，输送给贮能电容器。

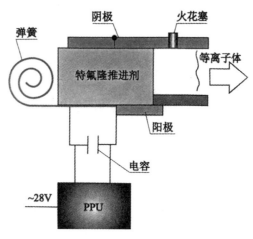

图 4-56　PPT 的工作原理图

推进剂前端的火花塞引发放电，放电产生的高温电流使推进剂前端表面暴露的聚合物分解，分解后的气体被电离。随着带电粒子的增加，两极间逐渐成为等离子区。电容器积聚电荷到一定程度时，电容器、极板和等离子体区构成闭合回路，并产生感应磁场。等离子体在电磁场洛伦兹力的作用下沿着电极板方向加速，喷出后产生推力。

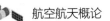

4.5.5 核火箭发动机

核火箭发动机是用核能（原子能）作为能源来加热工质（液氢、液氦和液氨等），得到高速射流产生推力的火箭发动机。按照能量释放形式，核火箭发动机可分为核裂变型、放射性同位素衰变型和核聚变型三种基本类型。

如图 4-57 所示是具有固体堆芯核裂变反应器的核火箭发动机原理图。反应器中铀的裂变反应释放出的热量给液态氢加热，被加热汽化后的氢经过喷管膨胀加速后高速排出产生推力。

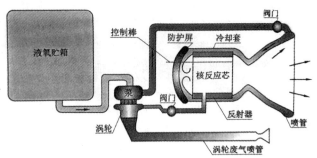

图 4-57 具有固体堆芯核裂变反应器的核火箭发动机原理图

放射性同位素衰变火箭发动机和核聚变火箭发动机的工作原理与核裂变火箭发动机类似。主要区别是：在放射性同位素衰变火箭发动机中，利用在单独的能源密封舱中的放射性同位素衰变所释放的热能加热液体；在核聚变火箭发动机中，则是利用氢的同位素（氘或氚）聚变反应释放的能量加热液体。

核火箭发动机的比冲高，寿命长，但技术复杂，只适用于长期工作的航天器，也可用于运载火箭的高能末级。

4.6 组合动力装置

超燃冲压发动机虽然适合于高超声速飞行，但存在着无法静止启动、需要助推加速、噪声大、环境污染严重、经济性差，只能在大气层内工作等问题。对于飞行包线范围非常宽（高度 0 ~ 40 km 或更高及跨大气层飞行、飞行马赫数从亚声速、跨声速、超声速扩展到高超声速和进入近地轨道）的高超声速飞行器来说，还没有一种发动机能独立完成推进任务，因此，就有了利用两种以上的发动机组合起来作为高超声速推进动力的构想。组合循环推进系统是将各种推进单元组合到一起，融为一体，在功能上相互补充。

目前，研究较多的高超声速飞行器组合动力包括：将火箭发动机和亚燃／超燃冲压发动机组合，在不同的飞行模式下采用不同的热力循环方式，形成火箭基组合循环

(rocket-based combined cycle, RBCC) 发动机；同样，将涡轮发动机与冲压发动机组合，形成涡轮基组合循环发动机 (turbine-based combined cycle, TBCC)。RBCC、TBCC 以及"三喷气"发动机 (TriJet) 是目前航空航天动力的研究热点。

4.6.1 火箭基组合循环发动机

1. 工作机理

飞行器在大气层与外层空间的边缘处飞行（高度为 50 ~ 100 km）时，此处空气极其稀薄，氧含量极低，依靠吸入外部空气中的氧气来维持发动机工作已十分困难，为了达到更高的飞行速度和高度，必须采取吸气式发动机与火箭发动机的组合动力装置，即 RBCC。装备该动力的飞行器除携带燃料外，还需携带部分氧化剂。当飞行器在大气层内飞行时，以冲压发动机为动力，完全利用吸入的空气与燃料掺混燃烧；随着飞行高度的增加，吸入的氧含量越来越少，根据需要补充部分氧化剂，发动机工作模式转为吸气 + 火箭发动机的混合工作模式，随着飞行高度的继续增加，在飞出大气层后，发动机工作模式将转为完全的火箭发动机工作模式，为飞行器在外层空间飞行提供动力，使用的高热值液氢燃料在提供给发动机的同时，还必须将其用于冷却高温机体和热端部件。氧化剂可以完全依靠自身携带，也可利用大气层内飞行过程吸收并储存的氧气供外层空间飞行使用。

RBCC 将多种热力循环组合在一起，使高推重比、低比冲的火箭发动机和低推重比、高比冲的吸气式发动机有机地组合在一起。已经提出的 RBCC 方案包括管道火箭和火箭冲压发动机、液化空气循环火箭和深冷空气火箭发动机、火箭 - 双模态冲压组合发动机、液化或深冷空气火箭—超燃冲压组合发动机、液化或深冷空气火箭 - 双模态冲压组合发动机等类型。其中，火箭 - 双模态冲压组合发动机的研制投入最多，技术最为成熟。

2. 研究情况

人们早在 20 世纪 40 年代就开始了 RBCC 的概念性研究。比较典型的 RBCC 发动机型号用于 X-43B 高超声速飞行器，该飞行 NASA 器试验发动机称为 ISTAR(integrated system testofan airbreathing rocket)，如图 4-58 所示。X-43B 试验飞行器飞行时计划由载机从以 0.7 Ma 飞行速度发射，采用自身的火箭发动机加速到 3 ~ 3.5 Ma，之后由亚燃 / 超燃冲压

图 4-58　X-43B 飞行器采用 RBCC

发动机加速到 7 Ma，最后滑翔降落返回地面。X-43B 原计划耗资 6 亿美元，由于各种原因该计划被终止了。不过 ISTAR 发动机的研究还在继续，目前，美国对 RBCC 发动机的试验研究重点集中在 ISTAR 发动机上，已形成具有飞行质量的实用发动机。

4.6.2 涡轮基组合循环发动机

1. 分类及结构特点

涡轮 - 冲压组合 (TBCC) 发动机，是燃气涡轮发动机、亚 / 超燃冲压发动机组合的推

进装置，与 RBCC 不同的是使用涡轮发动机在低速段产生推力，能采用普通的燃料和润滑剂，成本低。以 TBCC 为动力的飞行器能够水平起飞和着陆，可以避免由于助推火箭或载机发生故障而造成的损失，可使用现有的飞机地面设施，从而大大减少费用和提高系统的安全性。可广泛应用于作战、侦察、战略轰炸、远程洲际客货运输等各类军民用飞机，具有较高的作战效能、生存能力和经济适用性，是当前研究的重点和热点之一。依据两种类型发动机的组合特点，可分为并联型和串联型。

（1）并联型组合发动机。

如图 4-59 所示为涡轮 - 冲压组合动力并联方案的典型流道示意图。其特点在于两类发动机流道独立，上下并排放置；前机身作为两类发动机进气道共用的前压缩面，后机身可作为两类发动机喷管共用的膨胀面。这种组合形式的优点为两类发动机共用部件较少，可调几何所需的调节范围较小，高马赫数条件下燃气涡轮发动机的热防护难度较低，可利用现有成熟燃气涡轮发动机作为涡轮加速器；但存在迎风面积较大、质量较重，并且需与机身进行复杂集成等缺点。

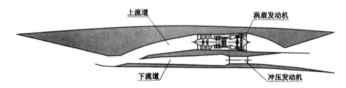

图 4-59 涡轮 - 冲压组合动力并联方案的典型流道示意图

（2）串联型组合发动机。

如图 4-60 所示为涡轮 - 冲压组合动力共轴串联方案的典型流道示意图。与并联方案相比，其特点在于两类发动机共用更多的部件，包括进气道、外涵道、加力燃烧室（冲压燃烧室）和喷管等。部件共用给组合动力设计带来的收益在于，结构更为紧凑、质量更为轻巧、迎风面积更小；需要付出的代价在于，保证共用部件在超宽工作范围内高效稳定工作所需要的可调机构数目更多，调节范围更宽；对涡轮发动机的结构可靠性和热防护要求也更高。

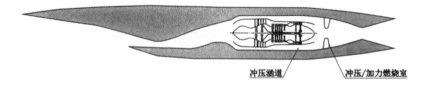

图 4-60 涡轮 - 冲压组合动力共轴串联方案的典型流道示意图

2. 研究进展

在临近空间高超声速飞行器领域，与 TBCC 有关的最著名项目是 FALCON 的 HTV-3X "黑雨燕"。其动力由两个 TBCC 提供，采取外并联布局，如图 4-61 所示，上部为涡喷发动机，为低速流路；双模超燃冲压发动机（DMSJ）位于下部，为高速流路。其中的涡轮发动机继承了 SR-71 的 J-58 发动机的性能，能够高性能地持续工作到接近 4 Ma，之后启动 DMSJ，燃料均使用 JP-7。由于技术难度过大和投入经费不足，HTV-3X 项目于

2008 年 6 月正式下马。但是 TBCC 的研究工作并没有因此而停止。

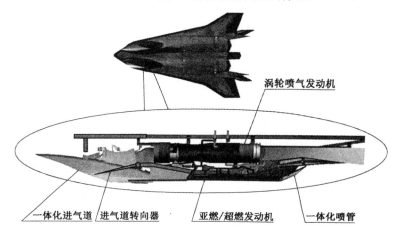

图 4-61 HTV-3X 的 TBCC

4.6.3 "三喷气"发动机

波音公司 2009 年提出最大飞行为 6Ma 的"三喷气"发动机 (TriJet) 概念。如图 4-62 所示是"三喷气"动力装置示意图。该循环实际上是涡轮基组合循环和火箭基组合循环的结合体，由一台 2.5Ma 的涡轮喷气发动机，一台火箭引射冲压发动机和一台模态超燃冲压发动机并联组合而成。通常，飞行器起飞时采用涡轮发动机，火箭引射发动机提供辅助推力。当速度较高时，涡轮发动机关车，火箭引射冲压发动机接力工作，其排气通过双模态超燃冲压发动机的喷管，以形成气动堵塞。该方法可以使双模态超燃冲压发动机产生更大的推力，将飞行器加速到更高的速度，直至火箭引射冲压发动机可闭，双模态超燃冲压发动机转换到纯超燃冲压发动机模态。

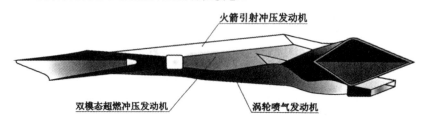

图 4-62 "三喷气"动力装置示意图

除美国之外，俄罗斯、德国、法国、英国、日本、澳大利亚等国家在高超声速飞行器组合循环动力装置开展了大量的研究。我国的组合循环发动机也取得了一定的进展，北航、南航、沈飞、航天三院、中国燃气涡轮研究院等机构介入了涡轮基组合循环发动机的研制，初步掌握了涡轮基组合循环的概念性特点。

无论是超燃冲压发动机，还是 RBCC、TBCC、TriJet 等组合循环发动机，每种推进方案都有自己的技术优势和适用的速度域与空域。在为临近空间高超声速飞行器选取推进方案的过程中，需综合考量任务需求、各技术特点以及技术储备等多种因素，科学合理地发展临近空间高超声速飞行技术。

4.7 新型动力装置

4.7.1 脉冲爆震发动机

脉冲爆震发动机（pulse detonation engine,PDE），是一种利用脉冲式爆震波产生推力的全新概念发动机。它与传统的燃气涡轮发动机工作方式有很大的区别。燃气涡轮发动机利用压气机使工作流体增压，然后进行等压燃烧来提高工作流体的内能，从而获得推力。然而，脉冲爆震发动机是利用爆震波使工作流体增压并进行等容燃烧。在两者总压比相等的条件下，脉冲爆震发动机能够使工作流体获得更多的内能，并具有更高的循环效率。

脉冲爆震发动机较常规的推进系统有着独特的优点，相对于其他推进系统，脉冲爆震发动机的最大优点是结构比较简单，而且可成比例地放大或缩小。脉冲爆震发动机不需要压气机对来流进行预压缩，因而也不需要涡轮做功，在起飞时也不需要助推器起飞，这样就极大地降低了结构的复杂性和发动机的研制成本。与脉动发动机不同，脉冲爆震发动机不是基于燃烧室声学共振原理的，它与燃烧室声学共振是不相耦合的。从理论上讲，脉冲爆震发动机可以设计成尺寸很大、推力很大的推进系统。此外，爆震频率在物理上只受到填充速度的限制，而它的推力与频率成正比，因此它的推力可以随着频率的变化而增大或减小。

脉冲爆震发动机有以下潜在优点。

（1）热循环效率高（等压热循环效率为27%，等容热循环效率为47%，爆震热循环效率为49%）。

（2）由于没有压气机、涡轮等转动部件，其结构简单、质量轻、推重比大（大于20），比冲大（大于20 580 m/s）。

（3）燃料消耗率（SFC）低（小于1 kg/kW·h），当飞行速度为1Ma时，等容循环的SFC为等压循环的36%，爆震循环的SFC为等压循环的29%。

（4）工作范围宽，可在飞行速度为0～10Ma、H=0～50 km的条件下工作。推力可调，推力范围为5～5×10^5 N。与冲压发动机不同，它可在地面启动。

（5）使用自由来流或机载氧化剂，能分别以吸气式发动机或火箭发动机方式工作。

（6）不同于脉动式喷气发动机。脉动发动机中火焰以亚声速传播，燃烧室压力低，比冲小，单位燃料消耗率较高。而脉冲爆震发动机中爆震波以超声速传播，燃气压力高，比冲大，单位燃料消耗率较低。

（7）工作可靠，相对于涡轮喷气发动机，噪声较小。

（8）由于采用间隙式循环，壁温不高，可采用普通的材料；由于无高速旋转部件，加工相对简单，投资不大，相对容易实现。

由于脉冲爆震发动机具有独特的优点，它在军用和民用等方面有着广阔的应用前景。尤其是在军用方面，其用途主要分为三个阶段：第一阶段，可作为无人驾驶飞机、靶机、引诱飞机、靶弹动力装置等；第二阶段，可作为高超声速隐身侦察机、巡航导弹动力装置以及空间作战平台的变轨发动机、姿控发动机；第三阶段，可以作为战略飞机、航天飞机组合动力装置。在使用中可能出现的问题有噪声、热疲劳功率的提取等问题。

4.7.2　新能源发动机

近年来，全球范围内兴起新能源飞行器技术发展热潮。据不完全统计，截至 2022 年 9 月，全球约有 300 个在研新能源飞行器项目，利用新型能源具有无污染、储量充足等优点，新能源发动机将在 21 世纪的航空动力技术领域占据一席之地。2022 年 11 月 8 日，由中国航空工业民机系统工程研究中心牵头编制的《新能源飞行器发展展望》报告在珠海航展现场正式发布。新能源发动机有以下几种。

1. 液氢燃料发动机

液氢与煤油相比，热值（按质量计）为 2.78 倍，燃烧时不产生碳氧化物、环氧化物减少 2/3。因此，用液氢作航空燃料具有热值高、飞行时间长（有效载荷载大）、环保性能好等优点，特别适用于运输机和旅客机。缺点是液氢密度小（为煤油的 1/12）、体积大、工作温度低（–253 ℃）、成本高，运输和储存困难。美、俄以及西欧的一些国家已进行了多年研究，目前正在进行半商业性试验。

2. 液态天然气燃料发动机

全球的天然气储量比石油大，液态天然气燃烧产生的碳氧化物、氮氧化物和烟尘比煤油少，沸点和密度比液氢高，因低温和容积引发的技术难题比液氢容易解决。因此，液态天然气可作为一种过渡性燃料。

3. 电力驱动发动机

电力驱动发动机主要包括太阳能、燃料电池和微波动力发动机。由于微波会产生对人体和环境十分有害的电磁波污染，因此，目前的研究重点是太阳能和燃料电池发动机。2001 年 7～8 月，美国的太阳能无人机"太阳神"号进行了试验飞行（图 4-63），最大飞行高度为 29 km，留空时间为 18 h。2002 年 8 月 21 日，NASA 展出了一架质量为 150 kg 的由

图 4-63　美国的太阳能无人机"太阳神"号

燃料电池驱动的电动飞机样机。2002 年 11 月，采用燃料电池和普通蓄电池的飞机开始试飞。

4. 原子能发动机

原子能发动机是利用核燃料核裂变发出的巨大热量对工质进行加热，以获得大量高温燃气高速排出产生推力的发动机。核能矿物中凝聚了极大的能量，可以长期使用而耗量极少。缺点是，为了防止射线对乘员健康及设备造成危害，必须在反应堆外安装笨重的防护层，这将导致飞机结构质量过大而难以满足航空的要求。

5. 太阳能推进系统

太阳能推进系统（太阳能火箭发动机）的工作原理如图 4-64 所示。整个系统可以分

成光学采集和发动机系统两部分。发动机系统实际上是一种热能转换装置，主要用于迅速加热工质，减少系统的热损失。光学采集系统是和发动机系统联系在一起的一面（或多面）大型抛物面反射器，镜面可以绕自身轴线转动，采集阳光时可不受发动机方向的限制。镜面收集到的太阳能聚焦在热交换器系统，将输送过来的工质（如氩气等）加热，被加热的工质经喷管膨胀加速后，高速排出产生推力。

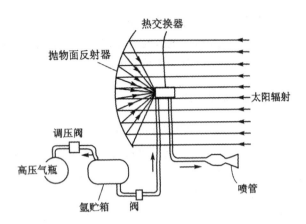

图 4-64 太阳能推进系统的工作原理图

4.7.3 特种用途的超微型发动机

这类发动机主要是指微型无人机用的超微型发动机，包括微型活塞式柴油发动机、以燃油或氢为燃料的微型涡喷发动机、微型线性电动机等。这些微型动力大多基于微机电技术（MEMS）、纳米技术和量子技术制造，其共同特点是小巧紧凑、功率密度大、转速高，质量一般不超过 10 g，尺寸在几毫米至十几毫米之间，功率为几瓦至数十瓦（或推力 0.1 N 级），主要装备尺寸在 15 cm 以内的各种微型飞行器，广泛用于远距离传感、通信中继、电子干扰检测生化武器以及近距离作战等。其中发动机的研究重点是超微型涡轮喷气发动机。

超微型涡轮喷气发动机是一种基于微机电技术的只有纽扣大小的超微型燃气涡轮发动机，如图 4-65 所示。利用半导体制造技术，由多层硅片叠堆而成，包括压气机、燃烧室、涡轮、喷管等几大部件，工作原理与传统的燃气涡轮发动机相同，具有尺寸特别小、转速特别高、燃烧时间短的特点。除了用作超微型飞行器动力外，还可用于机翼和环流主动吹风控制器、射流控制器、便携式电源、微型空调及电子设备等。

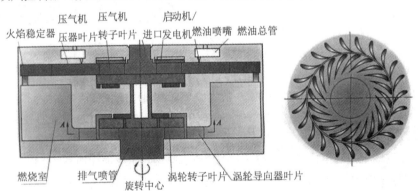

图 4-65 超微型涡轮喷气发动机示意图

据报道，美国麻省理工学院于 1994 年开始研究这种发动机，2000 年首台验证机在地面台架运转，2001 年基准微型涡喷发动机进行了地面试验和空中试飞。

| 拓展广场 |

人物事迹

科技人物｜吴大观｜68 年与航空发动机相伴，创造新中国多个"第一"

　　航空发动机被喻为现代工业"皇冠上的明珠"，是一个国家科技、工业和国防实力的重要体现。世界上能研制战机的国家不多，能自主研制航空发动机的更是屈指可数。

　　摘取这颗"明珠"的先驱叫吴大观。在他 93 岁的生命轨迹里，有 68 年与航空发动机相伴——组建新中国第一个航空发动机设计室，研制第一款喷气式发动机，创建第一个航空发动机试验基地，被誉为"中国航空发动机之父"。

　　原文出自：科普青岛

你知道"中国航天卫星十八勇士"都有谁吗？

　　戚发轫、沈振金、韦德森、张福田、彭成荣、尹昌隆、朱福荣、孔祥才、王壮、杨长庚、王大礼、张荣远、刘泽光、郑忠琪、林殷定、鲁力、王一方、洪玉林共 18 位。

　　说说他们的事迹。

公众号矩阵

关注航空动力期刊（https://www.aerospacepower.cn/blog/）

思考题

1. 试说明发动机的分类及各类发动机的特点？

2. 试述活塞式航空发动机的基本组成和各组成部分的功用及工作过程。

3. 为什么螺桨式飞机不适于高速飞行？

4. 说出航空活塞式发动机的主要性能评定指标。

5. 作为同样是燃气涡轮发动机的涡轮喷气、涡轮螺旋桨、涡轮风扇、涡轮轴和桨扇发动机有什么样的相同点和不同点？

6. 我国航空发动机的发展主要经历了什么样的过程？目前存在和今后要解决的主要问题是什么？

7. 说明涡轮喷气发动机的基本组成及工作。

8. 装有冲压发动机的飞行器，需要飞行到一定的速度才能产生所需的冲压比，那么该种飞行器如何获得初始速度？

9. 为什么超燃冲压发动机的工作效率比亚燃冲压发动机的效率要高？

10. 查阅相关资料，试说明超燃冲压发动机是如何组织燃烧的？

11. 化学火箭发动机按推进剂的物理状况可分为哪几种类型？

12. 典型的液体火箭发动机由哪几部分组成？

13. 电火箭一般适用于什么场合？根据能源转换的方式电火箭可以分为哪些种类？

14. 为什么电火箭推力那么小，但在现阶段却是深空探测动力装置的最佳选择？

15. 脉冲爆震发动机相比传统燃气涡轮发动机有哪些优点？

16. 超微型发动机一般应用于哪些领域？

载人或不载人的航天器在大气层以外的航行活动称为航天，航天的关键在于航天器应达到足够的速度，克服或摆脱地球引力。飞出太阳系的航行还要摆脱太阳引力，在恒星际航行还处于探索阶段。航天器的飞行主要包括环绕地球的运行、飞往月球或其他行星的航行。

5.1 航天器飞行原理

航天器在空间航行的轨迹称为轨道，航天器由运载火箭发射升空到完成全部飞行任务返回的整个过程，通常包括发射入轨段、在轨运行段和返回再入段，相应的有发射轨道、运行轨道和返回轨道。在轨道运行段飞行的航天器，绝大部分时间是在地球引力的作用下的无动力惯性飞行，本质与自然天体的运动一致，因此，研究航天器的运动可采用天体力学的方法。

5.1.1 开普勒定律与宇宙速度

1. 开普勒三大定律

开普勒根据著名丹麦天文学家第谷·布拉赫的行星位置资料，沿用哥白尼的匀速圆周运动理论，通过大量计算，得出了第一定律和第二定律，又经过 10 年的大量计算，得出了第三定律。经过了近一个世纪艰辛的研究，物理学家们终于能够用物理理论解释其中的道理。牛顿利用开普勒第二定律和万有引力定律，在数学上严格地证明了开普勒定律，最终开普勒定律奠定了关于行星运动研究的理论依据。

开普勒第一定律（椭圆定律）：所有行星绕太阳的运行轨道都是椭圆，而太阳则位于椭圆的一个焦点上。

开普勒第二定律（面积定律）：在相等的时间内，行星与太阳的连线所扫过的面积相等。

开普勒第三定律（调和定律）：行星运动周期的平方与行星至太阳的平均距离的立方成比，即行星公转的周期只和半长轴有关。

开普勒三大定律描述了行星运动所遵循的规律，如果把卫星看作行星，地球看作太阳，卫星绕地球的运动有以下的运动规律。

（1）卫星的运行轨道是个椭圆（圆轨道是椭圆轨道的特例），地球在它的一个焦点上。不论向哪个方向发射卫星，卫星轨道一定通过赤道，轨道面通过地心。

（2）卫星和地心连线在同一时间内扫过的面积相等。也就是说，卫星的速度在近地点处最大，在远地点处最小。

（3）卫星运行的周期只和半长轴有关。只要半长轴相等，周期也相同。

2. 宇宙速度

宇宙速度是航天器飞出地球，在天体的重力场中运动的三个有代表性的初始速度的统称。在地面上向太空发射飞行器，发射速度越快飞行距离越远，当飞行器的速度达到一定数值时，环绕地球做圆周飞行，这就是第一宇宙速度（又称环绕速度）。人造地球卫星绕地球做匀速圆周运动时，其轨道半径近似等于地球半径 $R_{地}$，其向心力为地球对卫星的万有引力，其向心加速度近似等于地面处的重力加速度。也就是说，人造地球卫星所受重力、万有引力和航天器沿地球表面做圆周运动时向心力是相同的。如果航天器质量为 m，R 地为地球半径，M 为地球质量，g 为重力加速度，G 为万有引力系数，V_1 为航天器第一运动速度，即有

$$mg = GMm/R^2 = mV_1^2/R_{地}$$

$$mg = mV_1^2/R$$

$$因为 V_1^2 = gR_{地}$$

$$又 R_{地} = 6.37 \times 10^6 \text{ m}, \ g \approx 9.8 \text{ m/s}^2, \ 所以, \ V_1 \approx 7.9 \text{ km/s}$$

实际上地球表面存在稠密的大气层，航天器不可能贴近地球表面做圆周运动，必须在 150 km 的飞行高度上才能绕地球做圆周运动。在此高度下的第一宇宙速度约为 7.8 km/s。随着高度的增加，地球引力下降，环绕地球飞行所需要的飞行速度也降低。因此，第一宇宙速度既是发射航天器时的最小初速度，也是航天器在绕地球飞行时的最大环绕速度。

第二宇宙速度（又称逃逸速度）：当航天器飞行速度达到 11.2 km/s 时，就可以摆脱地球引力的束缚，飞离地球进入环绕太阳运行的轨道，而不再绕地球运行。这个脱离地球引力的最小速度就是第二宇宙速度，各种行星探测器的起始飞行速度都高于第二宇宙速度。

按照力学理论可以计算出第二宇宙速度，假设在地球上将一颗质量为 m 的卫星发射到绕太阳运动的轨道需要的最小发射速度为 V_2，地球半径为 $R_{地}$。此时，卫星绕太阳运动可认为是不受地球引力的，距离地球无穷远；认为无穷远处是引力势能零势面，并且发射速度是最小速度，这样卫星刚好可以到达无穷远处。设 r 为地球至无限远那点处的距离，

由动能定理得

$$V_2 = \sqrt{\frac{2Mm}{R_{地}}} = \sqrt{2}V_1 = 11.2(\text{km/s})$$

第三宇宙速度：第三宇宙速度是指使物体挣脱太阳引力的束缚，飞到太阳系以外的宇宙空间中而必须具备的速度。在地球轨道上，要脱离太阳引力所需的初始速度约为 42.4 km/s，由于地球绕太阳公转时令地面所有物体已具有约 30 km/s 的初始速度，因此若沿地球公转方向发射，只需在脱离地球引力以外额外再加上 12.4 km/s 的速度，物体所需的总动能为

$$\frac{1}{2}MV_3^2 = \frac{1}{2}MV_2^2 + \frac{1}{2}MV^2$$

由此得知所需速度为

$$V_3 = \sqrt{(11.2^2 + 12.4^2)} = 16.7(\text{km/s})$$

其中，V_2 为第二宇宙速度；V_3 为第三宇宙速度。

按照这个公式可以计算出第三宇宙速度为 16.7 km/s。需要注意的是，这是选择航天器入轨速度与地球公转速度方向一致时计算出的值，如果方向不一致，所需速度就要大于 16.7 km/s。航天器的速度是挣脱地球乃至太阳引力的唯一要素，目前只有火箭发动机才能突破宇宙速度。

5.1.2 航天器轨道

1.航天器的轨道方程

根据万有引力定律和牛顿第二定律可以推导出航天器的运行轨道方程是圆锥曲线（二次曲线）。圆锥曲线的一般方程为

$$r = \frac{p}{1 + e\cos f}$$

圆锥曲线是由具有恒定的 r/d 比值的点构成的曲线，如图 5-1 所示。式中，r 是圆锥曲线的任意一点到一给定点（焦点）的距离；d 是这一点到一条给定直线（准线）的最小距离；恒定比值 $e = r/d$ 为圆锥曲线的偏心率；p 为半正焦距或半通径；f 为矢量 r 与焦点至近心点之间连线的夹角，称为真近点角。

在上面的方程中，可由偏心率的大小确定圆锥曲线的类型：$e = 0$ 时，$r = p$，圆锥曲线为圆；$0 < e < 1$ 时，为椭圆；当 $e = 1$，且 $f = 180°$ 时，$r \to \infty$，此时圆锥曲线为抛物线；当 $e > 1$ 时，为双曲线，如图 5-2 所示。圆锥曲线有几种类型，就意味着航天器运动轨道有几种类型。

行星在太阳系中运动时，其中心引力为太阳引力，并以太阳为焦点，这就是开普勒第一定律。航天器在地球引力场中运动时，地球即为轨道的一个焦点，r 为航天器的地心距，近心点即为近地点，远心点即为远地点。

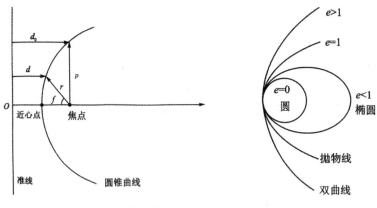

图 5-1 一般圆锥曲线　　　　　　图 5-2 不同时航天器轨道的类型

卫星绕地球运动的轨道多为椭圆轨道（圆轨道是椭圆轨道的特例），它是一条闭合的轨道。而抛物和双曲轨道是非闭合轨道，它们可延伸到无穷远，因此是脱离地球引力飞向太阳系，乃至脱离太阳引力，飞离太阳系的运行轨道，如图 5-3 所示为飞行器的轨道和发射速度的关系。

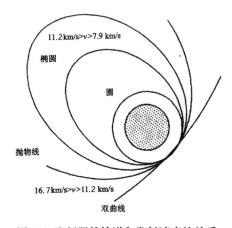

图 5-3 飞行器的轨道和发射速度的关系

2. 轨道要素

通常称中心重力场内的被动运动（即无动力飞行）称为开普勒运动。而把开普勒运动的三种情况——椭圆轨道、抛物线轨道和双曲线轨道统称为开普勒轨道。要确定任一时刻航天器的位置与速度，就需要用轨道要素来描述。描述航天器开普勒轨道要素有 6 个。

（1）轨道半长轴 a。

它的长度是椭圆长轴的一半，可用千米或地球赤道半径或天文单位为单位。根据开普勒第三定律，半长轴与运行周期间有确定的换算关系。轨道大小则由半长轴 a 来表示，a 越大，椭圆越大，卫星飞行一圈的时间越长。

（2）轨道偏心率 e。

它是椭圆两焦点之间的距离与长轴长度的比值。偏心率 e 决定了轨道的形状，当 $e=0$ 时，轨道为圆形；当 $e<1$ 时，轨道为椭圆形；当 $e=1$ 时，轨道呈抛物线；当 $e>1$ 时是双曲线轨道。e 越接近 1，椭圆形状越扁。

（3）轨道倾角 i。

轨道倾角 i 是轨道平面与地球赤道平面的夹角，i 的度量是顺着卫星运行方向从赤道量到轨道，或从地轴的北极方向量到轨道的正法线方向，如图 5-4 所示。当 $i=0°$ 时，表示轨道面和赤道面重合，因而称为赤道轨道；当 $i=90°$ 时，轨道面通过南北两极，称为极轨道；当 $i>90°$ 时，卫星运动方向和地球自转方向相反，称为逆行轨道。

（4）升交点赤径 w。

当轨道倾角 $i\neq0°$ 时，轨道与赤道有两个交点，卫星由南向北经过赤道的一点称为升交点，由北向南经过赤道的一点称为降交点。地球绕太阳公转中，太阳从南半球到北半球时穿过赤道的点称为春分点。春分点与升交点对地心的张角为升交点赤径，以春分点向东度量，用 Ω 表示。i 和 Ω 共同决定了轨道平面在空间的方位。

（5）近地点幅角 ω。

它是近地点与升交点对地心的引角，沿卫星运动方向从升交点量到近地点，近地点幅角决定了椭圆轨道在轨道平面里的方位。

（6）过近地点时刻 t。

它是卫星通过近地点的时刻，以年、月、日、时、分、秒表示。用这个时刻作为卫星在轨道上的时间起量点，通过计算可以得出卫星在任一时刻到达轨道上的哪个位置。

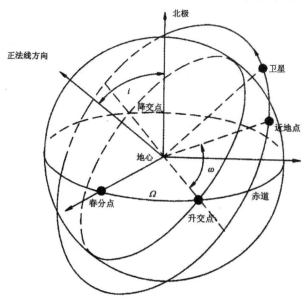

图 5-4　轨道要素图

通过以上 6 个要素，即可完全确定航天器运行轨道在空间的形状、方位以及航天器任一时刻在轨道上的位置。

3．地球轨道

地球轨道又称卫星轨道，是指从运载火箭与卫星分离开始，到卫星返回地面前为止，卫星质心的运动轨迹。它取决于星、箭分离点的位置和速度，为开普勒轨道。根据分类不同和卫星承担的任务的不同，卫星轨道可分为以下几种。

（1）圆轨道和椭圆轨道。

根据万有引力定律，任何有质量的物体之间都会相互吸引，吸引力的大小取决于两个物体的质量和相隔距离。假如不存在万有引力，现在地球运动方向相对于太阳有个偏离速度，地球将逐渐远离太阳在宇宙中做匀速直线运动；而由于万有引力使得地球在太阳的方向有个加速度，地球就会往太阳的方向发生偏移并不停地改变速度大小和方向，使得地球绕太阳旋转。一般情况下，当一个物体靠近另外一个物体时，是逐渐被捕获并逐渐增加吸引力的，所以越靠近吸引力越大，加速度和速度也越大，而速度越大，要改变物体的运动就越难，所以天体运动基本上不会成为标准的圆周运动，天体之间相对运动的轨迹一般都是椭圆轨道，根据运动速度和距离可以推算出一般为椭圆方程。人造卫星的运动规律与天体运动规律一致，一般都是椭圆轨道。

（2）顺行轨道和逆行轨道。

轨道的顺行和逆行是以卫星飞行方向来区分的。从北极看，凡卫星飞行方向和地球自转方向相同的轨道，就是顺行轨道，与此相反的叫逆行轨道。

在顺行轨道运行的卫星，绝大多数离地面较近，这种轨道的特点是轨道倾角（轨道平面与地球赤道平面的夹角）小于90°，离地面高度仅为数百千米，故又将其称为近地轨道。我国地处北半球，要把卫星送入这种轨道，利用地球自西向东自转的部分速度，运载火箭要朝东南方向发射，从而可以节约火箭的能量。地球自转速度可以通过赤道自转速度、发射方位角和发射点地理纬度计算出来，根据计算可以知道，在赤道上朝着正东方向发射卫星，可利用的速度最大，纬度越高能用的速度越小。我国大部分航天器都采用顺行轨道。如用"长征"一号、"风暴"一号两种运载火箭发射的8颗科学技术试验卫星，用"长征"二号 F 运载火箭发射的"神舟"飞船等。

逆行轨道的特征是轨道倾角大于90°，运载火箭需要朝西南方向发射，才能将卫星送入这种轨道运行，这种发射方式不仅无法利用地球自转的速度，而且还要付出额外能量克服地球自转。因此，除了太阳同步轨道外，一般都不采用这种轨道。

（3）地球同步轨道。

地球同步轨道一般称为"24 h 轨道"，其运行周期与地球自转周期（23 h 56 min 4 s）相同的顺行人造地球卫星轨道。也经常有人把运行周期等于地球自转周期几分之一的轨道也称为地球同步轨道。在这种轨道上运行的卫星每天出现在地面的时间、方向也大致相同。要实现与地球同步轨道，并需满足下列条件：

①卫星运行方向与地球自转方向相同。

②轨道是圆形的，即轨道偏心率为0。

③轨道周期等于地球自转周期。静止卫星指把同步卫星发射到赤道平面内，而且卫星在轨道上转一圈的时间和地球自转的时间一样，这样从地面上看卫星在空中静止不动，地球静止卫星的高度为 35 786 km。倾角为零的圆形地球同步轨道称为地球静止卫星

轨道。不考虑轨道摄动，在地球同步轨道上运行的卫星每天在相同时间经过相同地点的上空，它的星下点轨迹是一条封闭的曲线，对地面观测者来说，每天相同时刻卫星会出现在相同的方向上。地球静止轨道广泛应用于通信卫星、广播卫星、气象卫星、数据中继卫星等方面。一颗静止卫星可以覆盖地球表面约40%的面积，因此有3颗卫星就能覆盖全球（除两极地区）。

（4）太阳同步轨道。

太阳同步轨道指卫星的轨道平面和太阳始终保持相对固定的取向，轨道的倾角（轨道平面与赤道平面的夹角）接近90°，卫星要在两极附近通过，因此又称为近极地太阳同步卫星轨道。为使轨道平面始终与太阳保持固定的取向，轨道平面每天平均向地球公转方向（自西向东）转动0.985 6°（即360°/年）。假如地球是个均匀球体，当地球绕太阳公转时，轨道平面随地球做平动，则轨道平面不能保持与太阳有固定的取向。但事实上由于地球是个扁椭圆球体，这种球体上的各点对卫星的引力不等，使卫星的轨道平面绕地轴朝着与卫星运动相反方向旋转，即轨道平面的进动。若选定合适的倾角（大于90°）使卫星轨道平面的进动为1°，正好使轨道平面与太阳始终保持固定的取向，就实现了太阳同步轨道。选择太阳同步轨道，能保证当卫星每次飞越某地上空时，太阳都是从同一角度照射该地，即卫星每次都在同一当地时间经过该地，这对成像侦察卫星、气象卫星、资源卫星都很有利，因为每次对某地拍摄的照片都是在同一照度下取得的，通过对比，可以获得很多的信息。

（5）极轨道。

轨道倾角在90°附近的轨道称为极轨道。在极轨道上运行的卫星每一圈内都可以经过任何纬度和南北两极的上空。极轨道卫星应用也非常广泛，采用这种轨道的优点是，卫星可以飞经地球上任何地区的上空。气象卫星、导航卫星、地球资源卫星常采用这种轨道，以便俯瞰包括两极在内的整个地球表面，实现全球覆盖。

近地卫星导航系统（如美国海军导航卫星系统）为提供全球的导航服务采用极轨道，许多地球资源卫星、气象卫星以及一些军事侦察卫星采用太阳同步轨道，它们的倾角与90°只相差几度，所以也可以称其为极轨道。

（6）回归轨道。

卫星在轨道上飞行时，投影到地球的点（当不考虑地球的扁率时，卫星与地心的连线与地球表面的交点）称为星下点，随着卫星在空间的运动和地球自转，使得星下点的位置在地面不断移动，形成星下点轨迹。对于星下点轨迹周期性重复的轨道称为回归轨道。在回归轨道上飞行的卫星，每经过一个周期（几小时、几天或几周），卫星依次重新经过各地上空，这样可对卫星覆盖区进行动态监视，以发现这一段时间内被观测区域内目标的变化。如果结合回归轨道和太阳同步轨道设计成太阳同步回归轨道，则对监视某一区域的军事目标、自然灾害等非常有利。

4．月球轨道

月球轨道是指能够让物体环绕月球运行的轨道，对于航天器来说，是指从地球出发到达环绕月球飞行或登陆月球过程中其质心的运动轨迹，前者称为环月轨道，后者称为登月轨道。月球探测器采用的是环月轨道，登月飞船和登月探测器需要采用登月轨道。

如图 5-5 所示为中国第一颗月球探测卫星"嫦娥"一号的环月飞行过程。2007 年 10 月 24 日,"嫦娥"一号从西昌卫星发射中心由"长征"三号甲运载火箭成功发射升空。"嫦娥"一号卫星经历了从地球轨道、地月转移轨道和环月轨道近 14 天的漫长征程,于 11 月 7 日正式进入环月工作轨道。其具体飞行过程是:卫星发射后,首先在地球轨道上运行,在这个过程中一共经历了 4 次变轨(其中包括 1 次远地点变轨和 3 次近地点变轨),每变轨一次,卫星的速度就产生一个增量,直到加速到大约 10.92 km/h,卫星脱离地球进入地月转移轨道。当"嫦娥"一号到达距月球 200 km 位置时,需要进行减速制动。3 次近月制动后卫星进入周期为 127 min,环绕月球南北极,高度 200 km 的极月圆形环月工作轨道,正式成为环绕月球飞行的一颗卫星。

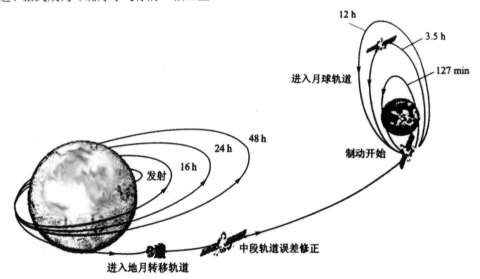

图 5-5 "嫦娥"一号卫星的奔月过程

"嫦娥"一号卫星的成功发射为中国登月计划奠定了基础,也是中国成功迈出登月计划的第一步。

如图 5-6 所示为常用的一种环月登月轨道。其飞行过程是:首先将航天器发射到环绕地球的停泊轨道,然后根据停泊轨道的实际轨道参数,选择时机将航天器送入相对于地球的大椭圆过渡轨道。当航天器飞到月球引力范围内时,将进入点的速度换算成相对于月球的速

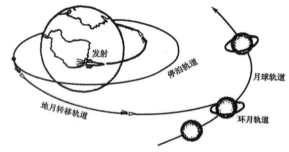

图 5-6 环月登月轨道

度,此速度一般已超过月球的逃逸速度,若不加以控制,航天器将沿着双曲线轨道飞越月球或在月球上硬着陆。为了使航天器进入环月轨道,必须对航天器进行减速,当减速到等于月球的环绕速度时,进入环月飞行轨道。航天器在这一轨道上环月飞行一段时间后,在环月轨道上启动制动火箭,离开环月轨道向月面降落,并利用减速装置和缓冲装

置实现软着陆。美国"阿波罗"号载人飞船和中国的"嫦娥"三号月球探测器都是采用的这种轨道。

5. 星际航行轨道

航天器脱离地球引力进入太阳系航行,称为行星际航行,若脱离太阳系引力到恒星际航行,称为星际航行。目前人类的星际航行仅限于在太阳系内的行星际航行。

行星际航行轨道可分为靠近目标行星飞行的飞越轨道、环绕目标行星飞行的行星卫星轨道、在目标行星表面着陆的轨道、人造行星轨道(日心轨道)和飞离太阳系轨道。

发射探测行星或太阳的航天器时,一般先要进入绕地球飞行的停泊轨道。在这一轨道上飞行时,测控站计算飞向行星的最佳路线和出发时间,然后,航天器加速,以相对于地球的逃逸速度,沿双曲线轨道,脱离地球引力作用,进入日心轨道,成为人造行星。此时,航天器相对于地球的逃逸速度应换算成相对于绕太阳飞行的人造行星轨道速度。

航天器沿日心轨道飞行,到达某个行星的引力作用球边界(行星的引力作用范围)时,航天器的日心轨道速度要换算成相对于该行星的飞行速度,这个速度也达到了对应于该行星的逃逸速度。航天器以双曲线轨道在该行星作用球内飞行。如果双曲线轨道和行星相遇,则航天器将与行星相撞,发生硬着陆。

为了使航天器能长期对行星进行探测,或在行星上实现软着陆,就必须使航天器减速,达到围绕该行星飞行的椭圆(或圆)轨道速度。这样航天器就能被行星引力场捕获,成为该行星的人造卫星,它运行的轨道就是行星卫星轨道。根据任务需要,航天器也可进行轨道机动或降低轨道高度,以利于在航天器上拍摄行星照片,或向行星上释放小型着陆舱等。

如果要在行星上着陆,可先从航天器上分离着陆舱,着陆舱脱离行星卫星轨道,向着行星表面飞行。此后,启动着陆舱上的动力减速装置或利用行星大气阻力减速,最终实现在行星上软着陆。着陆过程中和着陆后的探测数据可通过在行星卫星轨道上运行的航天船,将数据发回地球。

如图 5-7 所示为中国第一颗火星探测器"天问"一号航行轨道示意图。"天问"一号的飞行过程主要包括发射、地火转移、火星捕获、火星停泊、离轨着陆和科学探测六个阶段。2020 年 7 月 23 日"天问"一号在海南文昌发射成功,在经历了地火转移段长达 202 天的飞行后,于 2021 年 2 月 10 日实施近火捕获制动,顺利进入近火点高度约 400 km,远火点高度约 180 000 km 的捕获轨道,成为我国第一颗人造火星卫星。

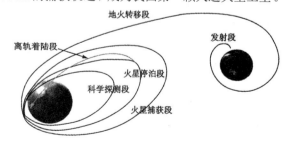

图 5-7 "天问"一号飞行轨道示意图

"天问"一号进入捕获轨道后,随后调整至停泊轨道,并择机降轨释放着陆巡视器。

着陆巡视器分离后，"天问"一号的环绕器再次升轨回到停泊轨道，为地球和着陆器提供中继通信服务，并搭建起沟通交流的桥梁。最后环绕器再次降轨进入科学探测轨道，对火星轨道空间及火星表面开展科学探测。

如图 5-8 所示为"天问"一号着陆器自主着陆过程示意图。着陆器进入火星大气层后，依次完成迎角配平、降落伞开伞、大底分离、背罩分离、动力减速、悬停、避障及缓速下降等阶段，最后软着陆在火星表面。

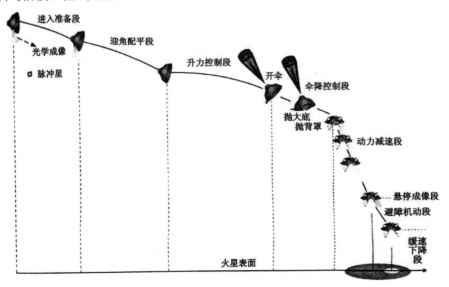

图 5-8 "天问"一号着陆器自主着陆过程示意图

如果航天器需要飞离这颗行星，也可利用行星引力场助推（即当航天器在行星的背阳面飞行时，航天器的速度将增加），使航天器进一步加速，航天器将掠过这颗行星，飞向另外一颗行星，甚至经过几次引力场助推后，航天器可获得脱离太阳系的速度，飞离太阳系。

6．轨道摄动和轨道机动

（1）轨道摄动。

前面所讨论的航天器运动规律（开普勒轨道）仅受到圆形地球中心引力的作用，而忽略了太阳引力、月球引力、其他天体引力、大气阻力、太阳光辐射压力等对航天器运动的影响。由于这些力远小于地心引力，故将这些力统称为摄动力（或干扰力）。

考虑摄动力作用所得到的航天器运动轨道与不考虑摄动力所得到的轨道之间存在着偏差，可把摄动力对航天器轨道的影响称为轨道摄动。

摄动力和地球引力相比虽然很小，但仍然会使卫星偏离开普勒轨道。摄动力为零时，6 个轨道要素为常数，卫星运动轨道保持开普勒轨道；摄动力不为零时，轨道要素是随时间变化的。为了使轨道保持在设计允许的范围内，必须使卫星克服摄动，实现轨道保持。

轨道摄动有两种形态，一种是长期摄动（轨道要素总是朝同一方向变化的摄动），另一种是周期摄动（轨道要素的数值有时增加，有时减小，并在某一平均值附近摆动）。

周期摄动又分短周期摄动（摄动周期很短，才几个小时）和长周期摄动（摄动周期很长约几十天甚至一年以上）两种类型。

以下是几种摄动力对航天器运行轨道所造成的摄动结果。

①大气阻力摄动。大气阻力直接影响近地轨道卫星和空间站的轨道寿命。而大气阻力又与大气密度、卫星相对于大气的运动速度、卫星的大小、质量和形状有关，因而很难精确计算卫星的轨道寿命。

由于大气密度随高度的增加而迅速减小，故大气摄动对航天器轨道的影响也随着运行高度的增加而迅速减小。高度在 160 km 的卫星，其寿命只有几天甚至几圈。对空间站等需长期运行的近地轨道航天器，要定期施加推力，提高轨道高度，保证在完成任务前不致陨落。如图 5-9 所示为大气层对航天器轨道的影响。

②地球扁率摄动。由于地球不是圆球体，其内部密度分布也不均匀，所以地球各处对卫星的引力也不相同，因此存在着地球形状摄动。其中，地球赤道隆起处对卫星运动的影响最大，这就是地球扁率摄动，它是地球形状摄动的主要部分。在这一摄动下，卫星轨道是一个随时都在变化的椭圆，其主要特征是升交点会沿着赤道移动；近地点会沿着轨道移动。地球扁率还会使地球静止轨道卫星从静止位置向东飘移，赤道扁率使卫星在经度方向摆动。因此，地球静止轨道卫星必须具有轨道修正能力，来消除各种摄动力引起的飘移。

图 5-9 大气层对航天器轨道的影响

③天体引力摄动。研究航天器绕地球中心运动时，地球引力是主要力，但其他天体（如太阳、月亮）与航天器之间也存在万有引力。这些引力会对航天器轨道产生摄动。对近地卫星可以忽略太阳和月亮引力的摄动；但对高轨道卫星，特别是地球同步轨道卫星，太阳和月球引力产生的影响较为显著。在 2 万千米以上的高空，太阳和月球引起的摄动仍小于地球扁率引起的摄动。在 5 万千米以上的高空，它们的摄动就超过了地球扁率引起的摄动。

太阳和月球摄动影响的大小主要取决于航天器轨道的形状、轨道平面的位置和轨道长半轴相对于地球 - 月球以及地球 - 太阳连线的位置。例如，对于 10 万千米的圆轨道，航天器每运行一圈，由于受月球摄动的影响，轨道周期将增加 290 s，航天器前移 570 m，横移 130 m，轨道平面转动 4′ 10″。对于很扁的椭圆轨道，在轨道远地点的摄动最为严重。这是因为远地点距离地球最远，而距月球最近，同时远地点轨道速度较小，因此摄动对其影响就更为显著。

④太阳辐射压力摄动。在量子力学中，光被看作光子流，它具有一定的动量。光子流作用在卫星表面，形成光压。太阳光压对航天器轨道引起的摄动大小与光压强度、卫星表面积成正比，与卫星质量成反比。当轨道高度高于 800 km 时，太阳辐射压力摄动对大而轻的卫星或带有大型太阳电池翼的卫星的作用较为显著。在太阳光压的长期作用

下，会引起轨道半长轴、偏心率、倾角以及卫星姿态的变化。当卫星运行到地球阴影区时，太阳光被地球挡住，太阳辐射压力就消失了。

（2）轨道机动。

航天器在控制系统作用下可以按人们的要求使轨道发生改变，这种有目的的轨道变动，称为轨道机动。轨道可以改变是人造天体与自然天体的最大不同。

航天任务常要求航天器从高轨道转移到低轨道，或从低轨道转移到高轨道，这要依靠轨道机动；当两个航天器交会与对接，或要求军用航天器移动到特定区域执行对地观测任务时也要依靠轨道机动；消除摄动因素对轨道的影响和消除入轨点运动参数偏差的影响同样也离不开轨道机动。因此轨道机动包括轨道改变、轨道转移、轨道交会、轨道返回、轨道保持和修正等多个方面。轨道机动要求航天器具有喷气推力装置的轨道机动系统或轨道控制系统。轨道机动所需的推力由动力装置提供，通常采用可以多次点火启动的火箭发动机。

①轨道改变。当初轨道与终轨道相交（或相切）时，在交点（或切点）施加一次冲量，即可实现航天器由原初轨道转入终轨道，这种情况称为轨道改变。在发射卫星后，经常会需要改变轨道平面的方向，即改变轨道倾角。这是因为卫星的原轨道基本上是运载火箭和卫星分离时的轨道，它与最终轨道可能不在同一平面内。要改变轨道倾角，就需要改变速度矢量的方向，因此需要给航天器一个推力冲量来改变轨道，如图 5-10 所示。轨道改变依赖于速度的改变，为了减小能量的消耗，在远地点进行轨道机动是比较经济的。

②轨道转移。当初轨道与终轨道不相交或不相切时，至少要施加两次推力冲量才能使航天器由初轨道进入终轨道，这种情况称为轨道转移。连接初轨道和终轨道的中间轨道，称为过渡轨道或转移轨道。若转移前后的轨道在同一平面内，称为共面转移；若转移后改变了轨道倾角，称为非共面转移。发射地球同步卫星、发射月球或行星探测器都要使用轨道转移技术。通常情况下，两个不同高度的同心圆轨道之间最省能量的转移，称为霍曼转移，用于转移的轨道称为霍曼转移轨道，如图 5-11 所示。霍曼转移需要进行两次加速，第一次加速是从较低的初轨道转移到较大的椭圆形轨道，加力点在椭圆轨道的近地点（切点 A），第二次加速是在椭圆轨道的远地点（切点 B），使椭圆轨道进一步转移到远地点高度上的圆形终轨道。

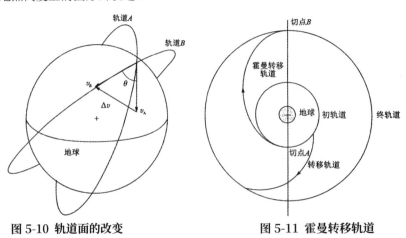

图 5-10 轨道面的改变　　　　　　　图 5-11 霍曼转移轨道

③轨道交会。两个航天器经过一连串轨道机动，使这两个航天器在同一时间、以相同的速度到达空间的同一位置，这就是轨道交会。轨道交会的目的是使两个航天器在结构上连接在一起，实现轨道上的对接。轨道交会和对接常用于飞船与空间站、航天飞机与空间站、航天飞机回收卫星等场合。

在与空间站的交会对接过程中，一般把空间站作为目标，空间站是被动的，它沿原定轨道飞行，等待其他航天器来交会对接。飞船和航天飞机是主动的，它们通过轨道机动与空间站靠拢，最后实现对接。

④轨道保持和修正。轨道保持和修正是为了克服某些摄动力的影响和弥补运载火箭的入轨误差，提高轨道的运行精度，使轨道参数限制在设计规定的范围内而进行的轨道机动。例如，地球静止轨道卫星在运行时受到各种干扰力的摄动，会使卫星轨道产生飘移，因此必须进行轨道保持和修正。再比如，全球定位系统（GPS 系统）是由在 6 条轨道上均匀分布的 24 颗导航卫星组成，6 条轨道之间的间隔和每条轨道上相邻卫星的距离始终要满足一定的要求，这也需要采用轨道保持和修正技术来实现。

5.1.3 航天器发射与入轨

运载火箭携带航天器从地面起飞，到达某一飞行高度后把航天器送入运行轨道，这段飞行轨迹称为发射入轨。航天器进入运行轨道的初始位置称为入轨点，入轨点也是运载火箭最后一级发动机推力的终止点。航天器入轨点的运动状态参数决定了航天器运行轨道的轨道要素。

1. 发射窗口

发射窗口是指允许运载火箭发射航天器的时间范围，故又称发射时机。准确选择发射窗口是保证航天器发射成功的重要条件之一。

决定发射窗口需要考虑许多方面的因素，如天体运行的轨道条件、航天器的轨道要求和工作条件、地面跟踪测控和气象条件等。所要发射的航天器要进入什么样的轨道，是最重要的考虑因素。运载火箭的发射窗口有以下三种。

（1）年计发射窗口。在指定的年份内连续几个月份中发射，适用星际探测器发射任务，如哈雷彗星探测器，应在哈雷彗星回归的年份发射。

（2）月计发射窗口。在指定的某个月份内连续几天中发射，适用于月球探测器发射任务。

（3）日计发射窗口。在指定的某一天内某时刻到另一时刻发射。所有航天器的最终发射时机，都要用日计发射窗口的形式确定下来。

2. 发射入轨

运载火箭发射弹道的设计，要满足运载火箭在入轨点的运动状态，把航天器送入预定的运行轨道。根据入轨情况的不同，运载火箭的发射弹道可分为直接入轨、滑行入轨和过渡入轨三大类型。

（1）直接入轨。直接入轨是指运载火箭各级发动机逐级连续工作，发动机工作结束后，完成航天器入轨。这种发射轨道适用于发射升空高度为 150～300 km 的低轨道的航天器，如图 5-12 所示。其特点是多级火箭连续工作，各级之间没有滑行阶段。到达入轨点时速度方向应与当地水平面平行（飞行角为零），速度值应等于或大于该高度对应的环绕速度。

（2）滑行入轨。运载火箭的滑行入轨飞行程序如下：首先是一个主动段，在此阶段火箭从地面起飞，并加足了它飞行时所需要的大部分能量，然后关闭发动机；接下来进入自由飞行段，这时火箭依靠其所获得的动能在地球引力作用下进行自由飞行；最后再次进入一个加速段，这时发动机再一次点火，加速到使火箭达到入轨要求的速度，将航天器送入轨道，如图 5-13 所示。这种发射轨道适用于发射中、高轨道的航天器。

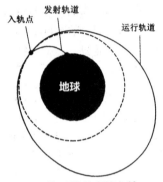

图 5-12 航天器的直接入轨

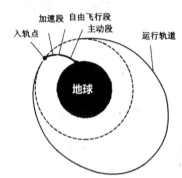

图 5-13 航天器的滑行入轨

（3）过渡入轨。过渡入轨的运载火箭的运动轨迹可分为主动段、停泊轨道段、加速段、过渡轨道段和远地点加速入轨段。

从主动段到停泊轨道段，可以像直接入轨一样经过一个加速段进入围绕地球的圆形停泊轨道；也可以像滑行入轨那样经过两个加速段进入圆形停泊轨道。航天器在停泊轨道上运行时，可以根据对入轨点的要求，选择发动机点火位置使航天器加速脱离停泊轨道，进入一个椭圆轨道，这一椭圆轨道为过渡轨道。当达到椭圆轨道的远地点时，发动机再次点火加速，使其达到入轨所要求的速度，使航天器入轨。地球静止卫星和环月探测器均可采用这种入轨方式。过渡入轨的飞行过程如图 5-14 所示。

图 5-14 航天器的过渡入轨的飞行过程

5.1.4 航天器返回与回收

1．航天器的返回

航天器从原来运行的轨道向地球返回的过程中，必须经过返回轨道。航天器的返回过程是一个减速过程，航天器从轨道上的高速逐步减速到接近地面时的安全着陆速度。

航天器返回时，首先要使它脱离原来的运行轨道，可以用一个能量不大的制动火箭来实现。当火箭发出一个冲量后，航天器离开原来的运行轨道，转入朝向大气层的轨道，这就是返回轨道。

返回轨道由离轨段、过渡段、再入段和着陆段四部分组成，如图 5-15 所示，从 A 点到 C 点的轨道为航天器的返回轨道。

离轨段由航天器上的变轨发动机（制动火箭）提供速度矢量，使航天器离开原来的轨道。过渡段是航天器在进入大气层前的一段轨道。在这一段轨道上，航天器利用自身的小推力推力器，修正离轨段的误差，并以合适的再入角（再入角是航天器在进入大气层时的速度矢量与当地水平线的夹角。大于这个角度，航天器会因与大气层摩擦而产生的高温被烧毁；小于这个角度，地心引力不足以把航天器拉入大气层，航天器将擦过大气层，按椭圆轨道继续绕地球运行）进入大气层。再入角的取值大小视返回航天器的具体条件和任务而异，无人航天器再入大气层时再入角一般在 $3° \sim 8°$，而载人航天器还需要考虑人所能承受的制动过载限制，再入角一般都小于 $3°$。

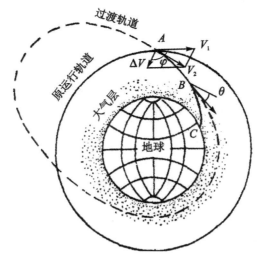

图 5-15　航天器的返回过程

当航天器飞行高度下降到距离地面大概 $80 \sim 100$ km 时进入再入段。在这一段因大气阻力的作用，航天器的速度急剧下降，此时，航天器要经受气动加热产生的高温和较大的过载，因此必须解决气动加热问题。当航天器下降到距离地面大约 20 km 时进入着陆段，此阶段航天器需要打开阻力伞进一步减速，并启动反推力装置，使航天器安全着陆。

航天器的再入段是返回式航天器成败的关键，再入航天器的外形、结构、返回轨道和返回控制等也都是根据再入段的工作条件设计的。根据再入航天器再入段的飞行轨迹，航天器的再入方式可以分成纯弹道式、半弹道式、跳跃式和滑翔式几种类型，如图 5-16 所示为几种再入方式的比较。

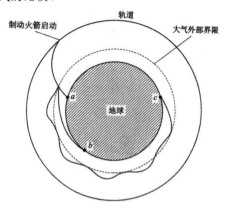

图 5-16　几种再入方式比较
***a*—弹道式；*b*—滑翔式；*c*—跳跃式**

（1）纯弹道式。纯弹道式再入的飞行器外形很简单，外形通常是圆球体或钝头的轴对称旋转体；纯弹道式再入的飞行器在再入过程中只产生阻力，不产生升力，或者只产生很有限的一点升力，而且升力也不需要控制，再入时间比较短，一般来说，再入时间不会超过 400 s。如图 5-17 所示为纯弹道式再入飞行器的外形和运动图。

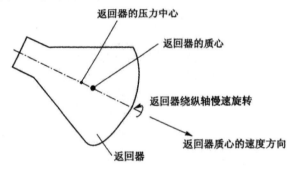

图 5-17　纯弹道式再入飞行器的外形和运动图

由于再入过程中的运动没有办法控制，所以落点的偏差比较大，制动过载也比较大，最大制动过载可以达到 $8 \sim 10\,g$，这种过载已接近人体所能承受的极限，因此，如果用于载人航天的返回的话，航天员会感觉到很不舒服。

（2）半弹道式。半弹道式再入航天器的飞行是对纯弹道式航天器飞行的改进，为了弥补弹道式再入航天器落点偏差太大和制动过载偏大的缺点，再入航天器通过自身结构或者外形的不对称性，来产生一定的升力，飞行过程中，可以利用这部分有限的可控升力，来缓和制动过载，并适当调整落点的位置。

半弹道式再入航天器的外形一般都是非圆球形的，返回舱在返回的时候按照一定的飞行迎角进行飞行，从而产生一定的可控升力，如图 5-18 所示为半弹道式再入航天器的飞行原理图。由于升力的存在，使过载明显地下降，同时升力所产生的侧向分量，也可以用来调整飞行方向，控制返回舱的运行轨道，从而进一步调整落点的位置。

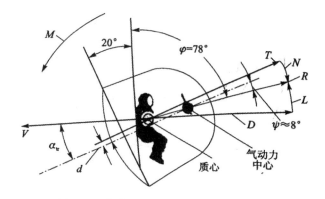

图 5-18 半弹道式再入航天器的飞行原理

V—飞行速度;R—气动力合力;L—升力;D—阻力;N—法向力;T—轴向力;M—气动力矩;a_{tr}—配平迎角;φ—气动力合力和人背的夹角;d—质心偏离纵轴的距离;ψ—气动力与纵轴的夹角

目前,大部分的宇宙飞船、一部分的卫星和一些飞行器残骸都采用的是半弹道式的再入方式。比如说,我国的"神舟"飞船和俄罗斯的"联盟"号飞船等,采用的都是半弹道式的再入轨道。

(3)跳跃式。跳跃式再入方式是半弹道式再入方式的一种类型,上面提到的半弹道式再入方式都是一次性的再入方式。为了进一步减小再入过程中飞行器的过载峰值,提高降落点的准确度,需要采用跳跃式的再入方式。

跳跃式的再入方式通常用在从地球以外返回的航天器上,如中国"嫦娥"五号月球探测器的返回器返回地球时就采用了"跳跃式"的再入方式。2020 年 12 月 17 日,"嫦娥"五号月球探测器的返回器携带着 1.731 kg 月球样品返回地球。由于返回器在再入大气层时的飞行速度非常高,已经接近第二宇宙速度,如果采用"神舟"系列飞船半弹道式的再入方式进入,很难减速到足够低的速度让飞行器安全软着陆,因此采用了"跳跃式"的再入方式。跳跃式再入的返回器在再入飞行过程中,会使返回器在气动力作用下再次向上跃出大气层,"跳跃"到最高点以后再落下来。返回器在飞行过程中高度是起伏变化的,当飞行器再入大气层下落到一定高度后,还可能会再次跳起,最后再按照半弹道式的再入方式进行着陆。这样返回的飞行器结构和防热设计都得到缓解,还可以进一步提高降落点的准确度。如图 5-19 所示为航天器"跳跃式"再入过程示意图。

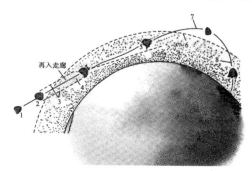

图 5-19 "跳跃式"再入示意图

1—返回航天器;2—调整再入姿态;3—再入走廊边界;4—第一次再入;
5—第一次再入轨道;6—稠密大气层边界;7—跳起的最高点;8—第二次再入;9—着陆区

（4）滑翔式再入飞行器。滑翔式的再入方式通常用在航天飞机和可重复使用的运载器验证机上，这种航天器在再入过程中升力比较大，而且为了减小速度，在返回过程中需要在空中进行多次 S 形的转弯飞行，可以滑翔数千公里，这样就可以使再入轨迹更加平缓，再入的飞行时间也比弹道式和半弹道式长得多，峰值载荷也很小，如图 5-20 所示。由于在滑翔过程中航天器的可控性很强，所以可以控制飞行器在预定的机场水平滑翔着陆，着陆地点非常精准。

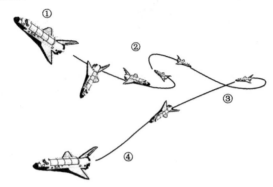

图 5-20 "滑翔式"再入示意图
1—航天飞机进行反推力制动，并开始下降；2—多次 S 形转弯飞行；
3—转向 180°下降；4—滑翔着陆

2．航天器的回收

航天器在着陆段采用的回收方式主要有以下几种。

（1）航天器在降落伞和反推力火箭的作用下在地面实现软着陆，如中国的"神舟"系列飞船就采用了这种回收方式。

（2）航天器利用降落伞在海面降落，并借助密封装置在水上漂浮，由舰船或直升机将其收回，如美国航天飞机的助推器就是采用的这种回收方式。

（3）航天器像飞机一样通过滑翔方式降落在地球表面，如上面提到的航天飞机就是采用的这种回收方式。

（4）航天器通过反推力火箭和气动制导技术使航天器实现精准自动垂直着陆，如美国 SpaceX 公司的"猎鹰"9 号一级火箭就采用了这种回收方式，如图 5-21 所示。

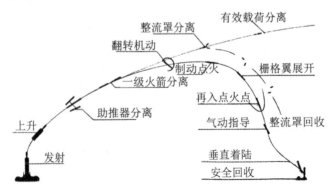

图 5-21 "猎鹰"9 号一级火箭回收过程示意图

3. 航天器回收系统的组成

载人飞船、返回式卫星等返回型航天器所采用的回收系统基本上是相同的，但对于载人飞船来说，不仅要求回收系统有更高的可靠性和更小的着陆速度，而且为满足正常返回和应急返回的需要，回收系统还应保证飞船同时具有海上溅落和陆上着陆的能力。载人飞船回收系统包括以下四个分系统。

（1）气动力减速分系统。弹道式和半弹道式返回型航天器都用降落伞作为减速装置，一般由二级降落伞组成气动力减速分系统。第一级为稳定伞，作用是保证返回舱在亚声速区域的稳定性，并使返回舱初步减速，为主伞开伞创造条件。稳定伞通常选用开伞动载小，稳定性好的锥形带条伞。一般返回舱都只有一具稳定伞，个别重型返回舱（如"阿波罗"号飞船）装有两具稳定伞。第二级为主伞，作用是保证返回舱以一定的速度安全着陆，通常选用阻力效率高、工作可靠、稳定性好和开伞动载较小的环帆伞。主伞一般为单伞，但当回收质量大时也采用多伞系统。由于主伞面积很大，一般都通过伞衣收口实现二次或三次开伞，以减小开伞动载，提高开伞可靠性。

（2）着陆缓冲分系统。为保证返回舱结构的完整和航天员的安全，必须尽可能减小返回舱的着陆冲击过载。常用的缓冲装置有缓冲火箭、缓冲气囊和其他缓冲结构。"联盟"号飞船采用缓冲火箭和航天员座椅上的缓冲结构组成着陆缓冲分系统。对海上溅落的载人飞船，主伞的最终下降速度约为 9 m/s，而在返回舱乘主伞下降时调整其悬挂姿态，使返回舱底面的锐边首先着水，利用海水的缓冲作用使返回舱着水冲击过载大为减小，同时辅以航天员座椅上的缓冲结构达到安全溅落目的。

（3）标位分系统。航天器返回时落点有一定的散布范围，所以在返回舱上装有多种标位装置，通过光、声、电波等多种途径帮助地勤人员及时标定返回舱的落点位置。标位分系统通常以无线电信标机为主，辅以闪光灯、海水染色剂和水下发声弹等。

（4）控制 - 作动分系统。其作用是控制和执行各项回收动作，如打开伞舱盖、弹射开伞、解锁脱伞、信标机开机、缓冲火箭点火等。分系统由电源、控制元件（如时间程序机构、高度开关、加速度开关等）、作动元件（如弹伞筒、解锁器、分离器等，常为电爆火工装置）通过电路连接而成。

4. 航天器回收区和着陆场

回收区通常分为陆上回收和海上回收区两种。陆上回收区根据航天器运行轨道特点，必须具备 4 个条件：一是航天器将从这个地区上空多圈次通过；二是场地要开阔；三是地势要平缓，地表要足够坚硬；四是天气状况要好。海上回收区选择在海况较好，附近岛屿设有测控站的海域。

一般来说国情决定回收区的选择。美国在实施载人飞船工程时，密歇根大学曾对陆上回收区和海上回收区进行了对比分析。由于载人飞船只有很少一部分地面载迹经过美国或美国军事基地附近，若要使飞船在陆上着陆，需要设计大升阻比外形，使其具有较大的偏航能力，并且设置多个陆上着陆场，相比之下，水上回收具有更多的再入窗口，与陆上着陆相比，海上回收可放宽精度要求，导航和计算设备可相应简化。美国在大西洋和太平洋以及海外军事基地有强大的海军力量，可服务于海上回收。因此，美国的载人飞船均采取海上回收方式。

除陆上回收和海上回收外，美国还曾使用过一种空中回收方式，即利用飞机在空中回收发现者侦察卫星的返回舱。

在载人航天飞行中，为了确保航天员和航天器安全顺利地返回地面，需要建设相应的着陆场。世界各航天大国根据各自的国情和载人航天工程的特点建设了适合本国载人航天器返回的着陆场。

5.1.5 航天器姿态稳定与控制

对于航天器，不仅要求它具有一定的轨道（由轨道要素决定），还要求它保持某一特定姿态。例如，要求侦察卫星或地球资源卫星的摄像机镜头及通信卫星的定向天线朝向地球；要求天文卫星的望远镜对准空间的某一方向。而在航天器飞行过程中，作用在航天器上的各种干扰力，如空气动力、太阳辐射压力、重力梯度力矩及航天器内部机械扰动力等，都会影响航天器姿态的稳定，因此需要航天器的姿态稳定与控制系统来保证。姿态稳定与控制系统的任务是按航天任务要求，保持航天器特定的姿态，保证航天器的星载天线或遥感装置等对覆盖区的指向误差在规定的容限以内。

根据对卫星工作要求的不同，卫星姿态的控制方法也不相同。按是否采用专门的控制力矩装置和姿态测量装置，卫星的姿态稳定与控制可分为被动姿态控制和主动姿态控制两类。

早期的航天器受当时的技术限制，其姿态的控制手段多采用被动控制。被动姿态控制是利用卫星本身的动力特性和环境力矩来实现姿态稳定的方法，被动姿态控制方式有自旋稳定、重力梯度稳定和磁力稳定等方法。20 世纪 60 年代后，航天器姿态稳定与控制开始由被动稳定逐步发展为主动控制。主动姿态控制是根据姿态误差（测量值与标称值之差）形成控制指令，产生控制力矩来实现航天器姿态控制的方式，主要有三轴稳定法等。

1．自旋稳定法

自旋稳定法是指通过卫星围绕自身对称轴不停地旋转而使卫星的姿态保持稳定的方法。它的原理是：将自旋轴固定于空间的某一方向上，如同陀螺一样，在无外力矩作用的情况下，自旋轴的大小和方向均保持不变。转动越快，陀螺越稳定。当卫星进入转移轨道后，自旋卫星在末级火箭喷射的惯性力矩作用下，开始像陀螺一样自旋。到进入静

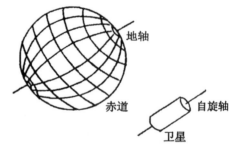

图 5-22 自旋稳定方法示意图

止轨道后，控制中心给卫星发出指令信号，使卫星的自旋轴平行于地轴（垂直于赤道平面）。因为宇宙空间几乎没有空气摩擦阻力，故卫星能够在很长的一段时间内一直旋转下去，如图 5-22 所示。

自旋稳定虽然能保证轴线方向的稳定性，但整个卫星连同它的有效载荷（如天线、遥感装置等）都要一起旋转，很不利于有效载荷的使用。因此出现了双自旋稳定，此法

由共轴的两部分组成，一部分为转子，高速旋转，起稳定作用；另一部分为平台，其转速等于轨道角速度，因而相对于地球来说是稳定的，星体上的天线和遥感设备等有效载荷就安装在平台上，如图 5-23 所示。

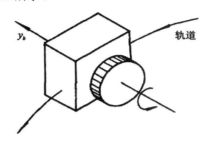

图 5-23　双自旋稳定示意图

自旋稳定法结构简单，容易实现，成本低，但由于地磁涡流、地球重力场或太阳光压等产生的干扰力矩的影响，卫星自旋速度会渐渐减慢，并导致自旋轴的倾斜或摆动。为此，卫星上要安装速度喷嘴来增加速度，用磁性线圈来校正自旋轴，用阻尼器来阻止自旋轴的摆动。自旋稳定的控制精度不高，许多早期发射的卫星都采用这种姿态控制方法。中国的第一颗卫星"东方红"1 号和"东方红"2 号通信卫星及"风云"2 号气象卫星都是采用的自旋稳定方式。

2．重力梯度稳定

当人造卫星绕地球运行时，卫星各部分受到地心不同的引力（重力）作用，由于地球引力场的非均匀性，导致了卫星的重心和质心不重合，从而使得这些引力对质心产生微小的力矩，这个力矩就称为重力（引力）梯度力矩。虽然这个力矩非常微小，但它对航天器的姿态稳定起着非常重要的作用。

重力梯度稳定卫星一般都设有一个伸展出来的重力杆，重力杆各部位存在重力梯度，并产生重力梯度力矩。当姿态稳定时，重力梯度力矩为零；当偏离稳定姿态时，重力梯度力矩使重力杆转动，并对卫星的质心就形成一个恢复力矩，直至使卫星恢复到稳定姿态，如图 5-24 所示为重力梯度稳定卫星结构示意图。为了获得足够的控制力矩，重力杆一般大于卫星高度，为使发射时能装入运载火箭整流罩内，将重力杆做成可伸缩机构，发射时重力杆收拢在卫星体内，入轨后再伸展到需要的长度。重力梯度稳定比较适合于圆轨道或偏心率较小的椭圆轨道，早期的导航卫星多采用这种姿态控制方式。

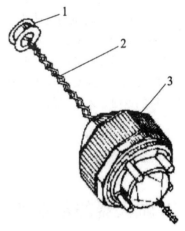

图 5-24　重力梯度稳定卫星结构示意图
1—质量块；2—重力杆；3—卫星本体

被动式稳定方法不耗费能源，也不需要姿态敏感器和控制逻辑线路，结构简单，可长期运行，但其控制精度较低。

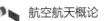

3．三轴稳定法

三轴稳定法是由三根轴——俯仰轴、偏航轴和滚转轴来确定卫星姿态的方法。其基本原理如图 5-25 所示。用该法稳定卫星，星体本身并不自转，而是依靠卫星上一些气体喷嘴、反作用飞轮以及测量姿态偏差用的敏感元件，使卫星在三个轴方向上维持稳定的方向。其中俯仰轴控制卫星的上下摆动；滚动轴控制卫星向轨道左右摆动和倾斜；偏航轴控制卫星本体是否正沿轨道路线飞行。在以上三个轴的作用下，可以使卫星始终对准地平面，以保证卫星顺利地工作。

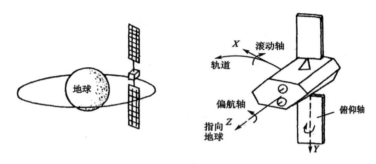

图 5-25 三轴稳定工作原理示意图

按产生稳定力矩的方式的不同，三轴稳定法可分为喷气式和动量交换式（飞轮式）两种类型。喷气式姿态稳定系统靠以一定速度排出工质，产生反作用力矩来控制姿态。由于不断地消耗工质，所以喷气式三轴稳定系统主要适用于中、低轨道的短寿命航天器。

动量交换式三轴稳定系统又可分为两种稳定方法：偏置动量稳定法和零动量稳定法。偏置动量稳定法是双自旋稳定法的改进型。它的自旋部分采取飞轮方式，即在一个特定轴上装有飞轮。零动量稳定法的三个稳定轴上都装有反作用飞轮，分别控制俯仰、偏航和滚转姿态。动量交换式稳定的卫星具有形状不受限制、消耗能量较少、设计伸缩性强的特点。特别是后一种方法，可使卫星运转的稳定度、精确度都达到较高的水平。

三轴姿态稳定控制方法适用于在各种轨道上运行的具有各种指向要求的卫星，也可用于卫星的返回、交会、对接及变轨等过程，是目前卫星最常采用的稳定控制方式。

5.2 航天器的基本构造

由于使用的环境和飞行方式的不同，航天器与航空器在构造方面有较大的不同。航天器主要从功能的角度划分为若干个分系统，一般可分为两大类：专用系统和保障系统。

专用系统用于直接执行特定的航天任务，随航天器的任务而异，如通信卫星的通信天线和转发器；侦察卫星的可见光照相机和电视摄像机；天文卫星的天文望远镜、光谱仪；遥感卫星的微波发射和接收设备；空间站上供宇航员进行各种试验和观测用的各种专用设备等。

保障系统用于保障专用系统的正常工作。保障系统在一般航天器上是类似的，通常包括如下几个分系统。

(1) 结构系统。航天器的骨架结构和外壳，用于支撑、固定和保护各种仪器和设备，使航天器构成一个密封、屏蔽和保温的整体，承受地面运输、发射和空间运行时的各种载荷，为航天员提供必要的工作生活空间。

(2) 温度控制系统。保证各种仪器、设备处于允许的温度环境中。由于宇宙空间没有空气，所以无对流方式传热，主要是以热传导和辐射方式。

(3) 生命保障系统。载人航天器上维持航天员正常工作和生活所必需的设备和条件，其中包括温度、湿度调节，供水、供氧和空气净化，废物处理，食品制作、保管和水的再生，人员生理状态的监测等。

(4) 电源系统。为航天器上所有仪器设备提供电能。人造地球卫星多采用蓄电池和太阳能电池阵组合电源系统，空间探测器采用太阳能电池阵电源或空间核电源系统，载人航天器大多采用氢氧燃料电池和太阳能电池阵组合电源系统。

(5) 姿态稳定控制系统。用来保持和改变航天器的运行姿态。如通信卫星要求转发天线指向地面，需要姿态稳定系统保持其指向；经过一定时间的运行卫星的姿态会受到各种干扰而发生变化，用姿态控制系统来进行调整。

(6) 轨道控制系统。用来保持和改变航天器的运行轨道。由发动机提供动力，通过程序控制或地面测控站遥控控制。如高轨道的地球同步卫星，先由运载火箭发射到低轨道上，然后由轨道控制系统向高轨道转移。

(7) 返回着陆系统。对于可返回的航天器，需要返回着陆系统保障返回部分可以安全着陆。它一般由制动火箭、降落伞、着陆装置、标位装置和控制装置等组成。

5.2.1 卫星的基本结构

卫星的结构形式因其具体用途而有较大差别，从功能上看主要都是由承力结构、外壳、安装部件、防热结构、天线结构、太阳能电池阵结构、分离连接装置等组成。

1. 承力结构

承力结构需要承受发射时火箭最大的推力，因而需要有很高的强度和刚度，一般由铝合金、钛合金或纤维增强复合材料的薄壁结构或蜂窝夹层结构制成的壳体或杆件组成。

2. 外壳

外壳是卫星最外层，起承力构件的作用，也承受一部分外力。外壳的形状可以是球形、多面柱形、锥形或不规则多面体等。除维持外形外，外壳还应满足容积、热控制、防辐射等功能要求。其结构形式有半硬壳式、蜂窝结构和夹层结构、整体结构和柔性张力表面结构等。由于卫星运行中几乎不受空气阻力，所以卫星外形不像航空器通常的流线型，而根据结构、容积要求呈现各种形状。

3. 安装部件

安装部件是安装仪器设备，并保证安装精度和防震、防磁、密封等要求的结构，可以是仪器舱式或盘式结构。

4. 天线结构

天线结构为抛物面形或平板形，有固定式和展开式。由于发射的要求，大的天线在发射时是折叠起来的，进入太空后再展开。为防止热变形影响天线的电性能，通常用线膨胀系数很小的石墨纤维复合材料制成。可展开式天线有伞式、花瓣式、渔网式和桁架式。

5. 太阳能电池阵

太阳能电池阵可以是一组粘贴在外壳表面的太阳能电池片，为了增大太阳能电池的面积，也可以是太阳能电池帆板。电池帆板在进入太空后展开成翼状，所以也称太阳能电池翼。在空间不必考虑空气阻力的问题，因此太阳能电池帆板可以是非对称的。

6. 卫星稳定结构

卫星功能的实现对其姿态都有一定的要求，如通信卫星要求转发天线始终朝向地面的接收地点，太阳观测卫星要求其射线探测仪始终对准太阳等。卫星通过姿态控制系统稳定自己的姿态。卫星的姿态稳定控制有自旋稳定、重力梯度稳定和三轴稳定控制等方式。卫星的姿态稳定控制参见 5.1.5 小节的相关内容。

自旋稳定方式的卫星要求构型是轴对称结构，这类卫星的形状一般是圆柱形、球形或椭球形。卫星通过绕对称轴的转动，利用陀螺的定轴性进行稳定控制。如图 5-26（a）所示是典型的球形对称结构的"实践"1 号实验卫星。如图 5-26(b) 所示是"东方红"2 号通信卫星，它是圆柱形结构，并且圆柱的直径大于高度，这是为了使自旋轴与最大转动惯量轴重合，有利于稳定。卫星本体绕圆柱轴线旋转，天线部分则反向等速旋转，构成双自旋稳定结构。

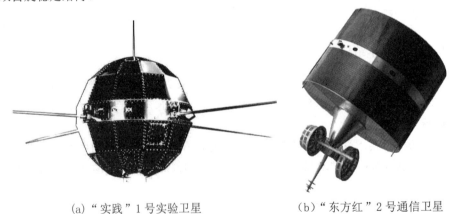

(a)"实践"1 号实验卫星   （b）"东方红"2 号通信卫星

图 5-26 具有轴对称结构的自旋稳定卫星

重力梯度稳定方式的卫星有一根顶端装有一定质量的重力杆，利用卫星各部分质量受到的不相等引力产生的重力梯度力矩来稳定卫星的姿态。为了获得足够的控制力矩，重力杆一般大于卫星高度，为使发射时能装入运载火箭整流罩内，重力杆做成可伸缩机构，发射时重力杆收拢在卫星体内，入轨后再伸展到需要的长度。如图 5-27(a) 所示是美国"探险者" 29 号卫星，图 5-27(b) 所示是重力梯度稳定卫星构型原理图。

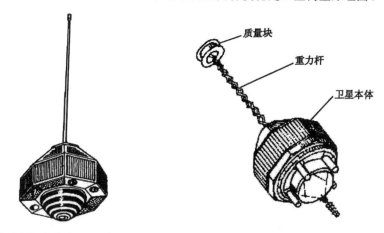

(a) 美国"探险者" 29 号卫星　　　　　(b) 重力梯度稳定卫星构型原理图

图 5-27　重力梯度稳定卫星

三轴稳定控制对外形的要求比较自由，它是通过姿态敏感器、姿态控制器和姿态控制发动机组成的姿态控制系统控制姿态。另外还有以三轴惯性飞轮为主，姿态控制发动机为辅的三轴姿态控制方式。对于用三轴控制稳定方式的卫星，其结构不需要是对称的，如中国和巴西合作的中巴地球资源卫星，由于其冷却系统要求一面不能朝向太阳，而设计成单太阳能电池帆板式结构，如图 5-28 所示。如图 5-29 所示为日本地球资源卫星，它除了有单太阳能电池帆板的特点外，还有很大的合成孔径雷达天线。

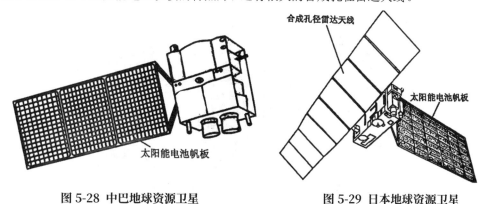

图 5-28　中巴地球资源卫星　　　　**图 5-29　日本地球资源卫星**

5.2.2　空间探测器的基本构造

空间探测器包括月球探测器以及行星和行星际探测器。探测的主要方式包括从月球或行星近旁飞过，进行近距离观测；成为月球或行星的人造卫星，在环绕轨道上进行长期的反复观测；在月球或行星表面硬着陆，利用坠毁之前的短暂时机进行探测；在月球或行星表面软着陆，进行实地考察，还可以将取得的样品送回地球进行研究等几种方式。目前使用最广泛的是环绕轨道探测和软着陆实地考察，如中国的"嫦娥"一号卫星就属于环绕月球飞行进行环绕轨道探测的探测器，而"嫦娥"三号探测器则是属于软着陆到月球，进行实地考察的探测器。

空间探测器的结构和卫星类似，但由于空间探测器的飞行距离更远、飞行环境更加复杂，因此在控制、导航、通信和能源等方面都要比卫星要求更高。尤其是对于需要在星球上软着陆的探测器，保障探测器安全着陆的软着陆装置是其必不可少的组成部分。

目前，探测器的软着陆方式主要有三种形式：气囊弹跳式、着陆腿式和空中吊车式。

1．气囊弹跳式

由于探测器是被气囊包裹住的，所以刚着陆时会被弹起10层楼高，经过多次弹跳，逐渐降低弹跳高度，最后在行星表面着陆。此后气囊放气，探测器的护壳像花瓣一样绽开，接着探测器慢慢爬出来。美国"火星探路者"、"勇气"号和"机遇"号火星车都采用了降落伞＋气囊弹跳方式着陆。例如，美国"勇气"号火星车登陆时像皮球一样在火星表面进行长达数分钟的弹跳、翻滚，直至最后落稳，如图5-30所示是"勇气"号火星车软着陆后气囊的展开图。其主要优点是质量较小，结构简单，包装容积小，成本低，性能可调，技术成熟度高，稳定性也比较好，能够适应星球表面的各种变化，对小块岩石和斜坡等降落条件适应性比较好。但由于气囊弹跳式软着陆过程是通过气囊在星面上的多次弹跳来吸收和消耗能量的，因此，着陆点范围比较大，不容易实现精确点着陆，而且，在弹跳过程中还存在被刺破而损坏的危险。气囊弹跳式比较适于着陆速度较大、体积较小，而且着陆后不再返回的着陆器上。

图5-30 "勇气"号火星车软着陆后气囊展开图

2．着陆腿式

着陆腿式缓冲器是靠着陆缓冲支腿来进行缓冲着陆的。缓冲支腿里面有缓冲装置，通过缓冲装置来吸收着陆时的冲击能量，降低峰值载荷，着陆腿软着陆和气囊式软着陆相比最大的优势就是着陆点精准，并且可以以良好的姿态保证着陆器安全平稳地软着陆。其主要缺点是在不平坦的着陆表面可能会发生倾覆，环境适应性受到一定限制。着陆腿式软着陆的应用比较广，除了一般的应用外，还可以用在较大型或者着陆后需要返回的着陆器上。比如，我国的"嫦娥"三号月球探测器和"天问"一号火星探测器都采用的是着陆腿着陆的方式。如图 5-31 所示是"天问"一号着陆器着陆后的状态。

图 5-31 "天问"一号着陆器着陆后的状态

3. 空中吊车式

美国的"好奇"号火星车和"毅力"号火星车采用的降落伞＋缓冲发动机反推＋空中起重机的着陆方式，可满足质量更大的探测器软着陆要求，能精确着陆。这种软着陆方式就是用一个"空中吊车"轻轻地把航天器放在着陆星球表面。"好奇"号的着陆过程如下：探测器进入火星大气层后，首先通过大头端朝下的方式利用火星大气层减速，然后再打开降落伞进行减速，当探测器继续下降到离火星表面 1.6 km 左右的时候，背部的整流罩分离，反冲发动机启动，并利用反冲发动机的反推力慢慢地让火星车下降，当离火星表面大约 20 m 的时候，"空中吊车"和"好奇"号分离，"空中吊车"利用电缆把"好奇"号悬吊在正下方，然后轻轻地放在火星表面。最后，吊车飞离，并在一定的距离外坠毁。

空中吊车式软着陆方式的最大优点是着陆速度低，着陆冲击小，但在着陆过程中控制复杂、难度大、风险高。如图 5-32 所示为"好奇"号火星车的软着陆过程。

图 5-32 美国"好奇"号火星车的软着陆过程

探测器软着陆后便开始对星球进行实地探测，星球表面的实地勘测可分为定点探测和巡视探测两种方式。

美国的"凤凰"号探测器属于定点探测器，着陆后不能移动，只能在原地开展探测。"凤凰"号探测器的主要任务是探测火星北极地区冰冻层的真实情况和挖掘火星土壤样本并分析冻土中的有机化合物，以推断火星是否适宜生命生存。"凤凰"号探测器除了包含各种保障设备外，探测器上还装有 7 种探测设备：机械挖掘臂、机械照相机、热量和释出气体分析仪、显微镜以及电化学和传导性分析仪、立体照相机、气象站和火星降落成像仪等，如图 5-33 所示为"凤凰号"的结构组成。

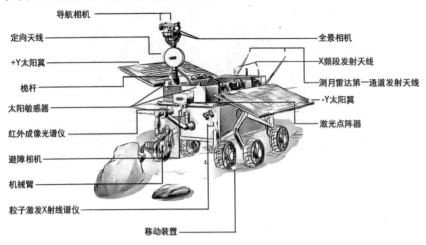

图 5-33 "凤凰号"结构组成

我国的"嫦娥"三号探测器属于月面巡视探测器，着陆器着陆以后，需要把"玉兔"号月球车从着陆器里面释放出来。为了完成"观天、看地、测月"的三大探测任务，"嫦娥"三号上携带了天文月基望远镜、极紫外相机和测月雷达等相关的任务载荷。其中的"观天"是利用着陆器上的月基天文望远镜进行天文观测，"看地"是利用极紫外相机从 38 万千米的月球观测地球周围等离子层的全貌，"测月"是利用"玉兔"上的测月雷达探测月

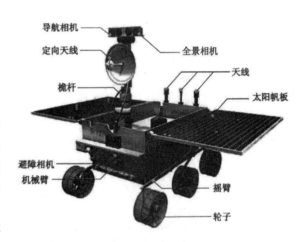

图 5-34 "玉兔"号月球车结构组成

球表面以下 30 m 深的土壤层结构和 100 m 深的次表层结构，这在世界上还是第一次。为了减轻结构质量，"玉兔"号月球车的机轮采用的是特殊的"筛网轮"的结构，一个直径为 300 mm、宽度为 150 mm 的机轮总重只有 735 g，如图 5-34 所示为"玉兔"号月球车的结构图。

5.2.3 载人飞船的基本构造

载人飞船是用于提供航天员在外层空间生活、工作以及执行预定的航天任务并返回地面的航天器。

载人飞船一般主要由乘员返回舱、轨道舱、服务舱和应急舱等组成。

返回舱是飞船的核心部分，是飞船的控制中心，也称指令舱。它是飞船起飞上升、

轨道转移、对接和返回地球的时候航天员乘坐的一个密封舱段。根据再入大气层的空气动力学要求，返回舱外形一般设计成钟形，钟形返回舱的小端直接和轨道舱相连，航天员在飞行期间可以通过它们之间的通道在两个舱之间进行活动。返回舱内部装有控制飞船的主要设备、显示仪器、减震座椅、生命保障系统、回收控制系统、降落伞和着陆反推火箭等。钟形返回舱的大端和服务舱相连，外形一般是外凸的椭球体，再入大气层的时候大端朝前，这样，有利于返回舱在气动力的作用下尽快减速，减小气动加热现象，而且还可以降低制动过载，提高着陆精度。

轨道舱是宇航员在轨道上的工作场所，其外形一般是圆柱形或球形，内部可以分成工作区和生活区两部分，里面有各种实验仪器设备。轨道舱的前端有一个与空间站或其他航天器对接用的对接口，可以实现牢固密封的机械连接，对接完成以后，航天员就可以通过这个对接口进入到和它对接的航天器中。

服务舱也称设备舱，用来安装推进系统、电源、气源等设备，对飞船起服务保障作用。服务舱的外面安装有天线、太阳能电池阵和热控系统的散热器。服务舱又被分为前后两段，前段是密封舱，安装有电气控制、姿态控制和稳定系统、通信系统以及推进系统的大部分电子设备。后段为非密封舱，装载了供机动飞行和返回地球时用的推进剂、发动机和辅助电源等设备。

应急舱（或称逃逸舱）可以保障宇航员在发生紧急情况时，能安全返回地面或转移到其他航天器上。如图 5-35 所示是苏联的"联盟"号载人飞船的基本组成。

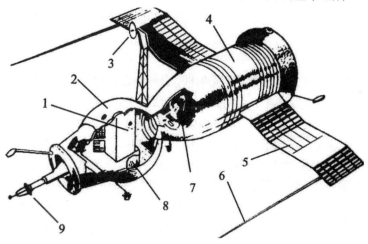

图 5-35 "联盟"号载人飞船
1—仪器舱；2—轨道舱；3—会合雷达；4—服务舱；5—太阳能电池翼；
6—通用电线；7—返回舱；8—出口舱门；9—对接装置

登月载人飞船主要由指挥舱、服务舱和登月舱三部分组成，如图 5-36 所示为美国"阿波罗"登月飞船的基本组成。其中指挥舱是飞船的控制中心，也是航天员飞行中生活和工作的座舱。服务舱采用轻质的金属蜂窝结构，周围分为 6 个隔舱，装有主发动机、推进剂储箱和增压系统、姿态控制系统和电气设备等，前端与指挥舱对接，后端是主发动机喷管。登月舱由下降级和上升级组成。下降级由下降发动机、4 条着陆腿和 4 个仪器舱组成，用于从月球轨道降落到月面，能把 2 名航天员送到月球上。上升级为登月舱的主体，由航天员座舱、返回发动机、推进剂贮箱、仪器舱和控制系统组成，在登月过程中，2 名航天员在这里生活和工作，完成任务后，航天员乘上升级返回环月轨道与指挥舱会合。

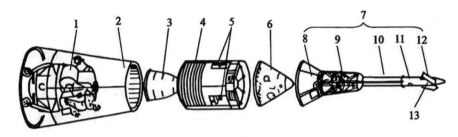

图 5-36 "阿波罗"登月飞船
1—登月舱；2—登月舱的过渡段；3—服务舱主发动机；4—服务舱；
5—姿态控制和稳定系统的发动机组；6—指挥舱；7—发射逃逸系统；
8—防热罩；9—发射逃逸塔；10—逃逸发动机；11—分离用火箭发动机；
12—空气舵；13—辅助发动机

发射逃逸系统，能够保障航天员一旦在发射过程中出现任何情况，都可以迅速通过安装在它上面的火箭发动机把航天员带离危险区域，并安全地落回地面。

5.2.4 空间站的基本构造

载人飞船、航天飞机在轨运行时间一般较短，通常仅 1～2 个星期。对于需要在空间做长时间逗留的工作任务，则需要载人空间站来完成。空间站的用途主要有以下几个方面。

(1) 对地观测。通过长焦距可见光相机、微波综合雷达等探测设备可以对大气、地面、海洋和地下进行资源调查、污染监测、灾害预测等工作。

(2) 科学研究。在微重力和空间辐射条件下进行生命科学和生物科学研究。空间条件与地面有很大差别，在微重力和辐射条件下动植物的生长出现许多变化，在空间实验室培育的种子可以大幅度提高产量。失重条件下人的新陈代谢发生变化，对空间人体科学和空间医学的研究，为今后人类在宇宙空间长期生活提供依据。

(3) 微重力材料加工及药品制造。在地面重力的作用下，流体中密度不同的成分会产生沉淀和对流，阻碍了精确的分离和充分的混合，晶体的结晶会产生缺陷。在空间失重条件下，可以大大提高电泳法制造生物药品的效率和纯度，可生产出组织和成分非常均匀的合金和复合材料。液态金属在失重条件下的表面张力能使金属自然形成圆球，制造出理想的球形滚珠。在空间冶炼金属不必使用容器，用很微弱的静电力或电磁力即可左右它的位置。冶炼材料可以加热到极高的温度，而不受容器的耐热能力限制。对于高熔点金属，由于冶炼材料不与任何容器接触，可以做到一尘不染，具有极高的纯度。

(4) 天文观测。与地面天文台相比空间站不受大气的影响，能够观测到非常清晰的图像，精确测定天体的运动和方位。太阳的辐射、离子流、太阳风等对地球环境、通信等有很大影响，因此在空间站上对太阳的研究具有十分重要的意义。

（5）在轨服务基地。空间站可以作为维修生产基地，为各种航天器提供更换仪器设备、加注推进剂、定期维修，建造空间工厂和大型空间设施等服务。实际上目前的大型空间站也是分别发射，在空间组合建造的。

空间站可以作为其他小型航天器的停泊和起飞基地，比起从地面发射可以节省许多能量，也没有空气动力载荷，可大大减小航天器的结构质量。

空间站一般由若干个功能舱组成，各功能舱分别发射升空之后，再在空间组装。其基本组成包括核心舱、科学实验舱、对接过渡舱、太阳能电池阵、姿态控制系统及通信系统等。

最典型的空间站是苏联的"和平"号空间站，如图 5-37 所示为"和平"号空间站组成示意图。其中核心舱是航天员在太空工作和生活的主要场所，设有环境控制、生命保障系统、供配电系统、数据管理系统、通信系统、飞行控制系统等多个系统，在科学实验舱包括量子 1 号舱、量子 2 号舱、晶体号舱、光谱舱和自然舱共 5 个舱室，主要功能是开展微重力科学、材料科学、生命科学和空间科学等各种科学研究与应用实验。对接过渡舱结构外形是球体加圆台体，通常有多个对接接口，装有连接可靠的对接机构，可以与科学实验舱、载人飞船和货运飞船及其他航天器进行对接，空间站还可以通过过渡舱进行改建和扩建，扩大建设规模。

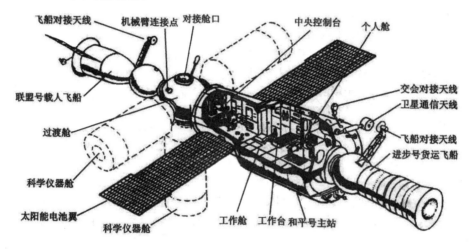

图 5-37 "和平"号空间站组成示意图

国际空间站是目前世界上在轨运行的规模最大、结构最复杂的空间站，如图 5-38 所示为国际空间站结构示意图。国际空间站总体设计采用桁架挂舱式结构，即以桁架为基本结构，增压舱和其他各种服务设施挂靠在桁架上，形成桁架挂舱式空间站。大体上看，国际空间站可视为由两大部分立体交叉组合而成，一部分是以俄罗斯的多功能舱为基础，通过对接舱段及节点舱，与服务舱、实验舱、生命保障舱等对接，形成空间站的核心部分。另一部分是在美国的桁架结构上，装有加拿大的遥控操作机械臂服务系统和空间站舱外设备，在桁架的两端安装四对大型太阳能电池帆板。这两大部分垂直交叉构成"龙骨架"，不仅加强了空间站的刚度，而且有利于各分系统和科学实验设备、仪器工作性能的正常发挥，有利于航天员出舱装配与维修等。

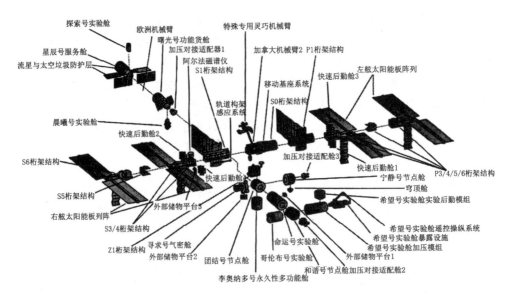

图 5-38 国际空间站结构示意图

　　国际空间站的各种部件是由合作的国家和机构分别研制，其中美国和俄罗斯提供的部件最多，其次是欧空局、日本、加拿大和意大利。这些部件中核心的部件包括多功能舱、服务舱、实验舱和遥控操作机械臂等。俄罗斯的多功能舱具有推进、导航、通信、发电、防热、居住、贮存燃料和对接等多种功能，在国际空间站初期装配过程中提供电力、轨道高度控制及计算机指令，在国际空间站运行期间，可提供轨道机动能力和贮存推进剂。俄罗斯的服务舱作为国际空间站组装期间的控制中心，用于整个国际空间站的姿态控制和再推进。它带有卫生间、睡袋、冰箱等生保设施，可容纳 3 名航天员居住。它还带有一对太阳能电池板，可向俄罗斯部件提供电源。实验舱是国际空间站进行科学研究的主要场所，包括美国实验舱、俄罗斯实验舱、欧空局的"哥伦布"实验舱和日本实验舱。加拿大研制的遥控操作机械臂长 17.6 m，能搬动质量为 20 t 左右、尺寸为 18.3 m×4.6 m 的有效载荷，可用于空间站的装配与维修、轨道器的对接与分离、有效载荷操作以及协助出舱活动等，在国际空间站的装配和维护中发挥关键作用。

5.2.5 航天飞机的基本构造

1. 航天飞机的功用

　　航天飞机是可以重复使用的、往返于地球表面和近地轨道之间运送有效载荷的航天运载器，又是可以进入近地轨道完成多种任务的航天器。航天飞机进入近地轨道的部分称为轨道器，它能完成包括人造地球卫星、货运飞船、载人飞船甚至小型空间站的许多功能。例如向近地轨道释放卫星、从轨道上捕捉、维修和回收卫星、向空间站运送人员和物资等。

2. 航天飞机的构造

　　世界上只有美国和苏联制造过航天飞机。美国共制造了五架航天飞机，有两架已先后失事（"挑战者"号和"哥伦比亚"号）。苏联的航天飞机名为"暴风雪"号，至今仅进行过一次不载人的试验飞行，而没有正式投入使用。

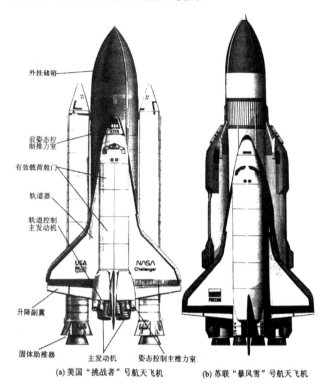

外挂储箱

前姿态控
制推力室

有效载荷舱门

轨道器

轨道控制
主发动机

升降副翼

固体助推器　　主发动机　　姿态控制主推力室

(a) 美国"挑战者"号航天飞机　　　　(b) 苏联"暴风雪"号航天飞机

图 5-39　美国航天飞机和苏联航天飞机

图 5-39 是美国和苏联航天飞机的比较图。两种航天飞机的外形尺寸相当，美国的"挑战者"号机长 56 m、翼展 23.8 m、机高 23.2 m；"暴风雪"号比前者稍大，机长 58.76 m、翼展 23.9 m、机高 24.52 m。从结构上看两种航天飞机有许多相同之处：它们都是由轨道器、外挂燃料储箱和火箭助推器组成，其中轨道器均为无尾曲边三角翼布局。飞行方式上也都采用垂直发射，水平滑翔着陆。它们的主要差别是：美国采用固体火箭作为第一级，轨道器充当第二级，而"暴风雪"号采用的是"能源"号运载火箭作为第一、二级，轨道器是挂接在第二级上的，进入轨道后第二级运载火箭脱落坠入海洋；"能源"号运载火箭的第一级采用液体燃料，在任何一个主发动机失灵的情况下，航天飞机仍能继续飞行，而采用固体火箭的美国航天飞机却不能做到这一点；"暴风雪"号采用自动着陆系统，实现无人驾驶飞行，而美国航天飞机虽然有类似的着陆系统，但迄今为止均采用有人驾驶的半自动返航着陆。

以美国航天飞机为例，它起飞是垂直发射，轨道器上的主发动机与助推器一起工作，到达一定高度后助推器熄火并分离，由降落伞在海上回收，以便再次使用。当飞行接近入轨速度时，主发动机关闭，外挂储箱与轨道器分离。外挂储箱重返大气层烧毁，是一次性使用的。之后，轨道器利用主发动机调整飞行速度和轨道参数，它可在轨道上工作 30 天左右。轨道器返回进入大气层后，依靠大迎角飞行（30°～ 40°），并利用大迎角降低下降速度，这样可以降低过载和气动加热。轨道器是无动力滑翔水平着陆，因此只能一次成功。

　　轨道器的结构与飞机类似，包括机身、机翼、垂直尾翼、起落架等，结构形式大多采用铝合金蒙皮骨架组成的薄壁结构，升降副翼采用铝合金蜂窝结构。

　　轨道器的机身结构由前段、中段和后段三部分组成。机身前段包括头锥和乘员舱，头锥位于航天飞机的最前端，呈锥体外形。乘员舱分为上、中、下三层，容积为71.54 m³，上层是飞行操作控制室，中层是乘员生活舱，下层是仪器设备舱，装有环境控制和生命保障系统。乘员舱正常情况下可以乘载 7 名航天员，紧急状态下可以增加到 10 个人。机身中段的有效载荷舱有近 300 m³ 的容积，为便于大型的卫星或航天站组件出入，在背部布置有两个很大的有效载荷舱门，它采用石墨环氧非金属蜂窝夹层结构。为了在轨道上布放和回收有效载荷，舱内设有可遥控的机械臂。它是总长 25 m 多的三节细长杆，在地面上几乎不能承受自身的质量（410 kg）。但在太空失重条件下，却可以迅速而灵活地装卸 10 t 多的有效载荷。轨道器的后段比较复杂，主要装有 3 台主发动机，尾段还装有 2 台轨道机动发动机和 2 个反作用控制推力系统。除此之外，尾段还有升降副翼、襟翼、垂直尾翼、方向舵和减速板等气动控制部件。美国航天飞机的轨道器如图 5-40 所示。

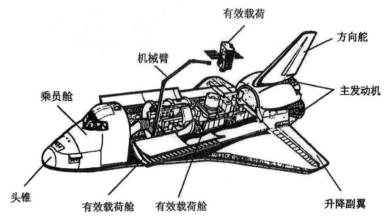

图 5-40 美国航天飞机轨道器结构

　　航天飞机在重返大气层时，气动加热现象使轨道器的表面温度很高，因此必须进行热防护。因为航天飞机是多次重复使用的，防热材料也要能够多次重复使用，因此不能用烧蚀法来防热。航天飞机表面的温度分布如图 5-41（a）所示，根据表面温度的不同，可以分成四个区域，不同的区域可以采用相应的可以重复使用的防热材料，如图 5-41（b）所示。如机身头部和机翼前缘，温度最高，可采用增强碳－碳复合材料（RCC），其可重复使用的温度达 1 593 ℃；机身、机翼下表面前部和垂直尾翼前缘，温度较高，可采用高温重复使用的防热隔热陶瓷瓦（HRSI）；机身、机翼上表面和垂直尾翼，气动加热不是特别严重，可采用低温重复使用的防热隔热陶瓷瓦（LRSI）；机身中后部两侧和有效载荷舱门处，温度相对较低（约 350 ℃），可采用柔性的、重复使用的表面隔热材料（FRSI）。为了有效地解决防热问题，对于温度最高的区域还要采取其他的措施，如采用热管冷却、强制循环冷却和发汗冷却等，以确保航天飞机的安全。

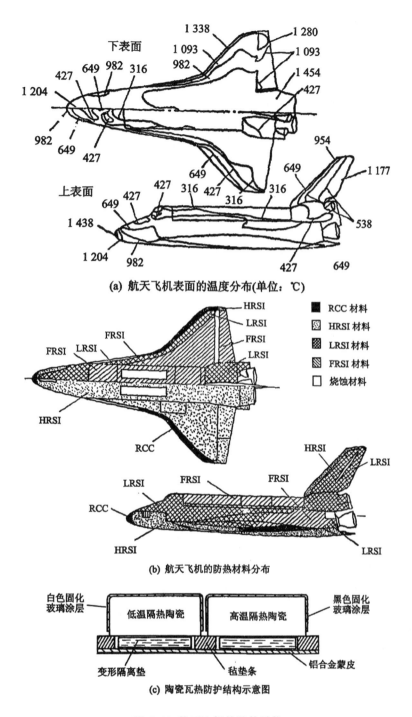

(a) 航天飞机表面的温度分布(单位：℃)

图例：
- ■ RCC 材料
- ▨ HRSI 材料
- ▦ LRSI 材料
- ▧ FRSI 材料
- □ 烧蚀材料

(b) 航天飞机的防热材料分布

(c) 陶瓷瓦热防护结构示意图

图 5-41 航天飞机的防热结构

　　陶瓷材料很脆，如果直接黏接到蒙皮上，在受热和受力情况下，陶瓷瓦会破裂，为避免这种现象，陶瓷瓦和铝合金蒙皮之间胶有一层厚度为 4 mm 的变形隔离垫，如图 5-41(c)所示，是由尼龙纤维毡垫缝合而成。

3. 轨道机动系统和状态控制系统

轨道机动系统主要是为航天飞机提供入轨机动、轨道修正、变轨、与其他航天器交会和脱离轨道所需的推力。该系统有两台液体火箭发动机，分别装在后机身两侧的两个外吊舱内，其所用推进剂为 N_2O_4 和一甲基肼，属于可存储的自燃推进剂，以便长期在空间多次启动。两台发动机共可提供 305 m/s 的速度增量。

姿态控制系统的功用是为轨道器精确的姿态控制和 3 个轴向移动及转动提供所需的推力。该系统共有 38 个推力室（每个推力为 3 885 N）和 6 个游动推力室（每个推力108 N）。前舱有 14 个主推力室和两个游动推力室，布置在机头上部。尾部布置在轨道机动发动机旁，左右外吊舱各有 12 个主推力室和两个游动推力室。游动推力室的作用是更精确的姿态控制。一般说来控制航天器的 3 个姿态角和 3 个轴向移动而不发生干扰，仅需 12 个推力室，而采用 38 个推力室主要是为了提高控制灵活性和备份可靠性。

5.3 航天测控系统

在航天飞行过程中，需要通过航天测控技术对运载火箭和各类航天器进行跟踪、测量、监视和控制，以便地面工作人员随时掌握航天器的飞行情况，并通过对飞行情况的分析对航天器进行控制，从而保障航天器完成各个阶段的飞行任务。

5.3.1 航天测控系统的分类

航天测控系统根据测控对象的不同可以分为卫星测控系统、载人航天测控系统和深空测控系统三大类。

1. 卫星测控系统

卫星测控系统是最常见的一类航天测控系统，测控作用的距离一般在几万千米，按测控轨道高度的不同又可分为近地卫星测控系统、中高度卫星测控系统和地球同步卫星测控系统。

2. 载人航天测控系统

载人航天测控系统相对于卫星测控系统而言，最突出的特点就是测控和通信的覆盖率要求更高，除了要有一般的跟踪、测量、遥测、遥控设备以外，还要配备和航天员进行天地通话和传递图像、视频信号的相应设备。

3. 深空测控系统

深空测控系统是为地球以外的月球、行星和行星际空间的探测器进行服务的系统，它最突出特点就是要保证能够达到超远程的测控和通信服务，因此，必须要装备大口径的天线和高灵敏度的接收系统。

5.3.2 航天测控网

　　航天测控网是航天测量控制与数据采集网的简称，其主要任务包括跟踪测量和监视航天器的飞行轨道及工作状态、实时完成对航天器轨道和姿态的控制、接收和处理航天器发送的各种信息、对出现故障并可能造成危害的航天器实施安全的自毁控制、向航天器用户提供航天器的相关信息。航天测控网利用测量跟踪技术、遥测遥控技术、通信技术和计算机技术，完成对航天器的轨道测量和控制。

　　航天测控网由测控中心和测控站组成。航天测控中心是信息收集、交换、处理和控制的中枢，主要由计算机系统、指挥监控系统和通信系统等组成，任务是实时指挥和控制测控站，收集、处理和发送各种测量数据，确定航天器的轨道要素，发布轨道预报，监视航天器的轨道、姿态和工作状态等。测控站的分布较广，有陆上测控站、海上测量船、空中测量飞机和天基数据中继卫星四大类，任务是根据测控中心的指示与航天器通信，直接接收测量信息和向航天器发送控制指令，可配合或单独对航天器进行控制。

　　以中国的航天测控系统为例，地面控制中心由北京航天飞行控制中心、西安卫星测控中心和酒泉发射指挥控制中心三大中心组成。陆上测控站包括东风站、和田站、渭南站、厦门站、青岛站、喀什站以及国外站和机动站等多个测控站，主要任务是直接对航天器进行跟踪、测量、遥测、遥控和通信，测控站把接收到的测量、遥测信息传送给航天控制中心，然后，根据航天控制中心的指示和航天器进行通信，并配合控制中心完成对航天器的控制任务。

　　海上测量船由"远望"一号至"远望"七号测量船组成，分别分布在太平洋、印度洋和大西洋海等不同的海域。海上测量船的主要任务是在航天控制中心的指挥下跟踪和测量航天器的运行轨迹，接收遥测信息，发送遥控指令，同时还要和航天员保持通信联系，如果航天器溅落在海上，还要负责营救返回的航天员。海上测量船可以大大提高对航天器的测控通信覆盖率，对载人航天任务的顺利完成起着非常重要的作用。

　　中国的天基数据中继卫星由"天链"一号和"天链"二号系列卫星组成。中继卫星系统是为航天器和地面测控站之间提供实时测控和数据中继服务的系统，一般都布置在离地球表面大约 36 000 km 的地球静止轨道上。作为中继站，中继卫星既能测控到中低轨道上的航天器，又能和地面进行联系，是航天器和地面测控站之间信息沟通的桥梁。

　　由于"站得高，看得远"，中继卫星系统对中低轨道航天器的测控覆盖率很高，一般来说，地基系统的一个地面站的轨道覆盖率大概只有 2% ～ 3%，而一颗中继卫星的轨道覆盖率可以达到 40% ～ 50%。因此，如果仅用地基系统对中、低轨道的航天器进行测控的话，要达到 100% 的轨道覆盖率就需要布置几十个甚至上百个地基测控站，而利用中继卫星，2 颗卫星组网就可以将覆盖率提高到 70%，3 颗卫星组网就可以将覆盖率提高到 100%。

　　例如，2011 年 11 月 3 日，中国"神舟"八号飞船与"天宫"一号目标飞行器成功交会对接，就使用了陆、海、天基一体化的测控通信网，通信网包括 15 个国内外陆基测控站、3 艘测量船和"天链"1 号 01、02 中继卫星，测控覆盖率提高到约 70%，确保了交会对接关键事件的顺利完成，如图 5-42 所示为"神舟"八号与"天宫"一号对接天地一体航天测控网示意图。2013 年 6 月 20 日，"神舟"10 号飞船升空后，航天员王亚平在太空进行了长达 50 min 的太空授课，其中流畅的直播画面就得益于"天链"一号 01、02 和 03 星的组网，如图 5-43 所示。在 50 min 的直播时间内，"天宫"一号已经绕地球飞行超过了大半圈，如果没有天基中继卫星服务，如此连续和清晰的画面质量是很难达到的。

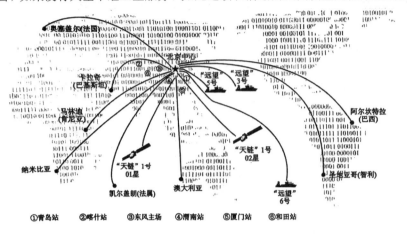

①青岛站　②喀什站　③东风主场　④渭南站　⑤厦门站　⑥和田站

图 5-42 "神舟"八号与"天宫"一号对接天地一体航天测控网示意图

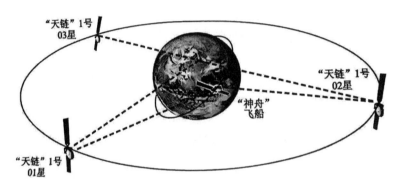

图 5-43 "天链"一号 01、02 和 03 星的组网示意图

5.4 飞行器导航系统

导航是把航空器、航天器、火箭和导弹等运动体从一个地方引导到目的地的过程。目前常用的飞行器导航方式有：无线电导航、惯性导航、卫星导航、图像匹配导航和天文导航等。飞行器在飞行过程中需要测定其位置、距离、航迹、飞行的速度、高度和方向等导航参数。

5.4.1 无线电导航系统

通信、广播、电视等利用无线电波传递信息的技术已得到广泛的应用。无线电导航系统 (radio navigation system) 的任务是由地面导航台发射无线电波，在飞行器上通过接收设备，测定飞行器相对于导航台的方位、距离等参数，以确定飞行器的导航信息，并通过显示系统提供给飞行员作为飞行参考，或通过电气信号提供给自动驾驶系统，完成航向、航线修正、自动着陆等导航任务。

无线电导航使用的无线电波是通过直接传播或通过大气电离层反射传播的，它们很少受气候条件的限制，并且作用距离远、精度高、设备简单可靠，所以是飞行器导航的主要技术手段之一。尤其是在夜间或复杂气象条件下保证飞行器的安全着陆，无线电导航设备是必不可少的导航工具。

根据导航方式的不同无线电导航可分为：测向无线电导航、测距无线电导航、测距差无线电导航和测速无线电导航等几种类型。

5.4.2 惯性导航系统

惯性导航系统 (inertial navigation system) 是通过测量飞行器的加速度，经运算处理得到飞行器当时的速度和位置的一种综合性导航技术。它的主要功能是：自动测量飞行器各种导航参数及飞行控制参数，供飞行员使用或与其他控制系统配合，完成对飞行器的自动控制（驾驶）。惯性导航系统主要由惯性敏感元件（加速度计）、角度测量设备（陀螺仪）数字计算机和显示设备等组成。

5.4.3 卫星导航系统

卫星导航系统 (satellite navigation system) 发展于 20 世纪 60 年代，是一种特殊的无线电导航系统，它用专用的导航卫星取代地面导航台发射导航信息。因为卫星位置高，信号覆盖面广，因此，可以实现全球导航定位。其基本的导航原理是：利用导航卫星发射的无线电信号，求出飞行器相对卫星的位置，然后再根据已知的卫星相对地面的位置，计算出飞行器在地球上的位置。可提供飞行器的纬度、经度、高度、精确时间、地速等信息。目前世界上性能最好、能够保证全球实时定位，且功能最完备的是美国的卫星全球定位系统 (global positioning system, GPS)。另外还有俄罗斯的全球导航卫星网 (GLONASS)，欧洲空间局 (ESA) 的"伽利略"导航卫星系统和中国的"北斗"导航定位卫星系统等。

1. 美国的 GPS 卫星导航系统

GPS 系统从 20 世纪 70 年代开始研制，1994 年全部完成建设，其组成包括导航卫星、地面站组和用户设备三个部分。

（1）导航卫星。GPS 系统共有 24 颗导航卫星，21 颗主星 3 颗备份。分布在与地球赤道成 55°夹角的六个轨道平面内，轨道高度约 20 000 km，每条轨道上有 4 颗卫星，每颗卫星的运行周期约 12 h。这样的卫星分布，能保证在任一时刻，在地球表面任一位置的地平线上仰角 7.5°的空间范围内，至少有四颗导航卫星。导航卫星的工作频率在

2 200～2 300 MHz，它们每隔 1 s 向地面播发一次卫星星历，星历内容包括：卫星的编号、发射该条星历的时刻、卫星在该时刻的位置（在大地坐标系中的三个坐标值）以及其他修正和加密编码等信息。

（2）地面站组。地面站组由监控站、主控站和上行注入站组成。监控站监测卫星及气象等数据，并经初步处理后送至主控站。主控站汇集所有数据后进行运算处理，计算出卫星运行轨道参数的变化，各卫星原子钟的校正参量、大气层对电波传播的校正参量等，编成导航电文送到注入站。注入站每天一次向各卫星注入导航电文。

（3）用户设备。用户设备包括 GPS 接收机和接收天线。接收机通过天线接收卫星信号，经运算处理，输出导航信息供在导航显示器上显示或为自动驾驶系统提供导航参数。

GPS 系统是一种高精度的导航系统，其定位精度不超过 1 m。如果通过其他一些技术，如在一些已知地点设置 GPS 接收机，根据 GPS 测量结果与已知地点坐标的误差，对该地点附近使用同类 GPS 接收机的用户得到的测量结果进行修正（GPS 差分技术），对于运动速度不大的用户，其定位精度可达厘米级。GPS 系统除提供位置外，还具有时钟校准（授时精度在微秒级），三维速度测量（精度约 0.2 m/s）等功能。GPS 系统可全天候工作，用户数量不受限制，用户设备是被动式工作（只接收不发射），便于隐蔽。

在军用航空中，GPS 系统为保障轰炸机、巡航导弹等攻击的准确性，为特种航空侦察、通信、搜索、救援以及指挥监控等方面，提供了有效的定位手段。

2. 俄罗斯 GLONASS 卫星导航系统

GLONASS 项目是苏联在 1976 年启动的项目，20 世纪 80 年代初开始部署，1995 年投入使用。卫星系统由中轨道的 24 颗卫星组成，可提供高精度的三维空间和速度信息，也可提供授时服务。GLONASS 导航卫星分布在 3 个轨道平面上，轨道倾角为 64.8°，轨道高度 19 100 km，运行周期 11 h 15 min。GLONASS 导航系统在发展过程中由于经费不足等原因，曾一度只剩 6 颗卫星运行，目前在轨工作卫星又恢复到 24 颗，从而使 GLONASS 导航系统实现了全球覆盖。GLONASS 导航系统的精度比 GPS 略低，是世界上第二个军民两用的卫星导航系统，目前导航精度为 5～6 m。

GPS 和 GLONASS 两个系统能覆盖全球，能全天候进行定位导航，有些卫星定位接收机能同时接收两个系统的信息，在接收条件不好时互补不足。

3. 欧洲空间局的"伽利略"卫星导航系统

欧洲空间局的"伽利略"卫星导航计划于 2002 年开始启动，卫星系统由 30 颗中高轨道卫星组成，可提供导航、定位、授时服务，原计划 2008 年投入使用。但实际建设过程滞后，2005 年和 2008 年仅有 2 颗试验卫星发射升空，2011 年 10 月具备完整功能的 2 颗卫星首次升空，2021 年完成全部 30 颗卫星的发射，实现全球导航。

伽利略导航系统的卫星轨道比 GPS 略高，离地面约 24 000 km，主要用于民用。其定位误差不超过 1 m，商用服务开通局域增强功能时定位误差为 10 cm。伽利略导航系统如果能顺利建成的话，将和美国的 GPS 系统形成强有力的竞争。

4. 中国的"北斗"卫星导航系统

中国的"北斗"卫星导航系统于 1994 年启动建设，2020 年全面建设完成。20 多年间，我国在西昌卫星发射中心共进行了 44 次"北斗"发射任务，先后将 4 颗"北斗"一号试验卫星、55 颗"北斗"二号和"北斗"三号组网卫星送入预定轨道,任务成功率为 100%。

"北斗"卫星导航系统具有以下特点。

(1)"北斗"系统空间段采用了中圆地球轨道卫星(MEO)、倾斜地球同步轨道卫星(IGSO)和地球同步轨道卫星(GEO)三种轨道卫星组成的混合星座,如图 5-44 所示,与其他卫星导航系统相比高轨卫星更多,抗遮挡能力更强。

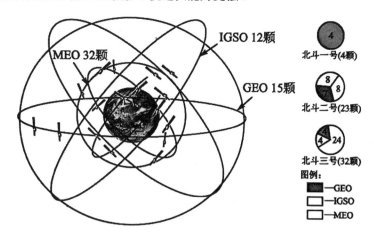

图 5-44 "北斗"导航卫星轨道分布示意图

(2)"北斗"导航系统提供了多个频点的导航信号,可通过多频信号组合使用进一步提高服务精度。

(3)"北斗"导航系统创新融合了导航与通信能力,具备定位导航授时、星基增强、地基增强、精密单点定位、短报文通信和国际搜救等多种服务能力。短报文通信功能是其他卫星导航系统所不具备的独特功能,使用这个功能,用户不但可以向系统传送短报文信息,还可传输语音和图片,具备反向链路确认能力,在特殊情况下可以起到非常重要的作用。

"北斗"三号卫星导航系统可以提供开放服务和授权服务两种服务方式。开放服务是在服务区中免费提供定位、测速和授时服务,定位精度为 10 m,授时精度为 50-ns,测速精度 0.2 m/s。授权服务是向授权用户提供更安全的定位、测速、授时和通信服务及系统完好性信息。

5.4.4 图像匹配导航系统

地球表面的山川、平原、森林、河流、海湾、建筑物等构成了地表特征形状,这些信息一般不随时间和气候的变化而改变,也难以伪装和隐藏。利用这些地表特征信息进行的导航方式称为图像匹配(image matching navigation system)。

1. 导航原理

预先将飞行器经过的地域,通过大地测量、航空摄影、卫星摄影或已有的地形图等方法将地形数据(主要是地形位置和高度数据)制作成数字化地图,存储在飞行器的计算机中,这种地图称为原图。飞行器在飞越已经数字化的预定空域时,其上的探测设备再次对该区域进行测量，取得实际的地表特征图像，将实时图与预先存储的原图进行比较，由此可以确定飞行器实际飞行的地理位置与标准位置的偏差，用以对飞行器进行导航。

图像匹配导航可分为地形匹配导航和景象匹配导航两种。

地形匹配导航是以地形高度轮廓为匹配特征，通常用无线电高度表测量沿航迹的高度数据，与预先获得的航道上的区域地形数据比较，若不一致，表明偏离了预定的飞行航迹。这种方式是一维匹配导航，适合于山丘地形的飞行。

景象匹配导航是以一定区域的地表特征，采用摄像等图像成像装置录取飞行轨迹周围或目标附近地区地貌，与存储在飞行器上的原图比较，进行匹配导航。景象匹配属于二维匹配导航，可以确定飞行器两个坐标的偏差，适合于平坦地区导航。

2. 数字地图

数字地图是地形匹配导航和景象匹配导航的关键数据原图，地形匹配时由计划飞行航线的地形轮廓高度形成，景象匹配时由计划飞行航迹或目标附近的二维网格地图形成。

如图 5-45 所示将实际地形转化为数字地图的示意图。图中 A 层是实际的地形图，把它分成若干个小方块，称为网格划分。通常按照经纬度方向划分成等间隔网格，网格越小精度越高，同时数据量也越大，对计算机的要求也越高。但网格不能划分得太大，至少能分辨出地表的地物或自然起伏，如公路、小河、房屋等。网格的位置包含了 (x, y) 两个坐标，网格中的数字表示这一格中的地面高度的平均值，这样每一个格就表示了三维坐标 (x, y, z)，B 层为地表数字化地图，存储在计算机中的是格中的数字和每个数字对应的坐标 (x, y, z)。地形匹配用的航线地形轮廓，是从这样的数字地图中沿航线提取一组数据组成的。如图 5-46 所示为网格化的数字地图，其中粗线画出了一组航线轮廓高度数据。

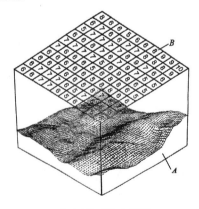

图 5-45 数字地图的示意图

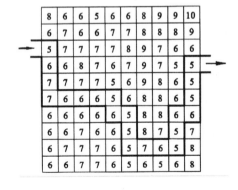

图 5-46 网格化的数字地图

3. 地形匹配导航

单纯的地形数据不能提供地理坐标位置，地形匹配导航必须与其他导航方式进行组合，如地形／惯性组合导航，就是由惯性导航系统提供地理位置信息，利用地形匹配修正惯性导航的误差，以提高定位精度。

地形匹配导航辅助导航系统主要由以下硬件设备组成：

(1)惯性导航系统，提供全部导航信息。

(2)无线电高度表，提供真实高度。

(3)气压式高度表或大气数据系统，提供绝对高度。

(4)导航计算机和大容量存储器，进行匹配计算和存放数字地图。

其中高度表、大气数据系统等仪表系统为导航系统提供所需的数据，而并非在导航系统中另采用一套。

在一维的地形匹配导航中，地形跟踪是主要的飞行方式，它由大气数据系统提供绝对高度，由无线电高度表探测航路上的真实高度，绝对高度减真实高度得到地形高度，沿飞行航迹的地形高度序列数据组成了高度实时图。将实时图与存储的数字地图按一定的算法进行数据处理，找出原图中与实时图最为接近的区域，则这个区域就是飞行器估计的地理位置，地形／惯性组合导航系统根据这个估计值去修正惯性导航系统的指示误差。匹配算法是相当复杂的，它对计算机有很高的要求。一般来讲，实时图与原图几乎找不到完全一致的区域，通常是以一定的误差范围来判断匹配的接近程度，满足所要求的误差精度，就认为达到了匹配，原图中的相应位置即飞行器当时的地理位置。

利用地形匹配导航可以使飞行器进行地形跟踪，保持一定的真实高度，也可利用数字地图中相同地形高度进行地形回避飞行，绕过高山，在山谷中穿行，地形跟踪和地形回避是军用飞机低空突防的隐蔽飞行方式，并可保证低空飞行的安全高度。

4. 景象匹配导航

景象匹配原理与地形匹配是类似的，两者的差别在于，景象匹配是在一定范围内，将实时图与网格化的数字地图逐格进行匹配，找出原图与实时图相似度最大的部分区域，来估计飞行器的地理位置。

景象匹配导航通常用在导弹的制导中。巡航导弹和弹道导弹在经过远距离飞行，到达标区后，采用景象匹配技术进行末制导，修正飞行轨迹的偏差。

图像匹配导航需要在使用前预先制作大量数字化地图。对于导弹这样的武器系统，在出厂时是无法预先知道在哪里使用的，必须在使用前临时安装航线和目标附近的数字化地图，如图 5-47 所示为"战斧"巡航导弹制导飞行示意图。导弹可以从水面舰艇发射，也可以从潜艇发射。

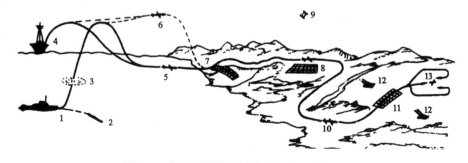

图 5-47 "战斧"巡航导弹制导飞行示意图
1—潜艇发射；2—保护箱抛入海底；3—冲出水面；4—水面舰艇发射；5—低弹道巡航飞行；
6—高弹道巡航飞行；7—地形匹配首次位置修正；8—中途位置修正；9—GPS 卫星导航系统；
10—地形回避飞行；11—末段景象匹配位置修正；12—防空系统；13—目标

导弹在海面上采用惯性制导系统，按程序控制飞行。进入陆地后巡航高度在 60 m 以下，在崎岖山区可增至 150 m，这时采用地形匹配导航，进行航线修正和地形回避。进入目标区后，采用景象匹配进行目标末制导，精确修正飞行轨迹，使命中精度达几米。"战斧"巡航导弹的不足之处在于制订攻击计划后临时改变比较困难，过程复杂，时效性差。由于它单纯地使用图像匹配制导技术，使得"战斧"巡航导弹只能攻击已知的固定目标，而无拦截和搜索目标的能力。

5.4.5 天文导航系统与组合导航系统

1. 天文导航系统

天文导航系统（celestial navigation system）是通过观测天体来确定飞行器的位置和航向的导航技术。生活中人们白天可以看太阳来大致知道方位，晴朗的夜晚，北半球的人们可以通过北极星来确定哪边是北方。这些都是最简单的天文导航。很早以前，航海者就依据观测太阳、月亮、星体来测量船舶的航向，并在汪洋大海中确定船的位置。航空和航天的天文导航都是在航海天文导航基础上发展起来的，它继承了天文航海的基本方法，又考虑了现代飞行要求的设备自动化、高精度、体积小等特点。

随着航空航天技术的发展，出现了高精度的自动天体跟踪器（习惯称星体跟踪器），它白天能观测到 3 星等，夜晚能观测到 7 星等，并有自动搜索、跟踪和解算的功能，观测和跟踪的精度可达角秒级水平。

一个星体就是一个能源，太阳是等级很高的能源。天文学上为区分天体的亮度和强弱，采用"星等"来表示天体的相对亮度，如北极星为 2.1 星等。用正常视力能看到的星属 6 星等，1 星等比 6 星等亮度大 100 倍。星越亮，星等数越小。亮度大于 1 星等的为 0 星等，甚至负星等，例如天狼星为 –1.6 星等，月亮满月时为 –12.7 星等，太阳为 -26.8 星等。星体跟踪器在夜晚要求能探测并跟踪到 7 星等。

夜晚观看天空，所有天体似乎都嵌在一个巨大圆球的内壁上，它们没有远近之分，只有明暗的不同，观测者好像是站在这个圆球的中心。实际上这个圆球是不存在的，各天体离地球的距离也并不相等。利用天体来测定飞行器地理位置和航向并不需要了解天体离地球的实际距离，所需要的是天体与观测者之间的角度关系，于是人们把星空想象成一个以观测者为中心，任意长为半径的球体，这个球称为天球；不论天体离地球远近如何，它们都投影在天球的球面上。由于地球半径比起天体离地球的距离来说是微不足道的，所以，研究天体在天球上的投影位置的时候，也可以不考虑地球的大小，认为地球中心就是天球中心，观测者就位于球心处。

天文导航根据天体的辐射能（可见光、红外线等）进行工作，它不像无线电导航那样易被发现和干扰，也不像惯性导航那样有积累误差，是一种自主导航技术。但是对于航空器来说，天文导航易受天气条件的影响。因此天文导航比较适合于在高空飞行的飞机，在大气层外飞行的宇宙飞船、航天飞机和弹道导弹等飞行器。

2. 组合导航系统

随着航空航天技术的发展，导航技术应用越来越广泛，人们对飞行器的导航精度要求也越来越高。现有的无线电导航、惯性导航、卫星导航、图像匹配导航和天文导航等不同的导航技术，都有各自的优点，但在使用上也都存在各种误差，并且会受到外界条件的干扰和影响。于是出现了组合导航系统(combined navigation system)。

惯性导航是一种完全自主导航系统，它不受飞行器以外的环境条件影响，也无法对它进行干扰。但定位误差会随时间积累，导航精度随时间增加而降低。

无线电导航一般不受气象条件影响，没有积累误差，但易被发现和干扰，而且需要导航台的支持才可以工作。

图像匹配导航和天文导航同样易受天气状况和昼夜因素的影响，严重时甚至无法工作。卫星导航技术目前是较为完备的导航技术，它没有积累误差，天气影响较小，能进行全球、全天候导航，在使用实时差分技术后，定位精度可提高很多。但也有整个导航系统比较复杂，导航信号较弱，易受人为干扰等缺点。

在实际飞行器导航中，通过采用两种或两种以上的组合导航方式，弥补不同导航技术的不足，发挥各种导航技术的优点，互相取长补短，使得组合后的系统能提高导航精度，增加导航系统工作的可靠性。

常见的组合导航方式有：惯性／无线电导航系统、惯性／卫星导航系统、惯性／天文导航系统、惯性／图像匹配导航系统、惯性／天文／无线电导航系统等。

5.5 航天系统和太空资源

5.5.1 航天系统

航天系统(space system)，又称航天工程系统，是由航天器、航天运输系统、航天器发射场、航天测控网、应用系统组成的完成特定航天任务的工程系统，如图5-48所示。其中应用系统指航天器的用户系统，一般是地面应用系统，如全球定位系统(GPS)接收机、气象预报等。

航天系统是现代典型的复杂工程大系统，具有规模庞大、系统复杂、技术密集、综合性强，以及投资大、周期长、风险大、应用广泛和社会经济效益可观等特点，是国家级大型工程系统。完善的航天系统是一个国家科技水平和经济实力的重要标志，目前世界上只有为数不多

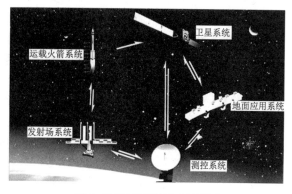

图 5-48 航天系统组成示意图

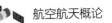

的国家拥有这种实力，而我国就是其中之一。

5.5.2 太空资源

1. 太空资源基本范围

太空中可利用的资源比地球上可利用的资源要多得多。仅从太阳系范围来说，在月球、火星和小行星等天体上，有丰富的矿产资源，在类木行星和彗星上，有丰富的氢能资源；在行星空间和行星际空间有真空资源、辐射资源、大温差资源，那里的太阳能利用效率也比在地球上高得多。利用航天器的飞行，还可派生出轨道资源和微重力资源等。

在 $200 \sim 500\,km$ 的低轨道空间真空度为 $10^{-4}\,Pa$，而在 $35\,800\,km$ 的地球同步轨道上则为 $10^{-11}\,Pa$ 的高真空度。空间真空不仅纯净无污染，而且体积硕大，是地面人为真空条件无法比拟的。

地球轨道上的太阳辐射密度为 $1.4\,kW/m^2$，是地面上的两倍。其宇宙辐射强度也比地面大得多，并且是全谱的。特别是宇宙高能重粒子，由于大气阻尼和吸收，很难到达地面。

在空间环境中，由于高真空绝热，被太阳直射的物体表面，可达到 100 ℃以上高温，而背阴面则可保持 -100 ℃以下的低温。两者之间形成大的温差，而且非常稳定。

自从航天器问世后，科学家们首先想到的就是利用太空的轨道资源，即利用高远位置这一得天独厚的有利条件。众所周知，站得高、看得远。地球的空间轨道，远离地表，高于大气层，在那里能以不同高度、不同角度俯视地球，特别是与地球同步、与太阳同步的轨道具有特殊意义。为此，旨在开发太空轨道资源的形形色色的航天器竞相升空。例如，通信卫星就是把原来在地面的无线电中继站搬到卫星上，从而大大提高了信号的覆盖面积和传输距离、通信质量和抗破坏性，减少了费用，使通信技术发生质的飞跃。遥感卫星相当于空间观测平台，具有观测范围广、观测次数多、时效快、连续性好等优点，对气象预报、陆地资源开发、海洋资源开发起到巨大推动作用。导航卫星设在太空的基准点，它能克服地面无线电导航台存在的信号传播距离有限等一系列缺点，是最先进的导航技术。

在太空"制高点"上不仅可以观地，还能望天。在那里进行天文观测不受大气层影响，使全波段天文观测变得轻而易举。天文卫星、空间站就是理想的天文台。

太空的微重力（重力加速度小于 $10^{-4}g$）是一种宝贵资源，利用这种资源可以进行地面上难以实施的科学试验、新材料加工和药物制取等。在微重力条件下，由于无浮力，液滴较之地面更容易悬浮，冶炼金属时可以不使用容器，即采用悬浮冶炼，因而能使冶炼温度不受容器耐温能力的限制，进行极高熔点金属的冶炼，避免容器壁的污染和非均匀成核结晶，改变晶相组织，提高金属的强度。微重力条件下，气体和熔体的热对流消失，不同比重物质的分层和沉积消失，对生产极纯的化学物质、生物制剂、特效药品，以及均匀的金属基质复合材料、玻璃和陶瓷等也很有用。

太空旅游观光资源。美、日等国已在筹划建设太空饭店，如果发展顺利，进入太空观赏宇宙美景，回头观望人类的摇篮——地球，为期不会很远了。在月球上发现冰冻水以后，已有人设想在月球上建造度假宾馆，到时还可欣赏月球景色。

开发太阳能资源。航天器上的太阳能发电只供航天器本身使用。一些国家已在计划建造太阳能发电卫星，即太空电站。它可将太阳的光能高效率地转变成大功率的电能，再把电能用微波或激光发往地面给用户使用。太阳能利用的另一种形式是建造人造小月亮和人造小太阳，为城市和野外作业照明，增加高寒地区的无霜期，保证农业丰产丰收。

开发月球资源。月球上有丰富的氧、硅、钛、锰和铝等元素，还有地球上稀缺的、清洁的核发电材料氦 –3。月球上无大气影响，以及长长的黑夜和低温等许多有利的环境条件，是理想的科学研究和天文观测基地。

开发小行星和彗星上的资源。金属型小行星上有丰富的铁、镍、铜等金属，有的还有金、铂等贵金属和珍贵的稀土元素。彗星上有丰富的水冰。这些资源和月球上的资源可用于建设航天港和太空城，也可供地球上使用。

在近地空间范围内，主要包括空间轨道资源、太阳能资源、太阳风（光压）资源、微重力资源、真空环境资源、月球基地资源、空间高速公路轨道特征点资源、空间环境资源等。这些资源是一种客观存在的物质和运动形式，有些看得见，摸得着，有些感觉得到，测不到，还在探索和发现过程中，要靠我们不断认识、探索、发现、开发、应用、利用、转化等。

2. 具体的用途

空间轨道资源是指太空轨道有着特殊的用途。太空轨道上，运行的人造卫星、空间站等航天器观测人类赖以生存的地球，可以快速地追踪地球的变化，监测和预报天气、火山爆发、森林大火、洪水、地震等自然灾害；可以穿云破雾观测大气地表的变化，对大地和海洋进行高精度测量，成为气象预报、地球资源勘探、环境监测的重要信息来源；通信卫星可以为各地人们实现通信服务；导航卫星在全世界范围内提供了全天候、全天时卫星导航定位信息，使铁路、公路、海洋、航空的运输更加高效安全。

太空微重力、高真空环境为空间新产品开发开辟了新的途径。太空微重力的开发利用，将推动流体力学、材料科学和生物技术的发展，在材料、制药、农业、电子等领域显示出巨大的发展潜力。

在太空可充分利用清洁、低廉、无污染的太阳能资源。太空中的太阳能电池板没有大气层的阻隔，没有干扰，接收太阳光的强度是地球上的 8 ～ 10 倍，而且更清洁。而且它可以 24 小时持续不断地接收阳光，解决了地面太阳能发电间断和稳定性差的问题。

美国、俄罗斯等国发射月球探测器和行星际飞船，已经探测到月球、小行星、火星上拥有丰富的物质资源。月球表面不仅储存有丰富、清洁、安全的核聚变燃料氦 –3，而且还富含硅、铝、钙、钠、铁等元素矿物资源；在一些小行星上发现了丰富的铁、镍、铜等金属和宝贵的稀土元素，特别是在月球和火星上，探测到存在大量水冰，储量有上亿吨，这些都为进一步开发月球和火星创造了条件。

| 拓展广场 |

人物事迹

中国航空航天领域十大专家

中国航天事业起始于 1956 年，在我们逐梦星辰大海的数十年间，一代又一代的中国航天人前赴后继，为中华民族不懈追求的航天梦奉献出自己的青春和岁月。回望中国航天史，钱学森、孙家栋、任新民、黄纬禄、屠守锷、王希季等科学家为中国航天事业立下了不朽功勋。

钱学森 中国航天事业奠基人 火箭之王	**梁守槃** 中国海防导弹之父 东风一号总设计师
孙家栋 中国卫星之父 探月工程首任总设计师	**王希季** 中国空间事业开创人 使中国成为世界上第五个空间国家
任新民 中国航天技术重要开拓者 中国放卫星的人	**郭永怀** 近代力学事业奠基人之一 被追授两弹一星功勋奖章
黄纬禄 中国导弹事业开拓者 被称为航天老总	**钱骥** 中国空间技术重要开拓者 两弹一星元勋
屠守锷 中国航空四老之一 开创中国液体弹道式导弹先河	**赵九章** 人造卫星事业奠基者之一 建立中国首个空间环境实验室

钱学森（1911.12.11—2009.10.31），汉族，吴越王钱镠第 33 世孙，生于上海，祖籍浙江省杭州市临安。世界著名科学家，空气动力学家，中国载人航天奠基人，中国科学院及中国工程院院士，中国两弹一星功勋奖章获得者，被誉为"中国航天之父""中国导弹之父""中国自动化控制之父"和"火箭之王"。钱学森于 1955 年 10 月冲破重重阻力从美国回到祖国后，长期担任中国导弹航天事业主要技术领导职务，为中国导弹航天事业的创建与发展做出杰出贡献。

思考题

1. 什么是开普勒三大定律？

2. 什么是三大宇宙速度？分别代表了什么？

3. 轨道要素有哪些？

4. 简述各种卫星轨道的特点。

5. 圆轨道和椭圆轨道中轨道高度和轨道速度的关系分别是什么？

6. 航天器发射入轨的方式有哪些？

7. 什么是轨道摄动？摄动因素有哪些？

8. 为什么要做轨道机动？轨道机动的方式有哪些？

9. 举例说明什么是航天器的专用系统。

10. 航天器的保障系统包括哪些分系统？

11. 航天飞机的飞行方式与普通飞机有什么不同？

12. 空间站的主要用途有哪些？

13. 航天器姿态稳定与控制的方法有哪些？

14. 世界卫星导航系统有哪些？

15. 中国航空航天事业建立于一穷二白的新中国，发展至今取得举世瞩目的成就，说出中国"航天四老"的贡献与事迹。

6.1 飞行控制系统、飞行器控制系统及地面保障

6.1.1 飞行控制系统概述

飞行控制系统用来保证飞行器的稳定性和操纵性、提高完成任务的能力与飞行品质、增强飞行的安全及减轻驾驶员负担。飞行器的飞行操纵系统可分为人工操纵和自动控制两类。人工操纵是指驾驶员通过操纵装置操纵气动舵面、发动机油门杆或阀门开关等方式控制飞行器的飞行。自动控制是指通过飞行自动控制系统，自动完成对气动舵面和发动机油门杆的操纵，驾驶员只进行监控。

飞行控制系统的主要功用有自动飞行控制和改善飞行性能。

(1) 自动飞行控制。

自动飞行控制就是利用一套专门的系统，在无人参与的条件下，自动操纵飞行器按预设的姿态和航迹飞行；通常可实现飞行器的三轴姿态角及三个方向空间位置的自动控制和稳定。例如，对于完全无人驾驶的飞行器（无人机或导弹等），实现完全的飞行控制。

对有人驾驶的飞行器，如民用客机或军用飞机，虽然有人参与驾驶，但在某些飞行阶段（如巡航等），驾驶员可以不直接参与操纵，而由自动飞行控制系统实现对飞行的控制，但驾驶员需对自动飞行指令进行设置和监督，并可以随时切断自动控制而实现人工驾驶。

采用自动驾驶的应用范围有：

①长距离飞行时，可缓解驾驶员的疲劳，减轻驾驶员的工作负担。

②在一些坏天气或复杂的环境下，驾驶员难于精确控制飞机姿态和航迹，自动飞行控制系统可实现对飞机姿态和航迹的精确控制；

③可应用于驾驶员难于精确完成的一些飞行任务，如进场着陆，采用自动飞行控制可以较好地完成任务。

(2) 改善飞行性能。

一般来说，飞行性能是由飞行器本身的气动特性和发动机特性决定的。如飞机在高空飞行时，由于空气稀薄，飞机的阻尼特性变坏，致使飞机角运动产生严重的摆动，靠驾驶员人工操纵会很困难。而飞机常被设计成静不稳定结构，驾驶员是难于操纵的。

为了解决这类问题，改善飞行性能，现代飞机上常用增稳系统或阻尼器系统来实现。这类飞行控制系统用来改善飞机的飞行性能，是飞机飞行不可缺少的组成部分。

2. 飞行控制系统的发展

早期的飞机，功能简单，性能较低，由人工操纵即可完成飞行。随着航空技术的发展和飞机性能的提高，人工操纵遇到了很多困难，需要自动控制系统来辅助。1912 年，美国的爱莫尔·斯派雷和他的儿子制成了世界上第一套自动驾驶仪，该驾驶仪的作动器及测量飞机姿态角的陀螺均由压缩空气驱动，用来保持飞机平飞时的俯仰角和滚转角的稳定。

现代典型自动飞行控制系统的发展是在第二次世界大战期间。当时，由于战争需要长距离的飞行，美国研制了功能完善的 C-1 电气式自动驾驶仪，可实现飞机的三姿态稳定。二战后期，德国研制了无人驾驶的飞行器导弹，如 V-1 飞航式导弹、V-2 弹道导弹，应用自动驾驶仪来稳定导弹的姿态，并与其他装置配合控制航迹，如定高、自动下滑等。第二次世界大战后，自动飞行控制系统有了较大的发展，自动驾驶仪与其他航空电子设备相耦合，实现了航迹的自动控制。1947 年 9 月，美国 C-54 飞机完成了跨大西洋不着陆的自动控制飞行，从起飞到着陆实现了全过程的自动化控制。

20 世纪五六十年代以后，阻尼器系统、增稳系统和控制增稳系统开始用于飞行控制，功能从单纯实现自动飞行逐步发展到改善飞机的飞行性能和品质。特别是随着微电子和计算机技术的发展，在控制增稳系统的基础上发展了电传操纵系统，并在一些军用飞机以及大型民用飞机上取消了机械操纵系统。

20 世纪 70 年代以来提出主动控制技术（active control technology，ACT），在飞机设计初始阶段就考虑飞行控制系统，实现飞机气动布局、飞机结构设计、发动机选型和飞行控制四个方面的协调配合，保证以获得最佳飞行性能，实现一些非常规的机动动作。自动控制技术不仅在军用飞机上获得了广泛应用，而且从 80 年代开始在民用客机上也得到了应用。

由于对飞机的要求日益提高，现在飞机上已安装有多种系统。20 世纪 80 年代以后，飞机上的多种系统逐步综合，实现了综合化管理，形成了综合控制技术，使飞机的性能进一步得到提高，减少了设备检测和维护工作量，减轻了驾驶员的工作负担。

目前，世界上一些先进的军用飞机已实现飞行控制与火力控制的综合、飞行控制与推进控制的综合，进而实现飞行／推进／火力控制系统的综合，促进了各系统协同工作，更好地保障各种飞行任务的完成。在综合和控制技术发展的基础上，航空工业技术先进的国家持续军机战术任务飞行管理系统的研究，主要是飞行任务与飞行航迹管理的研究，力争在新一代飞机上加以应用，以进一步提高飞机完成任务的效率和飞行安全。目前民用飞机已广泛采用了飞行管理系统，从而使运行效益和飞行安全大大提高。

20世纪60年代以前，飞行控制系统采用模拟计算机或模拟电路，限制了飞行控制功能的发展。随着数字计算机的发展，数字式飞行控制系统已取代了模拟飞行控制系统。可以预见，现代控制理论、新型计算机和新型飞行器结构、气动布局等几个方面的结合，必将不断促进研发出性能极佳和可靠性极高的飞行器。

6.1.2 飞行操纵系统

1. 飞机操纵系统的发展

驾驶员通过操纵位于飞机不同部位上的气动操纵面，改变作用于飞机上的气动力及力矩，从而实现不同的飞行任务。在飞机座舱中，驾驶员可通过移动驾驶杆或脚踏，操纵位于不同翼面上的气动操纵面偏转，实现对飞机运动的控制。100多年来。飞机操纵系统的发展大致经历了以下几个阶段。

(1) 机械操纵系统。

飞机诞生以后的30多年中，飞机的操纵系统是简单的机械操纵系统，由钢索的软式操纵发展为拉杆的硬式操纵。驾驶杆及脚蹬的运动经过钢索或拉杆直接拖动舵面运动，如图6-1（a）所示。驾驶员在操纵过程中必须克服舵面上所承受的气动力，并依据操纵感觉来控制飞机。对传动的摩擦、间隙和传动系统的弹性变形加以限制，就可以获得满意的性能。

(2) 加装液压助力器的操纵系统。

随着飞机尺寸、质量及飞行速度的不断增加，舵面铰链力矩不断增大，使得驾驶员难以直接通过钢索或拉杆拉动舵面。20世纪40年代末出现了液压助力器，如图6-1（b）所示，作为一种辅助装置——助力操纵系统增大施加在舵面上的作用力，以发挥飞机的全部机动能力。在该系统中，驾驶员仍然可以通过拉杆或钢索感受到舵面上所受到的气动力，并依据这种感觉来操纵飞机。

(3) 全助力操纵系统。

超声速飞机出现后，超声速飞行时飞机的焦

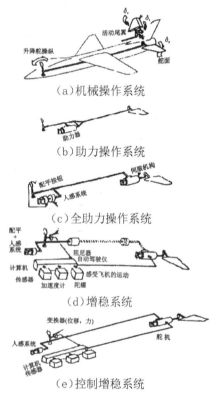

(a)机械操作系统

(b)助力操作系统

(c)全助力操作系统

(d)增稳系统

(e)控制增稳系统

图6-1 飞机操纵系统的发展

点急剧后移，纵向静稳定力矩剧增，需要相当大的操纵力矩才能满足机动性能要求。由于尾翼上出现超声速区，升降舵的效率大大降低，需采用全动平尾进行操纵。由于全动平尾的铰链力矩很大，且数值的变化范围较宽，非线性特性影响严重，驾驶员依据承受舵面上的铰链力矩来操纵飞机很困难，因此出现了全助力操纵系统，如图6-1（c）所示。

在此类系统中，舵面与驾驶杆没有直接联系，驾驶员的操纵指令直接控制助力器上的分油活门，从而通过助力器改变舵面的偏转并承受舵面的铰链力。因此，驾驶杆上所承受的杆力仅用于克服传动机构中的摩擦力，与飞行状态无关；驾驶员也无法根据杆力的大小来感受飞机飞行状态的变化。

为使驾驶员获得必要的操纵感觉，感受到适当的杆力和杆位移，在系统中增加了人感装置。人感装置是用弹簧、缓冲器以及配重等构成的系统，用来提供驾驶杆上所受的人工感力。这类人工感力在移动操纵面时是不需要的，但在操纵飞机时能给驾驶员提供适当的操纵品质。驾驶杆的操纵情况要随飞行状态变化，需通过利用特定的力臂调节器等来实现，如美国的 F–86、F–104、B–727，以及苏联的米格 –15 都采用了这种全助力操纵系统。

(4) 加装增稳装置的操纵系统。

20 世纪 50 年代中期以来，随着飞机向高空高速方向发展，飞行包线不断延长，飞机的气动外形很难既满足低空、低速的要求，又满足高空、高速的要求，常会出现飞机在高空、高速飞行时静稳定性增加而阻尼不足，但在低速飞行时稳定性又不够的现象。通常，单纯依靠改变人工操纵系统和飞机的气动外形，难以满足飞机操纵品质的要求。

为了提高飞机的稳定性和改善飞机的阻尼特性，第一次将人工操纵系统与自动控制结合起来，将增稳系统引入人工操纵系统中，从而形成了具有稳定功能的全助力操纵系统，如图 6-1（d）所示。这种系统采用角速率陀螺或加速度计测量飞机相关变量的变化，形成人工阻尼和增稳信号，通过串联或并联舵机操纵舵面，使飞机在高空或高速条件下，仍然具有良好的操纵品质。

从驾驶员操纵角度来看，增稳系统是飞机的组成部分，使驾驶员操纵起来犹如一架具有优良品质的"等效飞机"。在这个系统中，增稳系统和杆是相互独立的，增稳系统并不影响驾驶员的操纵。由于舵面既受驾驶杆机械传动指令控制，又受增稳系统产生的指令控制，为了操纵安全起见，增稳系统对舵面的操纵权限受到限制，一般仅为舵面权限的 3% ～ 6%。

(5) 加装增稳控制系统的操纵系统。

增稳系统在增大飞机的阻尼和改善稳定性的同时，在一定程度上降低了飞机操纵反应的灵敏性，从而使飞机的操纵系统变差。在增稳系统的基础上，进一步发展成为了控制增稳系统。它与增稳系统的主要区别在于：在控制增稳系统中，将驾驶员操纵驾驶杆的指令信号变换为电信号，经过一定处理后，引入到增稳系统中，作为增稳系统的指令输入信号来控制舵机的运动。控制增稳系统通过合理设计以获得满意的操纵性和机动性，较好地解决了稳定性与操纵性之间的矛盾。控制增稳系统的典型结构如图 6-1（e）所示。由于驾驶员还可通过该系统直接控制舵面，因此控制增稳系统的权限可以增大到全权限的 30% 以上。

传统的机械操纵系统以及带增稳或控制增稳的机械操纵系统都存在一些缺点，主要有：

①在大型飞机上机械操纵系统越来越笨重，尺寸过大。

②不可避免地存在一些影响，如传动间隙等，其所产生的迟滞现象是造成系统自振

的因素。

③由于机械操纵系统直接固定在机体上，容易传递飞机的弹性振动，引起驾驶杆偏移，有时会造成飞机诱发振荡等。

④由于控制增稳系统权限有限，无法解决现代高性能飞机操纵与稳定中的许多问题。

(6) 电传操纵系统。

20 世纪 70 年代初成功地研制和开发了电传操纵系统，较好地克服了机械操纵系统所存在的一些缺点。电传操纵系统就是将控制增稳系统中的机械操纵部分完全取消，驾驶员的操纵指令完全通过电信号传递，利用控制增稳系统实现对飞机的操纵。

2. 飞机电传操纵控制及电传操纵系统特点

电传操纵系统是把飞行员的操纵指令变换为电信号以操纵航空器的自动操纵系统。电传操纵系统由侧杆（微型驾驶杆）、传感器（敏感元件）、放大器（放大电信号）、机载计算机、执行机构（舵机）等组成。当飞行员操纵侧杆后，传感器感受到杆力并将力信号转变为电信号，电信号经过放大器放大后传递给机载计算机综合处理，执行机构在计算机的控制下，驱动舵面偏转，改变航空器的飞行状态，如图 6-2 所示。

电传操纵系统不是简单地用电信号的传递来代替机械传动，而是把主操纵系统和自动控制系统结合起来，所以又称为电子飞行控制系统。与机械操纵相比，电传操纵的优点是：

①结构简单，体积小，质量轻，便于安装和维修。

②由于取消连杆、杠杆、滑轮、钢索等机械操纵装置，消除了传动中的摩擦，改良了操纵品质。

③由于利用电缆传送信号，电信号便于与飞机上其他系统综合处理沟通。不是简单地用电信号传递代替机械传动，而是把电传主操纵与实现高性能飞行控制结合起来，便于实现飞机高性能的多种飞行模式。

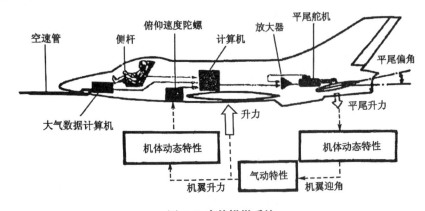

图 6-2 电传操纵系统

电传操纵的缺点是：由于采用了大量的电气设备，在使用过程中有可能受到电磁干扰以及雷击，对电气设备的可靠性威胁较大。特别是现代先进战斗机采用了越来越多的复合材料，飞机机体对电磁波的屏蔽作用越来越小，这个问题就会越来越严重。因此，现在美国已经开始了光传操纵系统的研究和试飞，将电信号转化为光信号，利用光纤来传输，从而彻底避免了传输过程中的电磁干扰。

6.1.3 自动控制系统

1. 自动驾驶仪

飞行器运动可分为绕飞行器质心的转动运动和飞行器的质心运动。转动运动是指飞行器的俯仰、偏航和滚转运动，质心运动是指飞行器加速（减速）、上升和下降等线位移运动。上述运动的特点对飞机和导弹都是一样的。

当用自动驾驶仪代替驾驶员操纵飞机时，自动驾驶仪应该模仿驾驶员操纵飞机的过程。首先，自动驾驶仪应有一个能够感知飞机俯仰角的装置，代替驾驶员目视陀螺地平仪（显示俯仰角的变化），为此将陀螺地平仪的指示状态改变为传感器，并对传感器输出与俯仰角成比例的电信号进行功率放大，使之能驱动升降舵面转动。其次，舵面偏转角的大小应与飞机俯仰角的大小成一定比例，以代替驾驶员不断推或拉驾驶杆，操纵升降舵面转动。

自动驾驶仪由敏感元件（测量俯仰角的传感器）、综合放大装置（信号综合、功率放大）和执行装置（舵机）三部分组成，并代替了驾驶员飞机配置自动驾驶仪，大大减轻了驾驶员的体力和脑力劳动，而且它是实现复杂飞行控制系统的一个基础装置。

综上所述，自动驾驶仪能稳定飞机的俯仰角运动，也称自动驾驶仪工作于稳定工作状态。如果驾驶员想改变飞机原来的飞行状态，需要拉或推驾驶杆，操纵升降舵面偏转，迫使飞机抬头或低头，改变平直飞行高度。当飞机到达要求的飞行状态后，再将驾驶杆收回到原来平直飞行时的位置。

2. 飞行轨迹控制

轨迹控制是要求飞行器质心以足够的准确度保持或跟踪给定的飞行轨迹。

许多飞行器的任务要求控制飞行轨迹。例如，飞机空中照相，要求在一定的高度上飞行；空中加油机在执行任务、飞机编队飞行、飞机执行轰炸任务等都要求保持在选定的高度上飞行；飞机着陆时沿下滑道飞行、导弹的精密制导也都是要求轨迹控制的例子。

（1）高度稳定与控制。

高度稳定和控制是在纵向自动驾驶仪稳定和控制飞机俯仰角运动基础上加上高度传感器形成的，利用控制升降舵面的方法来稳定和控制飞行高度。高度传感器包括高度差传感器（给定飞行高度与实际飞行高度之差的传感器）和高度差变化传感器（飞机上升、下降速度传感器），是感知高度和高度变化的传感器。在现代飞行控制系统，飞行高度和相应的变化率信号由大气数据计算机或无线电高度表提供；在低空或近地飞行时需要的高度信号可由无线电小高度表提供。

高度给定装置是设置预选飞行高度的输入装置，可以预先设置飞行高度。同自动驾驶仪有稳定和控制两种工作状态一样，飞行高度控制系统也有高度保持的稳定状态和飞行高度预选控制状态。高度的稳定状态要求高度控制系统自动保持飞机在给定的高度上飞行。当飞机受到外界干扰时，如气流下扰，飞机上升到高于预定高度，高度和高度差传感器就会感知这种改变，输给综合装置一个相应的电信号，经自动驾驶仪操纵升降舵

面后缘向下偏转，形成低头力矩，使飞机下降，返回到预定高度。

高度的控制状态是要求高度控制系统能自动改变飞行高度，达到预定高度后再保持定高飞行。当驾驶员通过高度输入装置将飞行高度调到期望高度上时，其输出的电信号经自动驾驶仪操纵升降舵面后缘做相应的向上（向下）偏转，飞机就自动进入爬升（下降）飞行；飞机接近期望高度后就自动拉平，并保持在新高度上飞行。

（2）自动着陆控制。

着陆是飞行器航行中的一个重要阶段。着陆时，飞行员必须在很短的时间内完成许多要求很高的操作，若仅靠目视着陆，飞行员需要在很远的距离上就能清晰地看到跑道。以民航飞机为例，要求在飞行高度不低于 300 m 时，水平能见度不小于 4.8 km。为了保证飞机能在夜间或不良气候条件下安全着陆，必须由无线电导航系统向飞行员提供飞行器与正确的下滑航道之间偏离程度的高精度指示。

着陆包括进近和着陆两个阶段。飞行器从距机场 30～50 km 处接收着陆系统的无线电信号开始下降高度到跑道延长线上空几十米的决断高度，这一阶段称为进近。在决断高度上，飞行员主要依据能否清晰地看到跑道对着陆或复飞做出决断。若飞行员能清晰地看到跑道，且飞行器在正确的下滑航道上，则可继续下滑、拉平、平飞、飘落触地并沿跑道表面滑行直到停止，这一阶段称为着陆。

目前民航机场主要使用的着陆无线电导航系统为仪表着陆系统和微波着陆系统。前者可引导飞机在 I 类或 II 类气象条件下着陆（称为仪表着陆或盲目着陆）；后者可引导飞机在 III 类气象条件下着陆（称为自动着陆）。

从控制原理的角度来说，飞机的自动着陆和导弹沿预定轨迹飞行是相似的，都属于轨迹控制。对飞机自动着陆来说，仪表着陆和微波着陆系统都是使用非目视着陆引导设备，基本原理都是由机场上的仪表着陆和微波着陆系统在跑道上空形成下滑道。

飞机上安装了相应的无线电接收机，当飞机处于预定下滑道上时，接收机输出信号为零；若飞机偏离下滑道，则接收机输出相应极性和幅值的信号。接收机输出的电信号通过自动驾驶仪操纵舵面（方向舵和升降舵），使飞机进入下滑道，实现自动着陆。

3. 自动着陆系统与设备

（1）仪表着陆系统。

仪表着陆系统的地面设备由航向信标、下滑信标和指点信标三部分组成。

航向信标安装在跑道中心线的延长线上，提供与跑道中心线垂直的无线电航道信号。航向信标发射频率在 108.10～111.95 MHz 范围内的信号。当飞行器飞行高度在 600 m 以上时，要求在航向道左右 10°扇形范围内有效导航距离应达 46.3 km，最低不得少于 33 km；在航向道左右 35°扇形范围内，有效导航距离应达 31 km，最少不得小于 19 km。

航向信标沿跑道中心线两侧发射两束水平交叉的辐射波瓣。跑道左边的辐射波瓣被 90 Hz 低频信号调幅，跑道右边的辐射波瓣被 150 Hz 低频信号调幅。

当飞行器飞行在跑道中心线所在的垂直平面内时，两种低频信号的调制系数相同，仪表指针指示中心位置。当飞行器飞行在跑道中心线左边时，90 Hz 信号的调制系数将大于 150 Hz 信号的调制系数，仪表指针偏向右边，表示飞行员应向右操纵飞机，使飞机沿跑道延长线飞行。

下滑信标辐射上下两个交叉波瓣，载频为 329.15 ～ 335.00 MHz，上波瓣的载波被 90 Hz 低频信号调幅，下波瓣的载波被 150 Hz 低频信号调幅。两者调制系数相等的方向与地面成 2°～ 3°的仰角，与地面成该仰角的平面即为规定的下滑道平面。当飞行器的下滑角低于或高于下滑道时，机上接收到的信号的 150 Hz 的调制系数将大于或小于 90 Hz 的调制系数，并给出相应指示。

指点信标架设在进近方向的跑道中心线的延长线上，向上辐射一个锥形波束，发射功率为 12 W。因功率小，只有当飞行器飞越其上空时，才能收到信号，并发出相应的声响和灯光信号，向飞行器提供地标位置信息。大、中型机场设置三个指点信标，三个指点标的发射频率均为 75 MHz。机上除能收到这些频率的电码信号外，还有灯光显示，依次分别为蓝色、橙色和白色。

（2）微波着陆系统。

几十年来，仪表着陆系统在发展航空运输、保障飞行安全方面起了很大作用，但系统的工作频率较低，波束固定且较宽，工作频道少，波束方向易受地形等影响，精度不够高，只能给出一条下滑道。这些缺点使仪表着陆系统不能适应现代航空港的要求。

为了克服这些缺点，20 世纪 70 年代前后，有些国家相继研制了各种微波着陆系统。1978 年国际民航组织确定了时基扫描微波着陆系统作为国际标准体制，并确定了信号格式，将逐步成为未来主要的着陆系统。

相比于仪表着陆系统的航向信标和下滑信标，微波着陆系统设置了方位台、反方位台和仰角台。这些导航台都在同一频率上发射，频率范围在 5 031 ～ 5 090.7 MHz，共可设 200 个频道，为仪表着陆系统的 5 倍。为了区分在同一频率上发射的不同信息，微波着陆系统采用时分多路体制，即每个导航台在规定的不同时间发射信号，用精密测距代替仪表着陆系统中的指点标提供连续的精确距离信息。为保证飞机拉平阶段的飞行和实现软着陆，微波着陆系统还可设置拉平台，提供飞机在跑道上空的高度信息，还可装备数据分析系统，以进行地－空数据传输，传送当地气象条件、跑道长度等信息。

6.2 机载设备

6.2.1 飞行仪表

飞行仪表主要用于检测飞行参数，即飞行时的线运动参数和角运动参数速度和加速度、飞行高度和升降速度以及飞机姿态角（俯仰角、滚转角和偏航角）。

1.飞行速度与高度测量

飞行速度是指飞机质心运动轨迹切线方向的速度，所选坐标系不同飞机的飞行速度也不同。

飞机相对于地球的运动速度有升降速度和地速。升降速度，也称高度变化率，是指飞机质心沿地垂线方向运动的速度分量，测量此速度是为了保证飞机水平飞行。地速是指飞机质心沿地平面方向运动的速度分量，测量此速度是为了执行导航、轰炸、照相等任务。

飞机相对于空气的运动速度有侧滑速度和空速。侧滑速度是指飞机在垂直截面内横轴相对于气流的速度。空速是指飞机在纵轴对称平面内相对于气流的运动速度。在无风情况下，空速与地速相等；有风时地速是空速和风速的向量和。空速又分真实空速和指示空速。

（1）空速表。

飞行中实时关注指示空速主要是为了防止飞机失速，以保证安全飞行。地速可用线加速度积分法和无线电波多普勒效应来测量，空速主要用压力法测量。

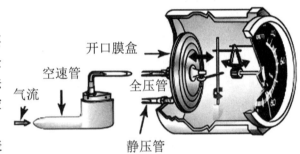

图 6-3 气压式空速表构造

如图 6-3 所示为气压式空速表构造示意图，其中表壳内开口膜盒外接的是空速管的静压孔，开口膜盒内接空速管的总压孔。因此，开口膜盒感受的是总压与静压的差，即动压。由伯努利方程可知，这样就可以间接得到速度值，通过指针即可读出飞机的空速或马赫数。

（2）飞行高度表。

飞行高度是指飞行器质心在空中相对于某一基准平面的垂直距离。按照所选基准平面的不同，飞行高度分为以下几种。

①绝对高度。选择实际海平面为基准面，飞机质心在空中距离实际海平面的垂直距离。

②相对高度。选择某一指定参考面（如起飞或着陆机场的地平面）为基准面，飞机的质心在空中距离所选参考面的垂直距离。

③真实高度。选择飞机正下方地面目标的最高点且与地平面平行的平面为基准平面，飞机的质心在空中距离此平面的垂直距离。

④标准气压高度。选择标准海平面为基准面（国际标准局规定标准海平面的大气压力为 101.325 kPa），飞机的质心在空中距离标准海平面的垂直距离。

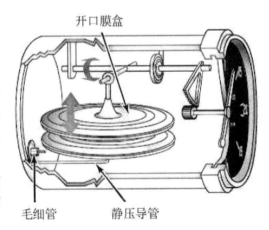

图 6-4 气压式升降速度表

飞机在起飞、着陆飞行时需要相对高度;飞机在执行搜索、轰炸、照相和救援等任务时需要真实高度;空中交通管制分层飞行时需要标准气压高度。

飞机上最常用的测高方法有气压测高和无线电测高。此外,还有激光测高、同位素测高和垂直加速度积分测高等测量方法。

(3)升降速度表。

气压式升降速度表如图6-4所示。静压通过粗细不同的管道分别输入膜盒内外。当飞行高度变化时,开口膜盒内的气压随高度发生变化,而通过毛细管进入膜盒外的气压由于毛细管的阻滞作用,变化缓慢,不能同步,从而形成内外压力差,这个压力差使膜盒变形。高度变化越快,压力差就越大,膜盒变形越大,通过杠杆和齿轮将这种变形放大,并带动指针转动,在刻度盘上指示出高度的变化率,即升降速度。当高度停止变化时,最终膜盒内外达到压力平衡指针回到零位,指示升降速度为零。

(4)大气数据系统。

现代飞行器的飞行控制系统、发动机控制系统、导航系统、火控系统、空中交通管制系统和仪表显示系统等需要准确的静压、动压、温度、高度、高度变化率、高度偏差、指示空速、真实速度、马赫数、马赫数变化率、空气密度等信息,而上述这些参数只是空气总压、静压、总温的函数,如果靠分立的传感器和测量系统各自提供这些信息,不仅增加体积、质量、成本,而且不便于维护,也不利于提高这些信息的测量精度。

由于上述大气数据信息可由静压、动压和总温三个参数计算出来,所以由静压、动压和总温传感器提供的原始信息,再加上一些修正用的传感器信息,如迎角、侧滑角。经解算装置或计算机的运算而得到大量大气数据信息的系统称为大气数据系统,也称大气数据计算机系统。目前高性能飞机、航天飞机等飞行器均采用数字式大气数据系统。

为了提高大气数据系统的可靠性,在飞机、航天飞机上均装有多套大气数据系统,而气压式高度表、空速表、马赫数表作应急仪表用。空间飞行的航天器,因飞行环境接近真空,故不用上述方法测量高度和速度;但航天器返回大气层飞行时,还是采用这种方法测量高度和速度。

2.飞行姿态角的测量

飞行姿态是飞行中飞行器机体轴相对于地面的角位置,是相对于地球坐标系的,与气流方向无关。通常用三个角度 α , β 和 γ 来表示,如图6-5所示。

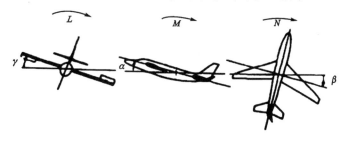

图6-5 飞行姿态角

①俯仰角 α ,飞机机体纵轴与水平面的夹角。

②偏航角 β，飞机机体纵轴在水平面上的投影与该面上参数线之间的夹角。

③滚转角 γ，飞机对称平面与通过飞机机体纵轴的铅垂平面间的夹角。

姿态角的测量是由陀螺仪及陀螺仪与其他测量传感器组成的仪表来完成的，飞行员可操纵驾杆（盘）和脚蹬改变飞行姿态，并由飞行仪表上的指示判定它们。

（1）陀螺仪。

陀螺仪不仅在航空器和航天器上得到了广泛应用，在船舶、导弹和运载火箭上的应用也非常广泛。陀螺仪分机械陀螺、静电陀螺和激光陀螺等多种类型。下面以机械陀螺为例介绍其基本特性。

将有一定惯性质量高速旋转的转子安装在两个自由度的支架上（内环和外环），使陀螺的转轴具有两个自由度，就构成了一个双自由度陀螺仪。如图6-6所

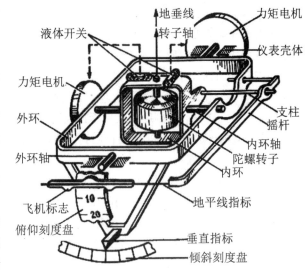

图 6-6 双自由度陀螺仪

示为一种典型的双自由度陀螺仪，其中转子的转轴、内环轴和外环轴相交于一点，这个点称为陀螺的支点，陀螺可以绕这个支点做任意转动。

高速旋转的陀螺转子的重要物理特性如下。

a. 定轴性。定轴性是指高速旋转的转子具有维持其转轴在惯性空间内方向不变的特性。将陀螺仪的底座固定在飞行器上，随飞行器一起运动，而陀螺的转子由于其定轴性则保持方向不变，通过测量转子轴和基座之间的夹角就可以得到飞行器的姿态角。

b. 进动性。进动性是指当转子受到外力矩的作用，没有从支架掉下来，而是以一定的角速度轴线转动，且其转动角速度方向与外力矩作用方向互相垂直，这种转动称为进动。

①陀螺地平仪。陀螺地平仪是指示飞机倾斜角和俯仰行姿态仪表，利用陀螺的定轴性创造了始终保持水平状态的人工地平线标记。这个陀螺的旋转平面一致，始终平行于地面。飞机倾斜时，小飞机标志也倾斜，但旋转平面人工地平线始终保持不变，即可测出飞机的倾斜角和倾斜方向，如图6-7所示。

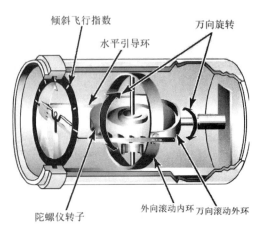

图 6-7 陀螺地平仪

②航向陀螺仪。利用陀螺的定轴性来测量飞机的航向和转弯角度，如将陀螺轴对准磁北极，即可测出飞机的磁航向，故又称陀螺半罗盘。但它不能主动对准磁北极，须与磁罗盘配合使用，将它与磁罗盘进行组合就成为目前常用的陀螺磁罗盘。

③航向姿态系统。航向姿态系统是一种测量、显示飞机航向角、俯仰角和滚转角的飞行仪表，由全姿态陀螺仪、磁航向传感器（或天文罗盘）和全姿态指示器组成，如图6-8所示。

全姿态陀螺仪主要由航向陀螺和垂直陀螺（一种陀螺地平仪）组成。这两个陀螺仪均装在随环内，在飞机机动飞行时既能使航向陀螺的外环轴始终保持在地垂线方向上，又能使垂直陀螺转子轴和外环轴始终保持正交，以保证全姿态陀螺仪提供正确的航向、俯仰、倾侧姿态信息。

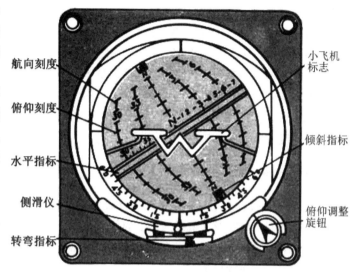

图6-8　全姿态指示器

全姿态指示器是航向姿态系统的显示器，综合显示飞机的航向角、俯仰角和倾侧角。显示部主要由球形刻度盘、小飞机标志和刻度指标等组成。球形刻度盘上有经线和纬线。经线上有间刻度，纬线上有俯仰刻度。刻度盘上半球涂成浅色，以示天空；下半球涂成深色，以示地面。下半球之间的分界线是人工地平线。小飞机标志固定在表壳上。全姿态陀螺仪输出的航向角、俯仰角和倾侧角信号通过球形刻度盘和倾侧指标转动。飞机全姿态以小飞机标志的中点作为判读点，由相对于刻度盘经线的位置读取航向角；由相对于刻度盘纬线的位置读取俯仰角；根据倾侧指标相对于壳体面板上倾侧刻度的位置读取倾侧角；根据转弯指标相对于转弯刻度的位置判读飞机有无转弯、转弯方向和速率大小；根据侧滑仪判读飞机有无侧滑。用面板上的俯仰调整旋钮可以适当调整球形刻度盘相对小飞机标志的俯仰角度。

20世纪70年代后期出现的航向姿态系统采用惯性导航技术中的捷联惯性测量装置来给出飞机的航向角和姿态角信息。新的系统具有质量轻、精度高、工作可靠性高等优点，在与其他导航系统组合时，还可输出多种精确的导航信息。

④转弯倾斜仪。转弯倾斜仪由转弯仪和侧滑仪组合而成，其中转弯仪就是利用陀螺进动性原理构成的。当飞机转弯时，飞机带着陀螺偏转，等于给陀螺加了个外力矩，陀螺就会进动，使陀螺翻转，从而带动指针偏转，指示出飞机转弯的方向和速率。飞机在转弯时陀螺受到左转力矩的作用，引起陀螺向右翻转，带动指针向左偏转，显示飞机正

在左转弯。指针偏转的角度则代表转弯快慢的程度，即盘旋的角速度。

（2）惯性仪表。

惯性仪表的工作原理是利用重物的惯性测量机动飞行的程度，也就是测量飞机的加速度。

①测滑仪。测滑仪用来测量飞机转弯时有无侧滑现象，并判定侧滑方向。当飞机做正确盘旋转弯时，作用在小球上的重力和惯性离心力的合力方向与飞机竖轴一致，小球在玻璃管中间不动；一旦飞机产生侧滑，合力方向与竖轴不一致，小球在侧向惯性力的作用下向侧滑方向偏转，从小球的位置即可判别飞机有无侧滑及侧滑方向。

②载荷因素表。载荷因素表的工作原理是飞机做机动飞行时，重锤在惯性力的作用下产生偏转，带动指针拽出飞机所受载荷因素的大小，也就是受到过载的程度，也称过载表。过载反映重力加速度，又称加速度表。电子加速度计则将重物的位移量通过电位计，把加速度信号转换为电信号再输入到显示屏。

6.2.2 发动机仪表

用来测量和检查发动机工作状态的仪表包括温度表、压力表、油量表、转速表等。发动机远离座舱，装在发动机或油箱上的传感器只有通过电信号传输才能在座舱仪表板上显示。各种仪表上的传感器不尽相同，但指示器原理相似，都是通过线圈或磁铁在磁场内的转动来带动指针指示。

排气温度表是利用热电偶测温的。它根据双金属片组成的热电偶在测温时会产生温差电势，从而使线圈通电后在磁场中转动的原理实现测温。滑油压力表是利用膜盒测油压，电流比值改变，从而改变了线圈磁场方向，使带指针的小磁铁相应转动。油量表与压力表原理相同，仅传感器是由浮子带动电刷来改变电阻值。转速表利用同步电机将发动机涡轮转速传给指示器中的磁铁，然后应用涡流电动原理将转速换成电磁力矩，使涡流片与指针同向转动，经游丝的反作用力短平衡后，即指出相应的发动机转速。

6.2.3 辅助仪表

辅助仪表用来测量和显示航空器辅助系统的工作状态，主要包括航空时钟、飞行记录器、飞行综合数据处理和显示系统等。

航空时钟用于测量和显示时间，测量和显示当前时刻和续航时间等，分为机械航空时钟和电航空时钟两类。电子航空时钟可以连续显示格林尼治时间（GMT），也可以显示续航时间和精确计时时间。

飞行记录器是一种用于记录各种飞行信息的机载自动记录设备，又称为飞行数据记录器（也称黑匣子）。飞行记录器所记录的信息主要用于事故分析、视情维修、飞行试验。飞行记录器按用途不同分为飞行参数记录器、机舱话音记录器和飞行综合数据记录器等。

机舱话音记录器主要记录机组人员和地面人员的通话、机组人员之间的对话以及驾驶舱内出现的各种音响（包括飞机发动机的运转声音）等。它的工作原理类似普通磁带录音机，记录最近 30 min 内的各种声音。

飞行综合数据记录器需要记录的参数很多，主要有飞行参数、发动机参数、通信和无线电景航及仪表着陆参数、液压系统参数、灭火系统参数等。数字式飞行综合数据记录器具有足够的记录和保持数据的能力，可以提供飞机坠毁后保存下来的关于坠毁事故发生前一段时间内的特定飞行参数的记录，其数据保持时间至少为 25 h。

随着航空器性能的不断提高，航空器上的仪表显示器数量也迅速增加，有些航空器上的仪表显示器甚至多达百种。这样不仅使座舱仪表板拥挤不堪，同时也增加了飞行员搜索所需参数、进行综合判断的困难，甚至由此造成操纵不及时而发生飞行事故。因此，从 20 世纪 30 年代开始就陆续出现了各式各样的综合仪表，便于飞行员集中观察。电子综合显示器就是这种要求的产物。

电子综合显示器主要包括飞行参数综合显示器、导航参数综合显示器、多功能显示器、地图显示器等。这些显示器以数字、符号、线段和图形等形式，按照预定的排列规律，将飞行员当时所需要的一组信息在显示屏幕上同时显示出来，中央屏幕指示系统只用少量的 CRT 显示器就能将飞机的许多重要参数综合显示出来，对实现驾驶舱设备的高效率使用起到了重要的作用。

6.2.4　其他机载设备

1. 雷达设备

雷达是利用无线电波发现目标并测定其位置的设备，通常指以脉冲技术进行工作的无线电系统，这种系统的无线电脉冲由发射机发射。

雷达按照工作信号的不同可分为脉冲雷达和连续波雷达。脉冲雷达断续地发射脉冲信号，利用发射脉冲同回波信号之间的间隔时间来测定目标的距离和方位，如气象雷达。连续波雷达（通常指调频雷达）发射连续的无线电信号，其工作频率按照某一规律周期性改变，由于存在时间差，调频雷达接收到的回波信号的频率总是不同于当时发射信号的频率。目标距离近，发射信号和回波信号的频率差小；目标距离远，频率差就大。因此，只要计算出发射信号和回波信号的频率差，就可知道目标的距离，如无线电高度表。

机载雷达是指航空器自身携带的雷达设备，一般由天线、发射机、接收机、数字信号处理机和计算机等组成。机载雷达设备种类繁多，如机载预警雷达、机载攻击雷达、机载气象雷达、机载多普勒导航雷达、机载自动着陆雷达、机载测高雷达等。

航空器利用机载雷达可以探测飞机、舰艇、导弹以及其他军事目标，并依靠雷达引导航空武器对目标进行攻击，机载雷达也因此被誉为"空中鹰眼"。在现代战争中，人们不仅关心航空器的传统性能（如飞行速度、飞行高度、续航性能、机动性能、载弹量等），而且尤其关注机载雷达性能的优劣。例如，超视距作战中，如果我方的导弹制导雷达的作用距离大，就可能抢在敌机之前发射导弹将其摧毁。

除了军事用途外，雷达在交通运输上可以用来为飞机、舰船导航，在天文学上可用来研究星体，在气象上可以用来探测台风、雷雨、乌云团等。

2. 通信设备

航空器在空中飞行时进行"空对空"和"空对地"联络的工具就是航空器的无线电通

信设备。在大型飞机上还装备有"机内有线通信系统"。航空无线通信设备大体可分为民航通信设备和军航通信设备两大类。

（1）民航通信设备。

按照国际民航组织（ICAO）的统一规定。民用通信设备主要使用甚高频波段的调幅电台，其无线电频率限制在 118～135.975 MHz 内。机场上空的进场和离场管制、地面调度管理和空中交通管制所使用的频道也包括在 118～135.975 MHz 内。全世界统一规定空中和海上遇难时的求援频道为 121.500 MHz，甚高频范围内（118～135 MHz）的无线电波只能实现直线通信，通信距离不能超出地平线的范围。为了实现远距离通信，有些民用飞机上还加装了短波电台（频率范围在 2～30 MHz 内）。

（2）军航通信设备。

按照设在瑞士的国际无线电频率管理委员会的规定，军航通信设备的无线电频率主要安排在甚高频波段 30～300 MHz 内，我国的军用航空通信电台以前承袭苏联的老式设备，工作频率在民航通信范围的附近，受民航业务和电视业务的干扰很大。目前，我国的军航通信频率正逐步向国际通用标准转化和更新。军航通信电台的工作模式是双工的，即双方可同时收发信号。

3. 电气设备

机载电气设备包括电源、配电设备和用电设备三个部分。电源是产生并供给电能的装置，配电设备用于传输和分配电能，用电设备用于将电能转换为其他能量（如光能、机械能等）。

（1）电源。

航空器的电源一般由主电源、二次电源和应急电源组成。主电源是航空器全部电能的来源，其发电机由主发动机带动工作。二次电源是变换主电源的电压、电流或频率的电源设备，如变压器、变流器等；应急电源是一个独立的电源设备（如蓄电池），当主电源不能提供足够的功率时（或主电源失效时），应急电源向航空器上的重要用电设备供电。

与其他能源比较，电能有许多突出的优点：容易变换为其他形式的能量；传输简单，容易实现操作过程的自动化。

（2）配电设备。

配电设备是电源与用电设备之间的中间连接设备，主要组成部分包括电网、配电器具、电流和电压的检测仪表、安全保护器具、电网滤波器、安装联络设备等。

（3）用电设备。

随着航空器性能和自动化程度的不断提高，各种用电设备也相应发展起来。现代航空器上的用电设备包括无线电设备（如雷达、导航、通信设备等）、自动控制设备（自动驾驶仪等）、各种电力传动机构、灯光照明设备、座舱温度调节设备、防冰加热设备等。

电力传动机构利用电动机或电磁铁将电能转变为动能，经过输出装置（如齿轮、连杆等）带动部件工作，简称电动机构。现代航空器需要操纵的机构很多，飞行员需要配合电动机构进行操纵。常见的电动机构有电力启动机（用于启动发动机）、调整片操纵机构、电动油泵、电动绞车、活动式着陆灯传动机构、水平尾翼应急电动机构等。

现代飞机安装了大量的电加热元件用来防止飞机结冰和提高机体温度，以便保证飞机的气动外形和飞机部件的正常工作，同时也是为了给飞行员和乘客提供良好的生活环境。例如，机翼前缘、发动机进气道、风挡玻璃的防冰和座舱、飞行服和食品的加热等。

灯光照明设备用于航空器内部和航空器外部的照明。航空器内部的照明包括座舱照明、客舱照明、仪表显示等；航空器外部的照明包括着陆灯、滑行灯、航行灯、编队灯和防撞灯等。

4. 生命保障设备

（1）气密座舱。

随着航空器飞行高度的增加，空气越来越稀薄，压力越来越小，温度越来越低，这些变化都可能威胁航空器上人员的生命安全。随着高度的增加，由于大气变得很稀薄，人不能吸入足够的氧气供细胞和组织使用，在 3 000 m 以上时，人体就将出现不同程度的缺氧症状；同时，大气温度也会下降，在 11 000 m 以上的高空，空气温度可低至 -56 ℃，会使飞行员丧失工作能力，或者使乘客冻伤甚至冻死。而飞机高速飞行时会产生"气动加热"现象，导致飞行员头痛中暑，丧失工作能力。为了避免上述恶劣情况的发生，飞机采用了气密座舱。气密座舱是采用气密性良好的座舱结构，使舱内与外界大气隔开。气密座舱具有增压空气源，以保证高空飞行时座舱内的空气压力高于舱外大气压力，这样既可以使乘员有足够的氧气，又可以避免低压导致的各种疼痛以及"体液沸腾"。气密座舱还可以控制舱内的空气温度，使其处在适宜范围内。

（2）个体防护设备。

个体防护设备是指在各种有害的环境条件下提高飞行员生存能力的装备，通常包括供氧装备、抗荷设备、海上救生设备等。

供氧装备（又称氧气设备）是高空飞行或弹射救生时供给飞行员氧气的系统和附件的总称，一般由氧气源、调节附件、供气面具、加压服等组成。氧气源是储存或产生氧气的装置，包括氧气瓶、液氧转换器、化学产氧器和电化学产氧器等；调节附件是调节氧气压力、流量和浓度的装置，如减压器、氧气调节器等；供氧面具包括供氧面罩、加压头盔等。

抗荷设备用于提高飞行员承受过载的能力，一般由气源、气滤、抗荷调压器、抗荷服和信号装置组成。飞机做转弯、盘旋、筋斗等机动飞行时，飞行员会受到很大的正向过载作用，导致飞行员四肢沉重、心跳加快、头部血压下降、产生各种生理机能障碍（如黑视或晕厥）。为了提高飞行员承受正向过载的能力，必须采用抗荷设备。

（3）救生设备。

救生设备的作用是在飞机失事的情况下，保证飞行员顺利离开飞机并安全着陆，主要包括降落伞和弹射座椅。飞机最早使用的救生设备是降落伞。在紧急情况下，飞行员从座舱侧边爬出，然后自动或手动打开降落伞实现安全着陆。但是当飞行速度很大（400 km/h 以上）时，飞行员靠体力爬出座舱进行跳伞已不可能，因为气流压力太大，飞行员靠体力很难克服，即使顺利地爬出了飞机，也容易被高速气流吹向机体（如尾翼）造成碰撞。

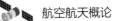

为了帮助飞行员在高速飞行中安全逃离,第二次世界大战末期出现了弹射座椅。弹射救生过程一般是:当飞行员紧急离机时,首先抛掉座舱盖,然后操纵点火器使弹射座椅工作;弹射座椅和飞行员弹射出舱后,经过一定时间的稳定减速,安全带解开,人椅分离;下降到一定高度后,自动或手动拉开降落伞;飞行员安全着陆后,使用应急物品生存求救,最后安全返回。

6.3 地面设施与保障系统

6.3.1 飞机地面设施和保障系统

除少数小型无人机可通过弹射装置弹射起飞和伞降着陆以及直升机应急情况下的着陆与起飞外,大部分航空器的起飞与着陆都需要专门的机场、着陆引导系统和其他保障设施。飞机飞行过程中也需要地面引导并进行空中交通管制。

1. 机场

机场是供飞机起飞、着陆、停放、维护,并有专门设施保障飞机飞行活动的场所。根据用途,机场可分为军用机场、民用机场和专用机场;根据跑道和其他设施条件及使用特点,机场可分为永久性机场和临时机场;根据机场所在的海拔高度,可分为平原机场和高原机场;根据机场跑道的长度和承载能力、地面设施的完善程度以及机场区域的大小等特点,还可将机场分为若干个等级。如中国将机场分为一至四级,其中四级机场只供初级教练机和小型通用运输机等轻型飞机使用。

机场区域由地面和空中两部分组成,地面部分包括飞行场地、技术和生活服务区;空中部分包括起落航线和其他飞行空域。

飞行场地通常包括跑道、滑行道、保险道、迫降场和停机坪等。跑道直接供飞机起飞滑跑和着陆滑跑用。机场一般应至少有一条跑道,保证飞机可以从两个相反的方向起飞和降落,主跑道通常沿机场所在地区的常年风向修建。根据机场的用途和机场所在地区的海拔高度不同,跑道长度也不一样,但大多在 1 000 ～ 5 000 m 范围内,宽度为45 ～ 100 m 不等。跑道道面分为土质、草皮、碎石、沥青和水泥等类别。水泥跑道是硬式道面,供大、中型飞机使用,它将飞机的载荷分布到一个较大的面积上去。其他道面抗弯曲能力差,一般为小型和轻型飞机使用。在跑道的两端和两侧都有安全地带,分别称为端保险道和侧保险道。保险道为坚实土质道面,其作用为防止或减缓飞机在起飞、着陆时因中断起飞等原因冲出跑道、提前接地,或偏离跑道造成的事故。停机坪是为停放、维护飞机和进行飞行准备而铺筑的场地。滑行道连接跑道与停机坪,供飞机滑行或牵引之用，一般把与主跑道平行的滑行道称为主滑行道，其他的则为联络道。机场还设有迫降场，位于主跑道一侧，一般为经过平整和碾压的土质场地，长度与跑道相同，供飞机在放不下起落架或其他紧急情况下强迫着陆用。滑行道、停机坪的道面要求与跑道相同。为保障飞机在夜间和白天能见度低的条件下安全起飞和着陆，机场的飞行场地设置有各种灯标和灯光。如图 6-9 所示为中国北京首都国际机场 T3 航站楼全貌。

图 6-9　北京首都国际机场

T3 航站楼技术和生活服务区包括为保证飞机持续和安全飞行而必需的各种设施和建筑物，如维修厂房、机库、油库、航空器材库、气象台、塔台及其相应的通信、导航、雷达设施，还有为旅客服务的候机楼、登机廊或登机车、行李分拣和传送系统以及保证机场工作人员和旅客的日常生活所需的各种设施。如图 6-10 所示为民用机场的平面示意图。

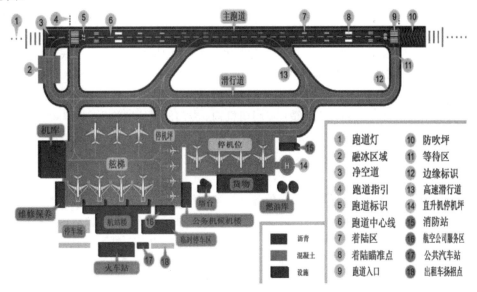

图 6-10　民用机场的平面示意图

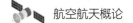

机场起落航线的空中进入区是沿起飞、着陆方向紧靠跑道两侧的空域。为保证飞机在复杂气象条件下安全准确地进场着陆，现在的民用机场广泛使用自动着陆系统。机场飞行空域包括机场地面向上垂直延伸的空域和只有一定空中范围的空域。在机场两端宽度在一定范围内规定高度上无障碍的空间称为机场净空。

（1）军用机场。

专门供军用飞机使用的机场称为军用机场。按照机场设备的齐全程度和不同用途，可分为永备机场和野战机场；根据所处的战略位置，军用机场又分为一线机场、二线机场和纵深机场，一线机场也称前沿机场。军用机场的配置应符合国家的战略方针和作战意图，以便形成机场网。

机场网是空军战场准备的主体，是航空兵部署和执行作战任务的依托，对于提高空军部队的机动作战能力和生存能力具有重要作用。根据国家军事战略及航空兵作战任务、兵力构成、飞机作战性能和地理条件，在保证集中于主要方向使用兵力和发挥航空兵高速机动能力的前提下，进行军用机场布局或配置机场网。通常前沿机场供歼击机和强击机使用，其他机场供轰炸机和运输机使用。在现代高技术战争条件下，野战机场、公路跑道、直升机用垂直起降机场以及具备多功能保障能力的大型机场，在机场网中的地位将日益提高。

军用机场一般由飞行区、保障设施、办公居住区和交通网线组成。军用机场的保障设施包括指挥塔、导航台、雷达站、气象站、各种机库、靶场、航空器材库、通信设施、军械设备、油料设施和乘务设施等。交通网线包括铁路支线、场外公路和场内道路网等，一些军用机场是军民合用的。

（2）民用机场。

民航机场有国际机场、干线机场和支线机场之分，其中国际机场设有海关、边防检查、卫生检疫、动植物检疫和商品检验等联检机构。民用机场通常由飞行区、候机楼、货运站和交通网组成。有些民用机场设有为航空公司服务的地面设施和维修基地。设在机场区的空中交通管制、航空公司业务机构等一般不归机场管辖。大型民用机场也称"航空港"，过去把小型机场称为"航站"。

（3）专用机场。

专用机场是指军民用飞机制造厂、科研机构、专门的飞行试验研究机构和有关院校等单位专属的机场。为某种特殊需要而专门设立的机场也属于专门机场，如体育俱乐部、农业、森林防火和航空救护等专用机场。

（4）机场地面保障设备。

机场地面保障设备是保障飞行用的各种机场设备。根据飞行需要，机场的地面设备包括机械、电气、液压和特种气体设备。为给飞机加油，机场有固定加油装置和机动加油车。机场停机坪一般都设有交、直流电源，不同功率的电源车供飞机通电检查和发动机启动用，还设有充电站。液压油车用于给飞机液压系统加油或进行地面检查，如收放起落架、襟翼和减速板等。从机场的制冷站和制氧站出来的冷气（压缩空气）和氧气由冷气车和氧气车向飞机填充。为处理可能发生的飞行事故，机场配有消防车、抢救车、救护车和各种便携式消防器材，如图6-11所示为大型民航客机所需的地面保障设备。

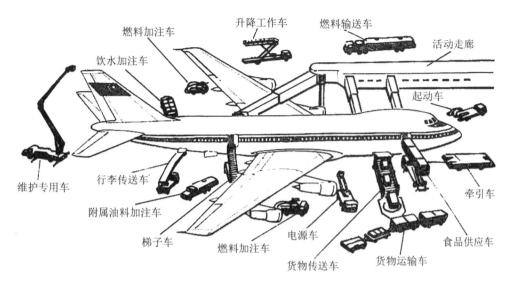

图 6-11 机场地面保障设备

2. 空中交通管理

空中交通管理主要是针对民用航空器的空中交通管制和空中交通服务，其目的是为所有用户提供空域利用上的最大灵活性，组织不同用户之间分享空域，在最小限制和不危及安全的条件下，尽可能使用户自己选择飞行剖面，从而实现最有效地利用空域和组织空中交通活动。空中交通管理任务包括空域管理、空中交通流量管理和空中交通管制。

空域管理指的是根据空域内大多数用户的合理要求最有效地开发空域资源，保证总的交通在任何给定区域都能和空中交通管制系统的容量相适应而进行的计划和组织工作。这些工作包括合理划分空域，明确危险区、管制区和禁航区的区域限制，提出保留区域和特定区域的时分制使用方法，建立和调整空中交通服务航路网及其运行要求，协调各类用户在利用空域资源时可能发生的矛盾等。

空中交通流量管理是在空中交通超出或可能超出空中交通管制系统可利用的容量时，为保持到达或通过该空域的空中交通为最佳容量所进行的管理工作。空中交通管制是利用各种技术手段对飞行活动进行监视和控制，保证安全而有序的飞行。空中交通管制的主要任务包括：监督飞机严格按照批准的计划飞行，禁止未经批准的飞机擅自飞行，维护飞行秩序；禁止未经批准的飞机飞进空中禁区、临时禁飞区或飞出、飞入国境或边境；防止飞机之间、飞机与地面障碍物之间相撞；防止地面对空兵器或者对空装置误射空中正常飞行的飞机。

空中交通管制利用航路监视雷达、二次监视雷达、和精密进场雷达，各种导航设备和各种通信设备，以及地面指挥组成空中交管系统，完成对飞机的监视、识别和引导，并提供安全保障。

为实行空中交通管制，需要在飞行航线上划定不同的管制区域，如航路、空中走廊、航站管制区、塔台管制区和等待空域管制区等。

（1）航路。航路是可航行空域中的标志性通道，是连接机场与空中交通管制的交点。

航路通常在飞行频繁的大城市之间划设。沿航路一定距离及转弯点都有导航设施，连接各个导航设施的直线就构成航路中心线。航路规定有上限高度、下限高度和宽度，宽度取决于导航设施配置的间距和性能，一般不是固定的，中国除沈阳到长春和无锡到合肥等少数航路较窄外，其余航路的宽度均为距中心线两侧各 10 km。沿航线飞行的飞机都要在航路内飞行，并接受管制。

（2）空中走廊。空中走廊是为飞机进出某地区而划定的具有一定宽度的空中通道，通常设在飞行频繁的城市附近上空以及国际航线通过的边境地带上空，与航路相连接。走廊宽度一般为 8～10 km，长度离机场 100 km 左右。飞机在走廊内飞行必须保持规定的航向和高度，严格遵守管理员的指挥。

（3）管制区。为确定各空中交通管制中心管辖的范围，在航路通过的区域又划分出管制区。在管制区飞行的飞机，必须服从这一区域空中交通管制中心的管制。管制区的下限高度一般高于地面 200 m。

（4）航站管制区。航站管制区通常为以机场为中心、半径 50～100 km 范围内的空域，但不包括机场塔台所管的范围。该管制区主要对进场和离场的飞机进行管制。

（5）塔台管制区。塔台管制区是以机场为中心、半径为 9 km 左右由地面向上延伸的圆柱形空间。该管制区的职能是维持机场秩序，指挥飞机滑行、起飞和着陆，防止飞机发生碰撞。

（6）等待空域管制区。由于机场起降航线拥挤或气象原因，飞机不能立即着陆时，为这些飞机划定的一个飞行区域称为等待空域。等待着陆的飞机可在该空域内盘旋飞行，然后按由低到高的顺序逐层下降着陆。等待空域一般设在全向信标台附近。

6.3.2 航天器地面设施和保障系统

1. 航天发射场

航天发射场是发射运载火箭将各种航天器送入太空的地方。它的别名很多，如航天中心、卫星发射场、卫星发射基地、卫星发射中心和火箭发射场等。虽然目前世界上有超过 60 个国家从事航天活动，但建有航天发射场的国家只有美国、俄罗斯、法国、中国、日本、印度、意大利和以色列。以前的航天发射场都是极其保密的，随着航天活动与经济发展之间关系的日益密切以及航天技术国际交流与合作的日益频繁，加上天上的侦察卫星能将宽阔的发射场一览无余，航天发射场的神秘面纱已经被揭开。

（1）航天发射场概况。

航天发射场的功能主要是为了保证把航天器成功地送入预定的轨道，要对运载工具和航天器进行发射前的各种准备，并实施发射。另外，还要对火箭发动机等系统进行单项试验、对各种设备进行检验和培训科技人员等，航天发射场也是一个科学试验中心。

选择航天发射场的场址，要综合考虑多方面的因素。

首先，要根据本国所在的地域，尽可能把发射场建在低纬度地区，越接近赤道越好，这样可以充分利用地球自转的附加速度（赤道为 465 m/s），降低运载工具的能量消耗，同时还有利于地球静止轨道航天器入轨。如法国的库鲁航天发射场就建在南美洲地处赤道的法属圭亚那境内。

其次，应该有良好的自然条件。发射区和回收区均应该是人烟稀少的地方，地势平坦，地质结构稳定，具有较好的气象条件，有良好的水质、供水条件和丰富的水源。

另外，要有良好的航区。"航区"是指航天器起飞至入轨这一段的飞行路线以下的地面区域。航区应避开人口稠密区、重要工业区和军事区，应具备布设测控站的有利地理位置和工作环境、方便的交通运输条件、良好的供电和通信设施等。航天发射场场址的选择还应有利于环境保护和具备未来发展的适应性，同时还不能因航天发射带来外交问题。

由于所承担的发射任务不同，地理和环境条件也有区别，所以航天发射场没有一个最佳的典型方案。不过，一个航天发射场应该由技术区、发射区、测控系统和其他保障系统四部分组成。航天器的回收区和着陆场一般不属于航天发射场。

①技术区。技术区是航天发射场的重要组成部分，建筑设施配有各种通用和专用设备，可对运载火箭和航天器进行验收、存放、组装、测试和定期检查。一个发射场可设一个或几个技术区，如可分运载工具和航天器两个技术区。在确保安全的条件下，技术区与发射区之间相隔的距离要尽可能短，以节省修路和运输费用。

影响技术区组成和结构的主要因素是运载工具和航天器的类型、组装和发射准备方式。俄罗斯采用水平组装、对接、测试和水平状态整体运往发射区的方案，这种方案不需要高大厂房，可在室内进行作业，有利于提高工作质量，还可提高发射台的利用率；但必须在发射台上进行垂直综合测试，起竖比较困难，容易受到气候的影响。

美国、欧洲空间局和日本均采用垂直组装、对接、测试和垂直整体运往发射区的方案。采用这种方案可以在技术区完成发射前的技术准备工作，到发射区后只进行推进剂的加注和实施发射；但需要建造高大厂房，需要专用运输车辆和专用运输道路，建设成本高。为最大限度地保证发射成功率，美国采用了技术区和发射区合二为一的发射前准备工艺技术方案，该方案在发射区建一个可移动的垂直测试厂房，工作时，厂房沿铁道线移动，将发射台围在里面，把运载工具和航天器的组件、部件直接运到发射区，在发射台上进行垂直组装、对接和测试，发射前将厂房移开。

②发射区。发射区是对航天器实施发射的场所，配备有一整套为发射服务的专用和通用设备和建筑。发射区接纳来自技术区的运载工具和航天器，并将它们起竖到发射台上，进行发射前的最后测试（垂直组装和运输的不需要测试），然后加注推进剂和充填压缩气体，最后完成发射。一个发射场也可设置多个发射区，发射区之间有一定的间距要求。

发射区的发射设施根据其结构可分为地面、半地下和高台式三种。地面发射区的发射台和发动机喷焰导流槽等主要设备布置在地面，用于发射中、小型运载火箭。半地下和高台式发射设施则用于大型和超大型运载工具的发射。

③测控系统。测控系统是设置在发射区和航区上的一系列地面测控站和海上专用测量船，用来测量航迹、发送指令、接收和处理运载工具和航天器发出的遥测信息等。位于发射区的测控系统除了对运载工具起飞和飞行的初始阶段跟踪测量外，更重要的是为了确保发射区安全，提供安全控制信息。

④其他保障系统。技术保障系统是为进行技术准备和事后处理服务的，是发射场

开展工作的神经中枢。后勤保障系统通常包括供水、供电和通信系统，机场、码头、铁路和公路交通运输系统，推进剂的生产和贮存区，物质和生活用品的供应集散区以及工作人员的居住区等。气象保障是航天发射场的关键因素，气象台、站也是重要的保障设施。

（2）世界主要航天发射场。

肯尼迪航天中心是美国最大的航天器发射基地，占地面积 560 km²，成立于 1962 年 7 月，位于美国佛罗里达州东海岸的梅里特岛上，南与卡纳维拉尔角毗邻。美国的"阿波罗"登月飞船就是用"土星"5 号运载火箭从该中心发射成功的。在肯尼迪航天中心成立前，美国第一颗人造地球卫星也是从这里发射成功的。现在该中心主要是航天飞机的发射和着陆场。

拜科努尔航天发射场是俄罗斯最大的航天器发射基地，东西长约 80 km，南北长约 30 km，于 1955 年开始建造，坐落在哈萨克斯坦境内的锡尔河畔。该发射场可发射各种用途的卫星、载人和不载人飞船、月球探测器、星际探测器和空间站等航天器和进行运载火箭飞行试验。该发射场还可进行洲际导弹的各种试验。

库鲁航天中心是在法国国家航天研究中心的领导下，于 1966 年开工修建的。库鲁航天中心位于南美洲北部的圭亚那，地理位置非常好，1968 年 4 月启用，主要用于发射欧洲的"阿丽亚娜"运载火箭。

日本种子岛航天中心位于日本南部，由竹崎、大崎和吉信三个发射场组成。1975 年，日本第一枚 N1 火箭从这里发射升空，并把"菊花"号卫星送入轨道。日本的 H 系列运载火箭也在该中心发射。

（3）中国的航天发射场。

从 1956 年开始，经过 40 多年的建设，中国已经建成酒泉、西昌、太原和文昌四个卫星发射中心，使中国各种用途、各种轨道和各种质量的卫星发射各得其所，各种运载火箭有其优良可靠的腾飞之地。

①酒泉卫星发射中心。酒泉卫星发射中心位于中国甘肃省境内，是中国建立最早、试验次数最多的发射场，于 1958 年动工兴建，1960 年交付使用。发射场东西长 300 km，南北宽 50 km，海拔在 1 000 m 左右，绝大部分是罕见人烟的戈壁滩，全年大部分时间的气候都满足航天发射要求。早期的酒泉卫星发射中心主要导弹的综合试验，从 1970 年开始，已经完成了几十次卫星发射。

该中心主要承担大倾角、中低轨道的各种试验卫星和应用卫星的发射任务，使用的运载火箭主要是长征系列。该中心已完成的主要任务有：中国第一颗近程导弹发射试验，中国第一颗人造地球卫星"东方红"1 号发射，中国首先从这里向太平洋发射远程运载火箭，首先从这里发射一箭三星，从 1975 年开始的所有返回式卫星全部在此发射，以及所有"神舟"号试验和载人飞船。为实施载人航天工程，酒泉卫星发射中心专门建设了垂直总装发射工位。

②西昌卫星发射中心。西昌卫星发射中心位于四川省境内，中心总部设在四川省凉山州西昌市，于 1970 年组建。发射中心有两个发射塔架，一个主要利用"长征"三号运载火箭发射地球同步轨道通信卫星和气象卫星；另一个主要使用"长征"二号捆绑式和大

推力的"长征"三号系列火箭,将质量更大的有效载荷送入地球轨道。该中心发射了中国第一颗试验通信卫星、实用通信广播卫星和实用通信卫星。该中心主要担负广播、通信和气象等地球同步轨道(GTO)卫星发射的组织指挥、测试发射、主动段测量、安全控制、数据处理、信息传递、气象保障、残骸回收、试验技术研究等任务。

③太原卫星发射中心。太原卫星发射中心位于中国山西省太原市西北的高原地区,海拔1 500 m,该中心于1966年3月动工兴建,两年后建成并投入使用,1968年12月8日,中国第一代中程火箭的全程飞行试验在这里成功进行。

太原卫星发射中心具有多轨道、多射向和远射程发射能力,担负太阳同步轨道气象和资源卫星以及运载火箭的发射任务,这里使用的运载火箭为"长征"二号丙改进型和"长征"四号系列。中国的"风云"系列太阳同步轨道气象卫星从这里发射升空,从1997年到1998年,4次一箭二星发射了国外的8颗"铱"星。

④文昌卫星发射中心。文昌卫星发射中心位于海南省文昌市,以前是一个发射亚轨道火箭的测试基地,现已建成为中国第四个卫星发射中心,用于发射中国的"长征"七号和"长征"五号系列运载火箭,承担地球同步轨道卫星、大质量极轨卫星、空间站和深空探测卫星等航天器的发射任务。

2. 航天器回收区和着陆场

航天器的回收区可设在陆上,也可设在海上。陆上回收区应选择地势平坦、开阔、视野好、人烟稀少、交通较方便并且位于现有测控站附近的地方;海上回收区应选择海况较好,在附近岛屿上有测控站的海域。美国载人飞船回收区设在太平洋夏威夷群岛的南北两侧海域,航天飞机助推火箭的回收区设在离发射场260 km的大西洋海面上。俄罗斯的回收区设在陆地上。中国"神舟"系列飞船的回收区设在内蒙古中部的草原上。

美国航天飞机返回地面时需要着陆场。美国肯尼迪航天中心有专门的航天飞机着陆场,着陆跑道长4 800 m、宽91 m,两端设有安全超越滑行道。美国爱德华空军基地是航天飞机的紧急着陆场。

6.3.3 导弹发射装置和地面设备

导弹发射装置是用来支承导弹、进行发射前准备、测试、瞄准并发射导弹的专用设备,可以提高导弹武器系统的机动化,许多现代导弹的发射装置同时也是导弹的运输装备。地面设备是指发射装置之外的其他辅助设备,其主要任务是完成导弹贮存、防护、运输、转载、弹头弹体对接、起竖、供气、供电、液体推进剂加注、测试、瞄准、发射、发射控制等各项作业。

导弹的种类很多,其发射装置和地面设备的差异也很大。一般地讲,战术导弹的发射装置和地面设备要简单一些,战略弹道导弹的发射则比较复杂,下面将重点介绍战略弹道导弹的发射设施。

1. 战略弹道导弹的发射方式

导弹的发射方式实际上是指与导弹发射相关的诸要素的组合方式。这些要素包括发射地点、发射动力、发射姿态和发射装置等。战略弹道导弹通常从其发射装置上垂直发射。发射动力有热发射和冷发射之分,热发射就是直接利用导弹主发动机点火发射;冷发射则是借助辅助动力把导弹从发射筒内弹射出去，在导弹到达一定高度时再点燃导弹的主发动机。发射地点有陆基和海基两种形式，陆基又有固定发射和机动发射之分，海基主要是在导弹核潜艇上发射。美国的所谓"三位一体"核威慑战略既包含了陆基和海基的战略弹道导弹，还包括空基的核力量，但空中发射的不是弹道导弹。空基核力量主要包括利用战略轰炸机投放核装置和从空中发射战略巡航导弹，即带有核弹头的巡航导弹。

弹道导弹发射方式的演变主要取决于不断提高的战略武器系统的生存力要求。过去绝大多数弹道导弹部署在地下发射井和核潜艇上，少数部署在陆地发射车和铁路列车上。

地下井发射方式的发射点固定，具有较好的发射环境，导弹的安全性好，有一定的抗核打击能力，并具有较高的命中精度。随着战略武器精度的不断提高和核打击能力的增强，地下发射井也不断地进行加固，使其具有抗超压的能力。冷战结束后，东西方两大阵营的对抗已不复存在，美俄开始了艰苦的核裁军谈判，并取得重大成果，双方的战略核弹头均已经削减了一半左右，并将继续削减到双方各保留 2 000 枚左右。到现在，美国和俄罗斯的第一、二代战略弹道导弹均已销毁，但双方仍保留突防能力更强、命中精度更高、毁伤力更大的先进战略弹道导弹。

随着侦察和探测手段的日益改善，地下井很容易被敌方发现并被摧毁，而且从地下井发射的导弹也容易被对方的弹道导弹防御系统拦截。为保持一定的核报复能力，各国在不断对地下发射井进行加固的同时，都着力发展和部署陆基机动发射的固体战略弹道导弹，同时加强海基导弹的部署，以提高导弹的隐蔽性、机动性和灵活性。

2. 陆基战略导弹发射装置和地面设备

陆基发射方式主要有三种：导弹可转移的地下井发射、多掩体多发射点公路机动发射和不定点的铁路列车机动发射。

（1）地下井发射。

高抗力隐蔽式地下井发射方式适用于大型液体推进剂导弹。例如，美国"大力神"2号导弹的发射井采用井下热发射方式，发动机工作时产生的燃气由排气道排出。地下发射井发射方式的弱点是井的位置是固定不变的，一旦发射导弹后，发射井就暴露了。

为提高导弹的生存力和作战效能，除对地下井进行抗核加固外，还可采用冷发射技术和导弹快速转移技术。冷发射时，井体不受导弹发动机高温燃气的热冲击，发射井不需要设置排气通道，井的尺寸可以缩小，发射后不需要修复井体，可迅速实现再装弹发射；即使核打击造成井体倾斜和移位，但由于导弹不与井体接触，仍然可从冷发射的发射筒中弹射出去。利用"运输 - 起竖 - 装弹"多用车，可实现导弹在地下井之间的转移，快速地从地下发射井取出或装入。

（2）公路机动发射。

实际上简单的区域公路机动发射方式是战略弹道导弹最初的发射方式，不过现在的公路机动发射具有多掩体、多发射点、公路网快速机动等特征。

为了扩大车载机动导弹的机动范围和缩短机动过程中对空暴露时间，导弹的尺寸和质量应越小越好，所以采用这种发射方式的只能是固体推进剂导弹。另外还要在机动地区设置大量的掩体，作为待机隐蔽点，并利用掩体进行发射前准备，以实现可靠的快速发射。公路机动的发射装置要求较高，一般采用多用途运输车，即除了具备运输、起竖和发射导弹的功能外，还要具有保温、调温、发射筒调直与万向回转，水平装填和贮存导弹等多种功能。

公路机动一般分三种发射方式。第一种发射方式是在一定的区域建立掩体群，掩体之间用公路相连，导弹装于发射车内，平时在掩体内待机或不定期转移，接到命令即迅速驶应发射点起竖发射，这种方式适用于重型的固体洲际导弹。第二种是掩体式公路机动发射，加固的掩体比较分散，相互之间以公路相连，发射车在掩体间做较长距离的机动转移，运输车可装假弹机动，真弹在掩体隐藏，这种方式适合于中型固体导弹。第三种方式是越野机动不定点发射，导弹发射车可在各种等级的公路上机动作战，在临时选定的发射点发射导弹，小型弹道导弹一般采用这种机动方式。

（3）铁路机动发射。

由于铁路的承载能力比公路高，这种方式对导弹的尺寸和质量限制较小。列车在机动过程中，比较容易解决导弹的保温和检测问题。但一旦铁路被破坏，就很难实现机动。

3. 海基战略弹道导弹的发射装置

海基导弹的发射方式包括潜艇发射和水下发射，潜艇水下发射受到更广泛的重视，因为这种方式的隐蔽性好，导弹生存力强。

潜艇发射管的发射筒内壁装有泡沫塑料衬垫，用以减轻导弹在潜艇运动时所受的横向过载，并支撑导弹。发射时，在打开发射筒筒盖之前，需要先向导弹外壳与发射筒壁之间的空隙充灌压缩空气，使这里的压力与潜艇外面的水压相等，然后打开发射筒盖进行发射。潜艇发射也分冷、热两种方式，冷发射方式可采用辅助动力系统或助推发动机完成。

巡航导弹也可在潜艇上发射，早期的潜射巡航导弹直接利用鱼雷发射管发射，后来发展了技术性很强的核潜艇巡航导弹垂直发射装置。

| 拓展广场 |

推荐阅读

（1）有哪些看不见的力量在默默支撑？探听神舟十一号回家背后的故事。
（https://mt.sohu.com/20161122/n473888775.shtml）

（2）神舟飞船与内蒙古的渊源。

①"神舟"一号：1999年11月20日6时30分7秒在酒泉卫星发射中心发射，1999年11月21日03时41分在内蒙古自治区中部地区着陆。

②"神舟"二号：2001年1月10日1时0分03秒在酒泉卫星发射中心发射，2001年1月16日19时22分在内蒙古自治区中部地区着陆。

③"神舟"三号：2002年3月25日22时15分在酒泉卫星发射中心发射，2002年4月1日16时54分在内蒙古自治区中部地区着陆。

④"神舟"四号：2002年12月30日0时40分在酒泉卫星发射中心发射，2003年1月5日19时16分在内蒙古自治区中部地区着陆。

⑤"神舟"五号：2003年10月16日6时23分，中国首位航天员杨利伟乘坐"神舟"五号飞船在内蒙古中部地区成功着陆，中国首次载人航天飞行任务获得圆满成功。

⑥"神舟"六号：2005年10月12日9时整在酒泉卫星发射中心发射，2005年10月17日凌晨4时32分在内蒙古自治区四子王草原着陆。中国航天员费俊龙、聂海胜圆满完成双人多天太空飞行。

⑦"神舟"七号：2008年9月25日21时10分04秒在酒泉卫星发射中心发射，于2008年9月28日17点37分成功着陆于中国内蒙古四子王旗主着陆场。"神七"上载有三名宇航员分别为翟志刚、刘伯明和景海鹏。

⑧"神舟"八号：2011年11月1日5时58分10秒在酒泉卫星发射中心发射，2011年11月17日19点32分30秒"神舟"八号飞船返回舱平安降落于内蒙古四子王旗主着陆场。

⑨"神舟"九号：2012年6月16日18时37分24秒在酒泉卫星发射中心发射，2012年6月29日10时03分，"神舟"九号飞船返回舱成功降落在位于内蒙古中部的主着陆场预定区域，航天员景海鹏、刘旺、刘洋平安回家。三人在直升机上吃了回到地球后的第一顿饭，是内蒙古特色的白萝卜炖羊肉、荷兰豆、酸辣土豆丝、两个咸菜，主食是葱油馒头、粥。

⑩"神舟"十号：2013年6月11日17时38分在酒泉卫星发射中心发射，于2013年6月26日8时7分在内蒙古四子王旗境内阿木古郎草原着陆。飞行乘组由航天员聂海胜、张晓光和王亚平组成，聂海胜担任指令长。内蒙古四子王旗政府为宇航员着陆后的第一顿早餐，其中一道菜是清炖羊肉。

世界十大航天发射基地

肯尼迪航天中心、酒泉卫星发射中心、库鲁航天发射中心、种子岛航天发射中心、拜科努尔航天中心、卡纳维拉尔角空军基地、西昌卫星发射中心、斯里哈里科塔发射场、范登堡空军基地、圣马科发射场。详细内容登录：https://www.bang.cn/top10/73937.html.

思考题

1. 飞行器机载设备的主要作用是什么？

2. 飞行器飞行时需要测量哪些参数？

3. 气压式高度表如何测量绝对高度、相对高度？

4. 飞机飞行控制系统包含哪两层控制功能？

5. 简述电传操纵的定义及其优点。

6. 飞机机械式操纵系统和电传操纵系统的区别是什么？

7. 自动驾驶仪由哪几部分组成？它的功用是什么？

8. 仪表着陆系统有哪些组成部分？各自的作用是什么？

9. 机场地面保障设施一般包括哪些内容？

10. 什么是空中交通管理？空中交通管制的空域是如何划分的？

11. 选择航天发射场的场址一般要考虑哪些因素？

12. 简述航天发射场的组成。

13. 中国有哪几个卫星发射中心？它们分别是用什么运载工具发射什么样的航天器？

14. 航天测控网的由哪几部分组成？功用是什么？

15. 简要说明战略弹道导弹的发射方式。

16. 陆基战略弹道导弹有哪几种发射方式？各有什么特点？

7.1 无人机简介

无人机诞生至今已近一百年，其定义有多种描述：美国的法尔斯特伦和格里森所著的《无人机系统导论》一书中将无人机定义为无人驾驶航空飞行器（unmanned aerial vehicle，UAV），是一种有动力驱动、可重复使用的航空器。

无人驾驶飞机是一种以无线电遥控或由自身程序控制为主的不载人飞机。机上无驾驶舱，但安装有自动驾驶仪、程序控制装置等设备。地面、舰艇上或母机遥控站人员通过雷达等设备对其进行跟踪、定位、遥控、遥测和数字传输。可在无线电遥控下像普通飞机一样起飞或用助推火箭发射升空，也可由母机带到空中投放飞行。回收时，

（a）全球鹰　（b）双尾蝎　（c）敢死蜂　（d）先锋　（e）捕食者　（f）穿云鹰　（g）海上卫士　（h）先驱者　（i）猎人　（j）天眼

图 7-1 典型的无人飞行器

可用与普通飞机着陆过程一样的方式自动着陆，也可通过遥控用降落伞或拦网回收，可反复使用多次，典型的无人机飞行器如图 7-1 所示。

最早的无人驾驶飞机是指用无线电遥控的飞机。在 20 世纪初便有人开始研究利用

无线电控制飞机的可能性。最早出现的只是用无线电遥控的飞机模型，直到自动驾驶仪出现之后，人们才开始研制真正的无人驾驶飞机。无人机最初是作为靶机出现的，在 20世纪 30 年代，有人驾驶的飞机经改装就成了无人驾驶的靶机，如英国的"蜂后"靶机、美国的 OQ-19、PQ-8 靶机等。

第二次世界大战期间，美国将一些现役轰炸机改装成无人轰炸机。这些无人轰炸机安装了必要的自动控制系统，拆卸了多余的自卫武器和设备。进行远距离轰炸时，先由驾驶员操纵段时间，进入攻击区以前驾驶员跳伞离开，然后由伴航飞机遥控进行轰炸。

第二次世界大战末期，德国也曾秘密从事无人轰炸机的研究——V-1 导弹。V-1 导弹具有中单翼、平尾和垂尾，垂尾上方安装一台脉冲式喷气发动机。V-1 导弹的命中率不高，但它是第一架完全由控制系统自动导航完成全部飞行过程的无人驾驶的飞行器。

第二次世界大战后，无人机技术得到了很大的发展。既有一些将有人驾驶飞机改装成的无人驾驶飞机，也设计出了一些无人靶机、无人侦察机、无人驾驶研究机等。随着电子仪器的微型化，无人机在 20 世纪 70 年代进入了一个崭新的时期，向着长航时、小尺寸、高精度、多用途方向发展。1998 年美国研制首飞长航时无人侦察机"全球鹰"，该无人机翼展 35 m，展弦比达到 25，最大航程 25 000 km，飞行高度近 20 000 m，续航时间达42 h，配备有光电、红外传感系统和合成孔径雷达。

20 世纪 90 年代后，美国研制出了具备攻击作战能力的无人机——无人作战飞机（un manned combat air vehicle，UCAV），集探测、识别、决断和作战等功能于一体，之后无人机从辅助、支援性军用装备跃变为一种主战装备。与载人飞机相比，无人机具有体积小、造价低、使用方便、对作战环境要求低、战场生存能力较强等优点，备受世界各国军队的青睐。在几场局部战争中，无人驾驶飞机以其准确、高效和灵便的侦察、干扰、欺骗、搜索、校射及在非正规条件下作战等多种作战能力，发挥着显著的作用，并引发了层出不穷的军事理论、装备技术等相关问题的研究。

在民用领域，无人机在公安、消防、救灾、勘察、电力巡线、农林作业等诸多领域也显示出广阔而巨大的应用前景，目前世界各国都在加紧开展无人机的研究和研制工作。

《中国大百科全书·航空航天卷》将无人机定义为：无人驾驶或驾驶员不在机内的飞机。同时该书中将飞机定义为由动力装置推进，由固定机翼产生升力，在大气层内飞行的重于空气的航空器。据此定义，无人直升机、无人旋翼飞行器、扑翼飞行器、无人飞艇等均不属于无人机范畴。

美国"2007—2032 年的无人机路线图"在美国未来无人机发展规划中将无人飞艇纳入了无人机系统范畴。借鉴美国 2007 年公布的无人机路线图以及人们对飞机的定义，无人机比较恰当的定义为：机上无人驾驶，自主推进，由无线电遥控或自身程序控制或自主控制，利用空气动力承载飞行或浮力升空飞行，能够携带任务载荷，可重复回收亦可一次使用的航空器。按这个定义，从风筝、无线电遥控飞机到巡航导弹都可以纳入无人机范畴。

无人机技术是一项涉及多个技术领域的综合技术，它对通信、传感器、人工智能和发动机技术有比较高的要求。如果在恶劣环境下作战，它还需要有比较好的隐身能力。无人机与所需的控制、拖运、储存、发射、回收、信息接收处理装置统称为无人机系统。

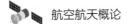

无人机和无人机系统是两个不同的概念，一个无人机系统至少由一架或多架无人机、任务规划站（地面控制站）、任务载荷和数据通信链等几部分组成。此外，许多无人机系统还包括发射和回收系统。

无人机由于机上没有驾驶员，因此可省去驾驶舱及有关的环控及安全救生设备，从而降低飞机的质量和成本，与有人机相比，无人机有以下发展优势。

①质量轻，尺寸小。据统计，世界300多种无人机（不包括由有人机改成的无人机）中，有77.4%的质量在500 kg以内，66.9%的起飞质量不超过200 kg，起飞质量大于2 000 kg的不到10%。

②费用低。中小型无人机价格范围都在1万～100万美元之间，其中有65%的在10万～40万美元之间，24%的无人机在10万美元以下，而且有不少小型无人机在1万美元以下。相比之下，价值从几百万到上亿的有人驾驶军用飞机的价格要高很多。无人机的使用维护、操纵员培训等费用也较低。

③机动性高。无人机不需要考虑人的承载能力的生理限制，目前有的无人机机动过载已经达到±12G。

④隐身性好。无人机尺寸小，结构设计时可大面积采用雷达反射特征与红外辐射特征小的材料制造，在结构与总体布局上可采取"隐形"措施，在小发动机上可采取消音措施。一般的无人机，即使是非隐形设计的无人机，由于其尺寸小、发动机功率低，雷达反射截面积仅为0.1 m²，很难被发现。最新研制的无人机更是采取了各种先进的隐身技术，使无人机在雷达隐身、红外隐身和声音隐身等方面都能达到相当高的程度，其战场生存率大大提高。

⑤适应性强。无人机的发射比较简单、灵便、多样，可由地面、舰艇发射或母机携带至空中发射。在地面发射时，可由固定式或活动式发射装置发射。无人机回收也较简单，可以用降落伞或拦截网回收，有利于灵活机动地完成军事行动。

⑥安全性高。无人机不载人，能在敌人威胁力强的危险区执行任务，能在复杂恶劣气候条件下或在核区域、生化作用的危害区工作，能昼夜长时间连续飞行。

无人机近年来已取得飞速发展，目前全世界有多个国家装备了无人机系统，无人机的基本型号已经十分繁多，而且一些新概念无人机还在不断地出现。美国无人机计划局（JPO）、欧洲无人机协会、英国《飞行国际》杂志等无人机相关机构和组织都已给出了无人机的一些分类，归纳如下：

1. 按飞行平台构型分类

按飞行平台构型分类可分为固定无人机、旋翼无人机和扑翼无人机等。其中固定翼无人机、旋翼无人机应用比较广泛。

2. 按用途分类

按用途分类可分为军用无人机和民用无人机。军用无人机包括单一用途和多用途无人机，单用途分为侦察无人机、无人战斗机、通信中继无人机和电子干扰无人机，多用途为察打一体无人机；民用无机可分为工业级和消费级，工业级可分为通信中继无人机／监测／探测无人机、气象型无人机、安防／治安管理无人机、科学探测无人机、农用无人机和其他工业级用途无人机等，如图7-2所示。

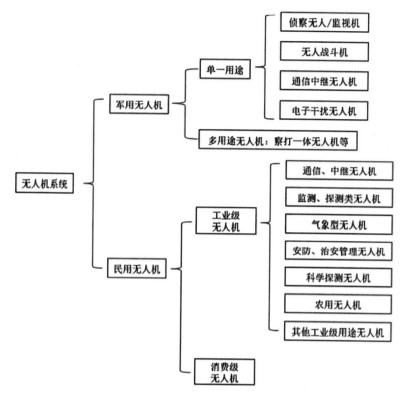

图 7-2　无人机按用途分类

3. 按尺寸或起飞质量大小分类

（1）大型无人机：起飞质量大于 500 kg 或尺寸相当于一架小飞机，可执行多种且复杂的任务。

（2）中型无人机：起飞质量在 200 ～ 500 kg 之间。

（3）小型无人机：起飞质量小于 200 kg，甚至几十千克，尺寸犹如航空模型，执行任务较少或只能执行单一的特定任务。

（4）微型无人机：根据美国国防高级计划研究局（DARAP）的定义，微型无人机为翼展在 15 cm 以下、质量为 10 ～ 100 g、有效载荷为 1 ～ 18 g、使用距离在 10 km 以内的无人机。而英国《飞行国际》将翼展或机体尺寸小于 0.5 m，使用距离约 200 m 的无人机定义为微型无人机。微型无人机到目前为止没有一个统一的标准，甚至有时候和小型无人机都难以划分开。

4. 按续航时间和活动半径分类

（1）长航时无人机：长航时无人机可分为高空型和中空型两种，前者飞行高度通常在 18 000 m 以上，续航时间大于 24 h；后者飞行高度一般为数千米，续航时间大于 12 h。

（2）中程无人机：活动半径在 700 ～ 1 000 km，主要用于海军、海军陆战队和空军的军级以上部队在攻击目标前的大面积快速侦察和在攻击后进行战果评估。

（3）短程无人机：短程无人机的活动半径在 150 ～ 350 km 范围内，通常是小型无人机，最大尺寸为 3 ～ 5 m。全机质量小于 200 kg。适用于陆军的军级、师级和海军陆战队的旅

级部队进行战场侦察监视、目标搜索与定位，以及战果评估等。

（4）近程无人机：微小型无人机，最大尺寸为 2～4 m。全机质量小于 100 kg，有点甚至不到 20 kg，飞行速度小。适用于陆军的旅级或营级部队，以及小型舰艇进行战地侦察监视和指挥。

5. 按任务高度分类

无人机按任务高度分类可以分为超低空无人机、低空无人机、中空无人机、高空无人机和超高空无人机。超低空无人机任务高度一般在 0～100 m 之间，低空无人机任务高度一般在 100～1 000 m 之间，中空无人机任务高度一般在 1 000～7 000 m 之间，高空无人机任务高一般在 7 000～18 000 m 之间，超高空无人机任务高度一般大于 18 000 m。

6. 按飞行速度分类

无人机按飞行速度分类可分为亚声速无人机、超声速无人机和高超声速无人机。

7. 按使用次数分类

无人机按使用次数分类可以分为单次和多次。单次使用无人机发射后一般不收回，也不需要在机上安装回收系统。多次使用无人机则指重复使用的、要求回收的无人机。

7.2 无人机发展历程

1. 早期无人机

依据航空器的定义，中国"五代"时期的孔明灯和早期的风筝是人类历史上最早的无人航空器。13 世纪中国人发明的火箭不能产生浮力或升力以克服自身重力而升空飞行，算是依赖惯性在空中进行短暂的沿弹射轨迹运动的无人航空器。1883 年，英国人道格拉斯·阿奇博尔德在风筝线上装置了风速表，并测量了大约 336 m 高空的风速。阿奇博尔德于 1887 年又在风筝上安装了相机，应该是世界上最早的一种无人侦察机的雏形。

直到 1914 年第一次世界大战爆发后，无人机才被广泛接受。在第一次世界大战时，英国的卡德尔和皮切尔两位将军向英国军事航空学会提出一项建议：研制一种不用人驾驶，用无线电操纵的小型无人机，使它能够飞到某一目标的上空，然后将事先装在小飞机上的炸弹投掷下去，这个设想立即得到了当时英国军事航空学会理事长戴·亨德森爵士的支持。他指定由 A. M. 洛教授带领团队进行研制，率先研制出了一台无线电遥控装置，并安装到飞机设计师杰佛里·德哈维兰设计出的一架小型上单翼机上，但没有安装炸弹。直至 1917 年 3 月，第一次世界大战临近结束之际，世界上第一架真正意义上的无人机才在英国皇家飞行训练学校完成了第一次飞行试验。1927 年，由 A. M. 洛教授参与研制的"喉"式单翼无人机在英国海军"堡垒"号军舰上成功地进行了试飞，该机载有 113 kg 炸弹，以 322 km/h 的速度飞行了 480 km。

与此同时，英国皇家空军也研制了几种不同用途的无人机，其中有用陀螺仪控制的空中靶机，有用无线电控制、可投放鱼雷的无人机，甚至还开始研制无人驾驶的攻击机。经过反复试验，英国皇家空军最后确定制造一种用陀螺仪控制的无人机。这种无人机既可当靶机，也可携带炸弹。后来，皇家空军又对这种无人机进行了改进，采用预编程序的无线电遥控装置，并装上了大功率发动机，使无人机的速度增大到 310 km/h，命名为"拉瑞克斯"无人机，一共制造了 12 架。该无人机还曾装上火炮，成功地从战舰和地面基地进行了发射试验。

1915 年 10 月，德国西门子公司研制出采用伺服控制装置和指令制导的滑翔炸弹，被认为是有控无人机的先驱。同年，美国的斯佩里公司和德尔科公司研制出第一架无人机，总重 272 kg，由 1 台 30 kW 的活塞式发动机作为动力，装在一辆 4 轮滑车上，发动机启动后，带动滑车在滑轨上滑行，达到一定速度后，滑车即脱离滑轨飞上天空，然后由一个简单的陀螺仪装置控制飞行方向，由一个膜盒气压表自动控制飞行高度，此无人机被命名为"空中鱼雷"，之后装上 136 kg 炸药成功进行了试飞，并完成了攻击目标试验。不久后，美国陆军的查尔斯·F. 凯特林又研制出一种无人机，命名为"凯特林飞虫"，该机外形与普通的双翼机相近，总重量为 238.5 kg，可携带 82 kg 炸弹，飞行速度达到 88 km/h，于 1918 年 10 月 22 日试飞成功，此无人机由预设的控制系统导向目标，并有可分离的机翼，机翼在机体到达目标上空时与机身分开，由机身载着炸药攻击地面目标。

2. 靶机时代

无人机作为作战部队武器平台，最早出现于 20 世纪 20 年代，当时无人机作为训练用的靶机使用，主要用于飞机、导弹和其他各种飞行器的飞行状态模拟，航空兵器鉴定、防空兵器的性能和战斗机飞行员、防空兵操作员的训练。1933 年，英国试飞了三架改进后的遥控双翼飞机"费尔雷·奎恩"，其中两架坠毁，第三架试飞成功。不久后，英国又研制出一种全木结构的双翼无人靶机，命名为"德·哈维兰灯蛾"，在 1934—1943 年间，英国一共生产了 420 架这种无人机，并重新命名为"蜂后"。

20 世纪 30 年代，美国航空专家雷金纳德·德里为美国陆军研制出了供打靶用的无线电遥控无人机。1939 年，美国又研制出了一种上单翼无人机，取名为 RP-4。

1941 年，珍珠港事件爆发，美国陆军和海军开始大批订购靶机，其中包括 OQ-2A 靶机 984 架、OQ-3 靶机 9 403 架、OQ-13 靶机 3 548 架。后两种靶机均安装上了大功率的发动机，飞行速度可达 225 km/h，飞行高度达 3 000 m。

在第二次世界大战中，美国陆军航空队曾大量使用无人靶机，并在太平洋战场上使用过携带重型炸弹的活塞式发动机无人机对日军目标轰炸。

3. 无人侦察机时代

20 世纪六七十年代，无人机除用作靶机外，大量用作执行战场军事侦察任务，无人机迅速发展成为海陆空三军不可缺少的全新概念的作战平台。最早的无人侦察机是瑞安公司为美国空军改进的"火蜂"无人机，改进后的"火蜂"无人机在古巴危机期间未得到应用，但为无人机在越南战场的使用奠定了基础。越南战争期间，美国首次用改装后的"火蜂"等无人侦察机执行空中照相侦察和电子情报侦察任务，整个越南战争期间，无人机共起飞了约 3 435 架次，损失率约为 16%。到 1972 年越南战争结束时，无人机飞行成

功率达到 90%。

随着越南战争结束，无人机的热度逐渐衰减。直到 1982 年，以色列在贝卡谷地利用无人机进行侦察、发射干扰和假目标信号来摧毁叙利亚防空系统，展现了无人机更为巨大的应用价值。虽然以色列的无人机并不是十分可靠，不能在夜间飞行，数据通信易受到有人机的通信干扰，但还是证明了在实战环境中，无人机不仅具有靶机和侦察的作用，还可以完成更有价值的实际战斗任务。

4. 无人机系统时代

20 世纪 80 年代以后，无人机用途大为扩展，广泛用于战场监侦、电子对抗、目标指示、战果评估、通信中继，以及大地测绘、资源探测、空气采样、环保监视、交通管理等各种用途。此期间无人机的飞行控制与飞行管理也有很大改进，实现了超视距控制和自主飞行。尤其在海湾战争之后，在军事需求推动和技术进步的支持下，无人机技术获得飞跃式发展，自动化和智能化程度大大提高，航时大于 24 h 的洲际全天候无人机陆续服役并参加了实战。此时，出现了另一种新的武器概念——无人战斗机。它是一种专用的空中作战机器人，并很快成为发展热点。

随着控制科学和人工智能的发展，高技术为无人机注入新生，无人机在实战中不断展示其自身价值。从最初 20 世纪 60 年代在越南战争中作为改装的遥控目标诱饵，到 1982 年 6 月以色列在贝卡谷地开创了无人机与有人机密切协同作战的先例，使无人机大出风头。另外，90 年代的海湾战争和科索沃战争中，无人机卓有成效地执行了多种军事任务，包括照相侦察、撒传单、信号情报搜集、布撒雷达干扰箔条、防空火力诱饵、防空阵地位置标识、直升机航路侦察，为武器系统提供目标定位、目标指示、目标动态监视和目标毁伤评估的实时报告。至今，无人机已先后经历了无人靶机、预编程序控制无人侦察机、指令遥控无人侦察机和复合控制的多用途无人机的发展过程。

如今，无人机的研制和装备势头高涨，无人机进入了一个实战应用和全面发展时期。据预测，今后 50 年无人机技术将得到更广泛的应用与发展，无人作战飞机将在很大程度上代替有人驾驶作战飞机，成为未来作战飞机家族的主要成员。随着无人机的广泛应用与发展，其影响已远远超出了军用飞行器本身的发展范畴，对军事革命也将产生了深远影响。

7.3 无人机系统组成及其关键技术

7.3.1 无人机系统组成

无人机系统（unmanned aerial system, UAS）是指无人机空中平台及其配套的任务设备、数据链、地面测控站、地面保障设备（包括无人机起飞发射装置）等的统称，典型的无人机系统由飞行平台、动力装置、航电系统、任务载荷系统、地面系统、综合保障系统等组成，如图 7-3 所示。

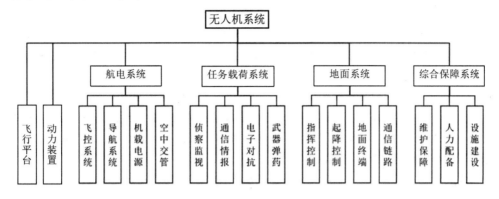

图 7-3 无人机系统组成

下面介绍无人机系统的几个主要组成部分。

1. 飞行器

飞行器是无人机系统中飞行平台的空中飞行部分，包括飞机机体、推进装置、飞行操控装置、供电系统。飞行数据终端被安装在飞机上，它是通信数据链路的机载部分。有效载荷显然是机载的，但它却被认为是独立的子系统，能够在不同的飞行器之间通用，并且经过特别设计，能够完成各种不同任务。飞机可以是固定翼式、旋转翼式或风管式，轻型飞行器也可称为无人机。

2. 任务规划和控制站

任务规划与控制站，是无人机系统中飞行平台的地面系统部分，也称无人机地面站，是无人机系统的应用指挥中心，从无人机传输过来的图像、指令及遥测数据在此进行处理及显示。数据通常通过地面终端进行中转，地面终端是数据链路的地面部分。

任务规划与控制站由任务规划设备、控制及显控台、图像及遥测设施、计算机及信号处理器、地面数据终端、通信设备、环境控制及生存能力保护设备组成。主要包括以下内容：

（1）指挥处理中心。指挥处理中心主要是制订无人机飞行任务、完成无人机载荷数据的处理和应用。指挥中心／数据处理中心一般都是通过无人机控制站等间接地实现对无人机的控制盒数据接收。

（2）无人机控制站。无人机控制站主要是由飞行操纵、任务载荷控制、数据链路控制和通信指挥等组成，可完成对无人机机载任务载荷等的操纵控制。

（3）载荷控制站。载荷控制站只能控制无人机的机载任务设备，不能进行无人机的飞行控制。

3. 任务载荷

任务载荷指的是无人机执行任务时所需携带的任务设备。携带有效载荷是使用无人机系统的主要原因，而且有效载荷通常是无人机最昂贵的子系统，包括用于完成侦察任务的日间摄像机及夜间（红外）摄像机。无人机系统也使用照相机。如果需要确定目标

的话，可以在成像设备上加上激光设备，但造价会大大增加。雷达传感器（活动目标显示器及合成孔径雷达）也是无人机实施侦察任务的重要有效载荷的一部分。

4. 通信链路

无人机通信链路需要使用无线电资源，目前世界上无人机的频谱使用主要集中在UHF，L 和 C 波段。目前我国工业和信息化部无线电管理局制定了《无人机系统频率使用事宜》，其中规定：

（1）840.5～845 MHz 频段可用于无人机系统的上行遥控链路。

（2）1 430～1 446 MHz 频段可用于无人机系统下行遥测与信息传输链路。其中1 430～1 434 MHz 频段应优先保证警用无人机和直升机视频传输使用，无人机在市区应用时，应使用 1 442 MHz 以下频段。

（3）2 408～2 440 MHz 频段可用于无人机系统下行链路，该无人机无线电台工作时不得对其他合法无线电业务造成影响，也不能寻求无线电干扰保护。

通信链路由机载链路设备和地面链路设备组成。机载链路设备是指无人机上用于通信联络的电子设备。机载电台一般由发信机、收信机、天线、控制盒和电源等组成。发信机和收信机是机载电台的主体，一般安装在飞机电子舱或靠近天线处，通过电缆与控制盒连接。视距内通信的无人机安装有全向天线，需要进行超视距通信的无人机一般采用自跟踪抛物面卫星通信天线。

民用通信链路的地面终端硬件一般会被集成到控制站系统中，称为地面电台，部分地面终端会有独立的显示控制界面。视距内通信链路地面天线采用鞭状天线、八木天线和自跟踪抛物面天线，需要进行超视距通信的控制站还会采用固定卫星通信天线。

5. 地面支援设备

地面支援设备是无人机系统中飞行平台的综合保障系统的一部分，地面支援设备除包括移动无人机所需的设备（如将无人机放置到发射架上）外，还包括测试及维护设备。

6. 发射与回收设备

发射与回收的技术有多种，从场地上进行的常规起飞及降落，到使用旋转翼或风扇系统垂直降落等。弹射也是无人机常用的发射方式，使用引爆式火箭或气动、液压两者结合的方式。着陆拦阻网及装置被用于在地域不大的地区内截获固定翼飞机，伞降回收及翼伞回收应用于狭小地域的定点回收。旋转翼及风扇动力飞机不需要复杂的发射及回收设备。

7.3.2 无人机的基本指标

无人机的基本指标主要有以下几个方面。

1. 续航时间

续航时间是检验无人机持续完成任务能力的重要标准，执行不同类型任务的无人机对续航的要求是不同的。

2. 航程

决定无人机航程的因素有机体结构、翼型、发动机、携带能量等，当然无人机的控制系统对航程也有着不可忽视的影响。

3. 飞行高度

无人机的飞行高度就是升限，是指无人机能够维持平飞的最大高度，是一项重要的性能指标。

4. 飞行速度

飞行速度对于无人机来说也是一项重要的性能指标。

5. 机体尺寸

无人机机体的尺寸能够影响其使用性能和抵抗恶劣环境的能力。

6. 有效载荷质量

有效载荷质量是衡量无人机能够携带任务载荷多少的重要指标。

7. 爬升率

爬升率是指在一定飞行质量和一定的发动机工作状态下，无人机在单位时间内上升的高度。

8. 经济性

无人机的设计、制造和维护成本是一项重要的指标，它是由无人机要执行的任务重要性来决定的。

9. 可靠性

可靠性是指在执行预期任务期间，无故障运行的可能性。良好的可靠性是无人机稳定使用的重要保障。

10. 发射回收方式

发射回收方式直接影响无人机的易用性。常用的发射方式有轨道发射、火箭发射、滑跑发射、空中发射和垂直起飞等；常用的回收方式有降落伞回收、空中回收、拦截网回收、起落架滑轮着陆、气垫着陆和垂直着陆等。

7.3.3 无人机系统关键技术

现代无人机系统设计已经发生了革命性的变化，不仅需考虑飞行距离、高度，设备体积和质量，还要考虑无人机获取情报的实时性、连续性、指示性及准确性。同时无人机还需具备自我防护、生存、对地攻击以及空战的能力。对非杀伤性无人机来说，无人机所看到的，地面都能实时看到；地面想要看到的，无人机都能找到；"地、海、空、天"四位一体组成体系内情报互享互惠，准确及时。而杀伤性无人机还要求具备以下要求：目标捕获与识别、高精度制导与控制、全天候留空作战能力、敌我识别与攻击效果评估等。无人机要满足现代的任务需求，达到智能化的要求，综合需要解决以下关键技术：平台技术、通信技术、信息处理技术以及有效载荷技术。

1. 平台技术

无人机系统的平台技术包括无人机机体、飞行控制和推进等技术。传统的无人机机体结构设计和材料等对无人机的质量、自修复及生存能力、自适应飞行控制和无人机性能等存在一定的约束，未来无人机可能采用扭曲蒙皮进行飞行控制和自修复复合材料或再生式复合材料，以使结构损坏后再生。如美国的概念无人机 MFX-2 的柔性蒙皮可实现机翼面积和后掠角分别改变，获得不同飞行时段的最优构型。

现代人们对无人机智能化、自主化的程度要求更高了，但现有的技术却在一定程度上制约着无人机智能化、自主化程度的提高，如计算机的运算速度和能力、通信的带宽和速度以及人工智能技术等。智能化、自主化程度的高低将在很大程度上制约无人机任务需求的实现。

推进技术是平台技术十分关键的技术，将影响无人机的性能、飞行速度和航程等的技术指标。目前最为广泛的无人机推进系统为燃气涡轮机推进系统、活塞发动机推进系统和电机推进系统（电池组和太阳能电池）。为了进一步提高无人机飞行性能，现在正在研究超燃冲压发动机以及燃料电池等新的推进技术。如美国的概念无人机——全球观测者，采用液态氢燃料电池技术，留空时间可达到 7 ～ 10 天。

2. 通信技术

无人机数据链是无人机系统的重要组成部分，是飞行器与地面系统联系的纽带。数据链路传输速率、带宽与未来无人机的能力有直接的关系。未来无人机在获取情报的实时性、连续性、指示性及准确性等方面都有很高的要求，甚至可能在更为繁杂的环境下工作，这就对现有数据通信链路的传输速率、带宽和抗干扰性提出了挑战。在未来可能将高传输率的激光通信链和具备全天候适应能力的射频数据链共同发展，建立以网络为中心的通信系统，系统具有足够的容量、稳定性、可靠性、强大的联通性和互操作性。

3. 信息处理技术

处理器技术是制约无人机智能和自主程度的另一关键因素，如果现代的微型处理器具备人一样的思考能力及速度、存储能力和环境适应能力，则处理器可完全取代飞行员的功能，无人机才能实现完全自主控制。但目前的微处理器还不具备这样的能力，因此发展全自主无人机任重而道远。未来可能使用光学处理器、生物化学处理器、量子干涉切换处理器和分子电子处理器，这将使处理器的速度大大提高，由此可能进一步提高无人的智能化和自主化程度。

4. 有效载荷技术

无人机的有效载荷技术在很大程度上也决定了无人机的能力，当前和未来将应用于无人机的有效载荷可被划分为四类：5 种通用传感器（光电、雷达、信号、气象、生化）、中继（通信系统、导航信号）、机载武器、货物以及它们的组合等。无人机系统任务的完成程度及优劣依赖于传感器，若需达到更好的效果，还需突破相关的关键技术。武器系统是影响无人机作战性能的重要因素，通常无人机的质量和体积都比有人战斗机要小得多，但却要求无人机具备同等的作战效果，未来的无人机武器系统可能向着小型化、制导精确度等方向发展，甚至可能会采用微波武器。

7.3.4 无人机未来发展趋势

无人机的发展正突飞猛进，其作用正从侦察向对地攻击扩展，将来必然向空战扩展，已显示出了广阔的发展空间和前景。无人机的发展必将使空战形式发生根本性的变革。

无人机未来的发展趋势如下。

（1）向隐形、微型方向发展。

为了面对不断增强的地面防空火力的威胁，提高自身生存能力，目前无人机正在向隐形化方向发展，许多先进的隐形技术被应用于新型无人机的研制发展。2002 年，美国波音公司在秘密研制 10 年之后推出了新型隐形无人机"猎鸟"。该机具有全新的隐形外观，优秀的隐形特性，达到了隐形目的。

(2) 向高空、长航时方向发展。

续航时间短、飞行高度低的无人机，因侦察监视面积小，不能连续取信息，往往会造成情报"盲区"，已不能适应现代战争的需要。因此，高空、长航时是未来无人机出展的必然趋势之一。美军在伊拉克战争中使用的高空长航时"全球鹰"无人机，其续航时间在 A2 以上，最大飞行高度为 20 000 m，最大飞行距离为 26 000 km，巡航速度为 635 km/h，可从美国本土飞往全球任何地区进行战略和战役侦察。美国国防部先进项目局已与波音公司签订了无人机燃料电池动系统开发合同，新的燃料电池动力系统能使无人机在空中连续飞行数周，而不是现在的数十小时。

(3) 向武器化方向发展。

随着无人机技术和机载遥感技术，特别是精确制导武器技术的发展，无人机已成为精确制导武器的理想平台。对于主要用于侦察的无人机，出现了一种不同程度武器化的趋势，武器化已成为无人机发展的重要方向之一。目前，世界各国都把研制无人战斗机作为优先发展方向。美国在《2001 财年国防授权法案》中提出：在未来 10 年内美国纵深打击作战飞机的 1/3 将是无人机。

现在数万架无人机中大多属于战术侦察机，主要用于战场警戒、搜集情报、目标跟踪或毁损评估。随着时代进步，有人战机逐步退出天空，而无人机将主宰未来的天空。

1. 长航时

高空长航时无人机具有高生存力与高侦察能力，其应用不断得到扩大。美国相关研究认为，未来在 20 000 m 以上高空飞行将不会受到限制。高空长航时无人机将会成为大气层侦察网络的一个重要组成部分。例如，在未来战场上，优秀的制空能力日益受到无人机使用者的青睐，能大幅提高无人机遂行作战任务的准确性和攻击性。

2. 隐身技术

新型无大机将采用最先进的隐身技术。一是采用复合材料雷达吸波材料和低噪声发动机。美军捕食者无人机的机身除了主梁以外，全部采用了石墨合成材料，并对发动机进出气口和卫星通信天线做了特殊设计，其雷达信号特征（RCS）只有 0.1 m²，对雷达、红外和声传感器都有很强的隐身能力。二是采用限制红外反射技术。在无人机表面涂上能吸收红外光的特制漆和在发动机燃料中注入防红外辐射的化学制剂，雷达和目视侦察均难以发现采用这种技术的无人机。三是减少表面缝隙。采用新工艺将无人机的副翼、襟翼等各传动面都制成综合面，进一步减少缝隙，缩小雷达反射面。四是采用充电表面涂层。充电表面涂层主要有抗雷达和目视侦察两种功能。无人机蒙皮由 24 V 电源充电后，表面即可产生一层能吸收雷达波的保护层。根据美军试验后的结果看，可使雷达探测距离减小 40% ～ 50%。

3. 综合感知

未来无人机的发展正朝着系统集成，综合传感方向发展，增强无人机的通用性。例如，美军为增强无人机全天候侦察能力，机上安装有光电红外传感器和合成孔径雷达组

成的综合传感器。美军捕食者无人机安装有观察仪和变焦彩色摄像机、激光测距机，第三代红外传感器、能在可见光和中红外两个频段上成像的 CCD 摄像机、合成孔径雷达等。使用综合传感器后，无人机既可单独选择图像信号，也可综合使用各种传感器的情报。

4. 智能技术

"捕食者"这类无人机的"操纵 – 作战"模式会在地面指挥站与无人机之间产生大量的数据交换，因此极易因通信受干扰导致任务失败。另外，由于需要参与无人机的作战决策规划，操纵员的负担很重，在复杂环境下容易出错。这也对无人机操纵员提出较高的心理素质要求和一定经验。因此，美国无人机操纵员大都是退役飞行员。为摆脱这种局限，美国提出无人机的智能化路线图，2020—2025 年将研制出可替代 F-15 的无人战斗机，2025—2030 年无人机将替代 F-22。

5. 协同作战

无人机协同作战，包括无人机和有人机的协同以及无人机之间的协同。日本就规划未来用第六代有人战斗机指挥多架无人机进行集团作战。美国也已经成功利用"捕食者"挂载"发现者"小型无人机，后者可在"捕食者"的机翼下实现启动、发射并听令作战。美国 X-47B 无人机还成功实现了空中加油，使无人机发展更进一步。未来无人直升机甚至可以参与巷战，进一步涉及无人机与人类的直接协同。

6. 微构技术

依靠电子技术的进步，现代无人机及其机载武器可以做得越来越小。美国研制的"长钉"导弹是目前世界最小的导弹，也是无人机的理想携带武器。它长为 63.5 cm，直径为 5.7 cm，质量为 24 kg，采用光学成像制导，每枚价格为 5 000 美元。与现有动辄上百万美元的导弹相比，它真正实现了"合算"地攻击汽车等常规目标的要求。

7. 快飞技术

美国空军的 X-45 无人机，飞行速度可达 6 ～ 12 倍声速，飞行方向完全由发动机矢量喷管控制，具备很高的机动性能。美国空军的另一种无人机 X-51A 采用超燃冲压发动机，这是高超声速飞行器的核心。它的速度为 5 600 km/h，具备全球快速打击能力。日本也坚持在这方面展开积极研究。

8. 空天技术

美国 X-37B 空天无人飞行器已经展示出无人机在未来太空战斗机领域的优势。空天作战的核心包括空天平台、空天武器、空天自主技术。鉴于太空和超高速环境，空天飞行器依靠人来遥控操纵没有可行性，必须具备自主攻击技术。考虑到常规杀伤手段在太空中会产生无数碎片，因此空天无人作战系统将偏向"软杀伤"，如利用激光令对手卫星失效，或直接用撞网和机械臂将其捕获，或利用电磁波干扰卫星的正常运转。

9. 可靠性

无人机的可靠性与成本密切相关，"捕食者""全球鹰"等大中型无人机与 F-16 战斗机的事故率相当，但小型无人机的失事概率就大得多。尽管无人机坠毁事故不会带来人身危险，但附带的损伤、政治影响和技术泄露风险不可轻视。

10. 技术设备

外界评估无人机通常只看重平台，忽视了它挂载了任务系统才能产生相应的功能。

因此一般来说无人机的价值也受制于其携带的设备，无人机到底执行什么任务是依靠其携带的设备来决定。

7.4 通用航空

7.4.1 通用航空概述

1. 概述

目前把民用航空分为两大类，分别是商业航空和通用航空。商业航空是指以航空器进行经营的客货运输的航空活动，就是我们常见的航空公司运营模式。而通用航空就是除去商业航空以外的民用航空范围内的其他所有航空活动。

从事通用航空活动应当具备这些条件：①有与所从事的通用航空活动相适应且能保证飞行安全要求的民用航空器；②有依法取得执照的航空人员；③符合法律、法规规定的其他条件；④从事经营性通用航空，限于企业法人。

通用航空具有机动灵活、快速高效等特点，作业项目覆盖了农、林、牧、渔、工业、建筑、科研、交通、娱乐等多个行业。通用航空的具体内容包罗万象，具体分类有航空摄影、医疗救护、气象探测、空中巡查、人工降雨、海洋监测、陆地及海上石油服务、飞机播种、空中施肥等。另外公务飞机和私人飞机都属于通用航空范畴之内。主要通用航空器有：直升机、公务机、旋翼机、滑翔机、动力伞、滑翔伞、热气球、飞艇、水上飞机等。

据华盛顿通用航空制造商协会（GAMA）统计表明，截至2010年，全世界约有通用飞机32万架，从事通用航空活动的飞行员达70万名。而大型民航飞机只有6万架，约40万名飞行员。其中，美国通用航空飞机的总数超过231 000架，飞行员超过503 740人（不含学院驾照），通用航空机场近15 000个。作为大众经济的通用航空，其每年给美国带来的经济贡献达到了1 500亿美元，创造了1%的GDP和126万个就业岗位。可见，通用飞机在世界经济发展中起着非常重要的作用。

2. 主要通用航空业务简介

《通用航空经营许可管理规定》（中华人民共和国交通运输部令2020年第18号）将经营性通用航空活动分为三类：

（1）载客类，是指通用航空企业使用符合民航局规定的民用航空器，从事旅客运输的经营性飞行服务活动。

（2）载人类，是指通用航空企业使用符合民航局规定的民用航空器，搭载除机组成员以及飞行活动必需人员以外的其他乘员，从事载客类以外的经营性飞行服务活动。

（3）其他类，是指通用航空企业使用符合民航局规定的民用航空器，从事载客类、载人类以外的经营性飞行服务活动。

通用航空企业系指使用民用航空器为其他企业、组织和社会公众提供通用航空和空中作业等飞行服务的经营组织。长期以来，通用航空为支持工农业生产、保护人民生命财产和预防、抵御各种自然灾害做出了重要贡献，社会效益显著。

通用航空业务范围广阔，主要有：

① 通用航空包机飞行。通用航空企业使用三十座以下的民用航空器（初级类航空器除外），按照与用户所签订文本合同中确定的时间、始发地和目的地，为其提供的不定期载客及货邮运输服务。此类服务不对社会公众发售机票，不提前公布航班时刻，根据需要决定飞行频次。

② 石油服务。使用民用航空器在石油勘探开发的作业地至后勤保障基地间开展的人员物资运输以及空中吊装、空中消防灭火、搜寻救援等飞行服务活动。

③ 直升机引航使用。民用直升机在轮船和港口之间运送引水员的飞行活动。

④ 医疗救护。使用装有专用医疗救护设备的民用航空器，为紧急施救患者而进行的飞行活动。

⑤ 商用、私用、运动驾驶员执照培训。使用民用航空器，以掌握飞行驾驶技术，获得商用驾驶员执照、私用驾驶员执照或运动驾驶员执照为目的而开展的飞行活动，包括正常教学飞行、教官带飞、学员在教官的指导下单飞，但不包括熟练飞行。

⑥ 空中游览。使用民用航空器在以起降点为中心、半径为40 km的空域内载运游客进行观赏、游览的飞行活动。

⑦ 直升机机外载荷飞行。以民用直升机为起吊平台进行的吊装、吊运等飞行活动。

⑧ 人工降水。在云中降水条件不足情况下，使用民用航空器向云层中喷洒催化剂以促进降水的飞行活动。或利用飞机向地表覆盖的冰雪喷洒吸热物质，提高冰雪温度，以促使冰雪融化的飞行活动。

⑨ 航空探矿。航空地球物理勘探的简称，是指使用装有或搭载专用探测仪器的民用航空器，通过从空中测量地球各种物理场（如磁场、电磁场、重力场、放射性场等）的变化，了解地下地质情况和矿藏分布状况的飞行活动。

⑩ 航空摄影。使用民用航空器作为运载工具，通过搭载航空摄影仪、多光谱扫描仪、成像光谱仪和微波仪器（如微波辐射计、散射计、合成孔径侧视雷达）等传感器对地观测，获取地球地表反射、辐射以及散射电磁波特性信息，用于测制各种比例尺的地形图、资源调查等的飞行活动。

⑪ 海洋监测。使用装有或搭载专用仪器的民用航空器对领海和专属经济区内海洋资源使用、海洋污染情况进行的空中监测、调查、取证等飞行活动。

⑫ 渔业飞行。使用装有或搭载专用仪器的民用航空器对渔业资源分布、使用情况进行的监测、调查、取证等飞行活动。

⑬ 城市消防。使用民用直升机开展对城市高层建筑物的空中喷液灭火和人员救援等的飞行活动。

⑭ 空中巡查。使用装有或搭载专用仪器的民用航空器，对预先设计的区域和目标进

行的空中观察、监测等飞行活动。

⑮ 电力作业。使用民用航空器为电力建设、输电线路维护提供的飞行服务活动，包括输电线路基础施工、组装输电铁塔、施放导引绳、输电线路清洗、输电线路带电维修等项目。

⑯ 航空器代管。通用航空企业为航空器所有人开展飞行活动提供的航空器管理及航空专业服务。

⑰ 跳伞飞行服务。使用民用航空器运载跳伞人员到达指定空域的飞行服务活动。

⑱ 航空护林。使用民用航空器并配备专用仪器设备、专业人员，以保护森林资源为目的实施的森林消防飞行活动，包括巡护飞行、索降灭火、机降灭火、喷液灭火、吊桶灭火等。

⑲ 航空喷洒（撒）。使用民用航空器并配备专业喷洒（撒）设备或装置，将液体或固体干物料，按特定技术要求从空中向地面目标喷雾或撒播的飞行活动。

⑳ 空中拍照。以民用航空器为搭载平台，使用摄影、摄像、照相机等专业设备，为影视制作、新闻报道、比赛转播等拍摄空中影像资料的飞行活动。

㉑ 空中广告。使用民用航空器在空中开展的广告宣传飞行活动，包括机（艇）身广告、飞机拖曳广告、空中喷烟广告等。

㉒ 科学试验。使用民用航空器为搭载平台，为开展各类科学试验提供空中环境的飞行活动。

㉓ 气象探测。以民用航空器为搭载平台，装备相关专业设备对大气物理、大气化学和气象现象进行探查、测量的飞行活动。

㉔ 航空表演飞行。使用民用航空器，以展示飞机性能、飞行技艺，普及航空知识和满足观众观赏为目的开展的飞行活动。

㉕ 个人娱乐飞行。飞行驾驶执照拥有者为保持和提高飞行技术、体验飞行乐趣，从通用航空企业租用航空器开展的飞行活动。

7.4.2 我国通用航空发展历史及前景

我国通用航空发展可以追溯到 1912 年，当时航空界的先驱冯如驾驶自制的飞机在广州燕塘进行的飞行表演，揭开了我国航空事业发展的序幕。

1931 年 6 月 2 日，浙江省水利局租用的德国汉莎航空公司的梅塞施米特 M18–D 型飞机，在钱塘江支流浦阳江 36 km 河段进行的航空摄影，是我国首次进行的通用航空商业活动。

自 1949 年以后，我国通用航空事业得到了快速发展。1951 年 5 月 22 日，应广州市政府的要求，民航广州管理处派出一架 C–46 型飞机，连续两天在广州市上空执行了 41 架次的灭蚊蝇飞行任务，由此揭开了我国通用航空发展历史的新篇章。

1952 年，我国组建了第一支通用航空队伍——军委民航局航空农林队。该农林队拥有 10 架捷克制爱罗 –45 型飞机，职工 60 余人，当年飞行总量为 959 h，专供通用航空生产作业的机场或起降点约 40 个。此后，在全国各地陆续成立了以农林业飞行为主的 14

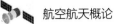

个飞行队,后来又成立了专为工业、农业、海上石油等服务的通用航空公司,我国通用航空业逐步发展到现在的规模。

按照我国国民经济发展规划,21世纪最初的20年,国内生产总值年均增长7%以上,将对通用航空产生更大的需求,促进通用航空、经济和社会协调发展。

通用航空具有机动灵活、快速高效等特点,作业项目涵盖了农、林、牧、渔、工业、建筑、科研、交通、娱乐等多个行业,直接为国民经济和社会发展服务。完整的通用航空产业链条包括航空制造业、通用航空运行与航空作业服务以及通用航空保障服务(包括通用航空的机场、油料保障)等。通用航空的发展将促进整个产业链条的发展,直接为国民经济做出巨大贡献。

地方经济建设和日益增长的航空消费需求对通用航空发展提出了更高的要求。通用航空机型小,起降条件要求较低,运营成本低,无须大量资金投入即可有效改善偏远、经济欠发达地区的交通条件。随着国民经济的发展和生活水平的提高,人们对使用小型飞机、直升机进行航空观光旅游、社区间的通勤飞行、个人娱乐、培训飞行等的航空消费需求日益增长,迫切需要通用航空提供更广泛的服务。

社会整体公共服务水平的提高需要通用航空。通用航空一直在抢险救灾、应急救援、环境保护与综合治理、人工降雨、农林业航空等社会公共服务领域发挥着重要的作用。

长期以来,遇有重大、紧急公共安全事件时,"最后十公里"问题严重影响了应急救援的效果,在偏远、欠发达地区,受常规交通运输条件所限,突发公共安全事件更是难以得到及时施救。发展通用航空,将确保社会公共服务的实施,保障社会每一个成员得到政府提供的社会公共服务。

民航行业健康、协调的发展需要通用航空。通用航空是民用航空的重要组成部分,也是民用航空发展的坚实基础,发展通用航空将为航空运输提供广泛的专业技术和管理人才。尤其在偏远、欠发达地区发展通用航空,能为支线、干线机场运送旅客、货物,有助于构建完善的航空运输网络,优化航空运输布局结构。发展通用航空,还将带动航空教育培训、机场建设、民航服务业等相关部门的发展,增强民航整体实力。

在资源勘探及飞行服务领域,由于在未来相当一段时间内,石油等能源仍处紧缺状态,我国近海石油勘探、开发正加速进行。与此相适应,石油航空服务的市场规模将会进一步扩大。

对直升机吊装、吊挂和巡线飞行项目来讲,随着电力行业的改革,电力企业更加注重使用直升机服务,以提高生产效率,未来对此类飞行服务的需求将进一步扩大。此类通用航空项目已成为电力行业不可缺少的手段。

在航空护林、人工降雨、农林化飞行作业和飞机播种作业等方面,随着政府对森林资源和环境保护的重视,财政也加大了投入力度。

受市场需求的影响,公务飞行、飞行驾驶执照培训飞行、航空器代管、观光游览飞行等项目发展较快,飞行量逐年递增。近年来小型航空器短途商业运输等项目的市场需求日益旺盛,在行业发展政策出台以后,上述项目也将得到进一步的发展。

7.4.3　我国通用航空行业管理现状

1. 通用航空法规体系

近年来，我国出台了一系列通用航空市场准入、运行标准以及外商投资通用航空业等方面的法规、规章，初步建立了较为完善的通用航空法规体系。我国现行的通用航空法规体系包括法律、法规、规章、标准等。

（1）法律。

我国通用航空活动政策和管理的法律依据是《中华人民共和国民用航空法》（以下简称《民航法》），其于 1996 年 3 月 1 日正式实施，2021 年第六次修正。

《民航法》设定了通用航空的定义以及从事通用航空活动的条件，明确提出保障飞行安全，保护用户、地面第三人以及从事通用航空活动的单位和个人的合法权益。

（2）行政法规。

《国务院关于通用航空管理的暂行规定》（国发〔1986〕2 号）于 1986 年 1 月 8 日由国务院发布。该规定首次将"专业航空"更名为"通用航空"，明确了通用航空行业管理机构、从事通用航空活动需履行的报批手续、从事通用航空经营活动的审批管理程序及要求等。在《民航法》出台之前，该规定为通用航空行业管理提供了法规依据。

《通用航空飞行管制条例》（国务院、中央军委第 371 号令），于 2003 年 1 月 10 日由国务院、中央军委发布，2003 年 5 月 1 日起施行。该条例是管理我国通用航空飞行活动的基本依据，规范了从事通用航空飞行活动的单位或个人向当地飞行管制部门提出飞行计划申请的程序、时限要求；明确了在我国范围内进行的一些特殊飞行活动，所需履行的报批手续和文件要求；并对升放和系留气球做出了具体要求。

（3）民航规章。

目前涉及通用航空的民航规章共 30 多部，主要包括经济管理和安全运行管理的内容。

① 经济管理的规章。

《通用航空经营许可管理规定》（交通运输部令 2016 年第 31 号）。该规章规范了行业管理部门的通用航空经营许可行为，规定了设立通用航空企业的条件、经营项目、申报文件要求、审批程序、时限等。该项行政许可由民航地区管理局负责实施。

《非经营性通用航空登记管理规定》（民航总局令第 130 号）。该规定规范了行政管理部门对非经营性通用航空活动的行政许可行为，规定了申请登记的条件、内容、文件要求、登记程序、时限等。该项行政许可由民航地区管理局负责实施。

② 安全运行规章。

通用航空运行审定类：《一般运行和飞行规则》（CCAR-91）、《小型航空器商业运输运营人运行合格审定规则》（CCAR-135）。

上述规章对通用航空所涉及的一般运行、小型航空器商业运行的合格审定标准进行了规范。

专业机构审定类：《民用航空器驾驶员学校合格审定规则》（CCAR-141）、《飞行训练中心合格审定规则》（CCAR-142）、《民用航空器维修单位合格审定规定》（CCAR-145）。

上述规章明确了对飞行训练机构、飞行驾驶执照培训机构以及维修单位的审定标准。

专业人员执照、资质审定类:《民用航空器驾驶员、飞行教员和地面教员合格审定规则》(CCAR-61-R1)、《民用航空器领航员、飞行机械员、飞行通信员合格审定规则》(CCAR-63FS)、《民用航空器维修人员执照管理规则》(CCAR-66-R1)、《民用航空飞行签派员执照管理规则》(CCAR-65FS-R1)、《民用航空航行情报人员岗位培训管理规定》(CCAR-65TM-TV)、《民用航空航行情报员执照管理规则》(CCAR-65TM-Ⅲ-R2)。

上述规章明确了对申请专业人员执照、资质的具体条件和要求。

(4)通用航空作业标准。

为保证通用航空作业质量,引导和规范通用航空企业开展作业项目,自 1986 年以来,我国先后发布了下列通用航空的标准。

①民用航空标准包括:《飞机播种造林技术规程》(GB/T 15162—94)、《1:5 000、1:10 000、1:25 000、1:50 000 及 1:100 000 比例尺地形图航空摄影规范》(GB/T 15661—95)、《民用航空器飞行事故等级》(GB 14648—1993)、《通用航空机场设备设施》(GB/T 17836—1999)、《航空摄影技术设计规范》(GB/T 19249—2003)、《1:500、1:1 000、1:2 000 比例尺地形图数字航空摄影测量测图规范》(GB/T 15967—2024)等。

②民航行业标准包括:《航空摄影技术术语》(MH/T 0009—1996)、《农业航空技术术语》(MH/T 0017—1998)、《农业航空作业质量技术标准》(MH/T 1002—1995)、《飞机喷施设备性能技术指标》(MH/T 1008—1997)、《航空物探飞行技术规范》(MH/T 1010—2000)等。

2. 通用航空的行业管理机构状况

经 2003 年民航行政管理体制改革后,目前民航行政管理体系包括:中国民用航空局、民航地区管理局(华北、东北、西北、华东、中南、西南和新疆地区管理局)、航空安全办公室。管理机构分为中国民用航空局和民航地区管理局两级,航空安全办公室为民航地区管理局的派出机构。中国民用航空局的主要职责定位于民用航空的安全管理、市场管理、宏观调控、空中交通管理和对外关系 5 个方面,而每个职能中都包含通用航空的管理内容。

思考题

1. 简述无人机的定义、分类及用途。

2. 与有人驾驶飞机相比,无人机具有哪些优点?

3. 无人机按飞行平台构型分类有哪些？

4. 简述无人机系统的关键技术与发展。

5. 简述无人机系统的组成。

6. 无人机的基本指标有哪些？

7. 简述无人机在民用领域中的应用。

8. 无人机未来的发展趋势是什么？

9. 通用航空的定义。

10. 简述国际通用航空的现状。

8.1　航空先进技术

　　航空航天已经成为 21 世纪最活跃和最有影响的科学技术领域，代表着一个国家科学技术的先进水平。近年来，航空业在科技的推动下取得了巨大的发展，先进技术的应用不仅提升了飞行安全性和效率，还为未来的发展奠定了基础。

　　随着航空航天技术的研究与发展，世界科技大国都已开始投巨资和众多的人力、物力，研制新世纪的军用及民用航空航天器。军用航空器已经开始了第五代和第六代各类高速飞行、超机动性、超远程飞机的设计；民用飞机也开始了新一代超大型、超高速、超远程运输机的研制。

1. 隐身技术

　　隐身技术又称低可探测技术，综合了流体动力学、电子学、材料学、光学、声学等领域的先进技术，通过改变航空武器装备目标的可探测信息特征，使敌方探测系统不易发现或发现概率十分有限，以提高自身的生存能力和作战效能。目前，航空飞行器隐身技术主要包括雷达隐身、红外隐身、光学隐身、声学隐身及射频隐身等。

　　（1）雷达隐身。

　　目前雷达探测手段对飞机的威胁约占各种探测手段的 60%，红外探测威胁约占 30%，所以隐身飞机主要是雷达隐身和红外隐身。在超视距作战中，雷达是探测飞机的最有效方法，因此提高飞机的雷达隐身能力至关重要。

　　雷达隐身的措施主要包括外形隐身和应用吸波材料。外形隐身的基本原则主要有：尽量避免雷达垂直照射飞机表面，因为垂直表面对雷达波的反射最强，因此飞机的垂尾、前机身和进气道等应设计成具有一定的倾斜角，以消除能够形成角反射器的外形布局。

如机翼和机身采用翼身融合体设计，结合处圆滑无棱角，单立尾与平尾的角反射器采用倾斜的双立尾。为了消除强散射源，如采用背部进气道或进气道设计成长而曲折的 S 形，武器内挂，采用保形天线，不挂副油箱等。还有主要部件的轮廓线，如机翼和尾翼的前后缘，尾喷口的"之"字形边缘等力求互相平行，使全机对雷达的反射除形成少数几个波束外，在其他方向反射极弱。

当某些部件或部位不能使用外形隐身措施时，可采用吸波材料来弥补。如在进气道内喷涂碳铁化合物的吸波材料，雷达波能量在长而弯曲的进气道内经过来回反射，最后被吸波涂层吸收；将座舱盖镀以能将雷达波信号向空间散射的金属箔膜，可大大减小雷达的反射波。

（2）红外隐身。

红外隐身的主要措施有采用矩形二元喷管，使尾喷流火舌变平，可降低红外辐射信号。采用涡扇发动机，可降低发动机的排气温度。飞机在飞行时尽量不开加力燃烧室，如米格 –21 的发动机，不开加力时的红外探测范围为 10 km 以内，开加力后，在 40 km 以外就能被探测到；另外把发动机布置在机身或机翼上面，利用机翼或尾翼等部件进行遮挡或隐蔽。

（3）光学隐身。

光学隐身可采用特种迷彩涂料，降低目标与背景的反差或对比度，使目视难以发现目标，同时可使用激光吸收材料等手段对抗激光检测。

（4）声学隐身。

声学隐身可改进航空器发动机结构，采用超低噪声发动机等技术措施。对直升机而言，声学隐身尤其突出，除降低发动机噪声外，实现旋翼的低噪声运行更为关键。

（5）射频隐身。

射频隐身主要是抑制目标自身的电磁辐射，以降低敌方电子探测系统对目标的探测概率。

美国的隐身战斗机 F–22 在外形设计上很好地兼顾了隐身和气动性能两方面的要求。F–22 采用外倾双垂尾常规气动布局。垂尾向外倾斜 27°，恰好处于一般隐身设计的边缘。其两侧进气口装在翼前缘延伸面（边条翼）下方，与喷嘴一样，都做了抑制红外辐射的隐形设计；主翼和水平安定面采用相同的后掠角和后缘前掠角，都是小展弦比的梯形平面形；水泡型座舱盖凸出于前机身上部，全部武器都隐蔽地挂在 4 个内部弹舱之中。采用嘉莱特进气道，在为小涵道的 F–119 型发动机提供足够进气的同时，其斜切的外形减小了作为隐形战斗机重要指标的雷达反射面积。

我国的歼 –20 设计也采取了诸多措施提高隐形能力。歼 –20 采用带边条的鸭式布局，既能提高飞行的速度，也有利于达到隐身的目的；头部、机身呈现菱形，斜侧面简洁，上下表面非常平直，减少了不连续平面带来的雷达反射；机翼、鸭翼前后缘考虑了前后平行的折射因素；大外倾、面积较小的 V 形垂尾也是有效的隐身措施。进气道设计采用了 S 形弯曲，可有效阻挡发动机叶片的雷达反射。

2. 临近空间技术

到目前为止，飞得最高的航空飞行器离地球表面的高度小于 40 km。绝大多数航空飞行器在离地球表面 20 km 以下的区域内飞行，而飞得最低的航天飞行器离地球表面高度大于 120 km，大部分航天飞行器在离地球表面 180 km 以上的外层空间飞行。临近空间的开发利用必须有临近空间飞行器作为载体。临近空间技术主要包括临近空间飞行器技术和临近空间应用技术。临近空间飞行器是指只在或能在临近空间做长期、持续飞行的飞行器，或亚轨道飞行器，或在临近空间飞行的高超声速巡航飞行器。这类飞行器具有航空航天飞行器所不具有的优势。按照飞行速度不同临近空间飞行器可分为低动态飞行器（马赫数小于 1.0）和高动态飞行器（马赫数大于 1.0）两大类型。

(1) 低动态临近空间飞行器。

低动态临近空间飞行器主要包括平流层飞艇、高空气球、太阳能无人机等。它们具有悬空时间长、载荷能力大、飞行高度高、生存能力强等特点，能够携带可见光、红外、多光谱和超光谱、雷达等信息获取载荷。它们可作为区域信息获取手段，用于提升战场信息感知能力，支援作战行动；又可携带各种电子对抗载荷，实现战场电磁压制和电磁打击，破坏敌方信息系统。还可携带通信及其他能源中继载荷，用于野战应急通信、通信中继及能源中继服务。

(2) 高动态临近空间飞行器。

高动态临近空间飞行器主要包括高超声速巡航飞行器、亚轨道飞行器等，具有航速快、航距大、机动能力强、生存能力强、可适载荷种类多等特点，同时具有远程快速到达、高速精确打击、可重复使用、远程快速投送等优点；既可携载核弹头，替代弹道导弹实施战略威慑，又可选择携载远程精确弹药，作为"撒手锏"手段攻击高价值或敏感目标，还可携带信息传感器，作为战略快速侦察手段，对全球重要目标实施快速侦察。

临近空间飞行器具有持续工作时间长、覆盖范围广、生存能力强等特点。根据其性能特点和飞行环境，临近空间飞行器技术主要包括稀薄空气动力学、临近空间环境对飞行器的影响与评估、临近空间飞行器能源支撑技术、动力支撑技术等。临近空间应用技术主要体现在不同用途的有效载荷在临近空间飞行器上的装（挂）载和应用。对于临近空间的开发利用，世界各国目前在同一起跑线上。

3. 高超声速技术

高超声速技术指飞行器最大平飞马赫数大于 5 的相关技术，是航空、航天技术的结合。高超声速飞行主要面临流场复杂、气动加热和推进系统等技术问题。高超声速飞行时，激波强度高，激波和飞行器表面之间的夹角小，激波和边界层间的干扰使流场严重恶化，气流的压力、密度、温度等变化相对较大，气动力和热作用使机头和机翼前缘达至 2 000 ℃ 以上的高温，甚至使空气分子电离。这时理想气体的状态方程失效，比热也不再是常数，出现极为复杂的流动现象。为适应严酷的气动加热环境，飞行器结构必须考虑热强度的问题，一般要使用耐热材料、加装隔热设备、安装冷却系统等热防护措施。动力装置一般采用由涡轮喷气发动机、亚燃冲压喷气发动机或超燃冲压喷气发动机、火箭发动机等组合的发动机。

高超声速技术有望在高超声速巡航导弹、高超声速侦察机、高超声速轰炸机、高超声速无人机等平台上获得应用。高超声速飞行器本身就具备很高的生存能力，主要体现在突防能力和逃避能力方面。

X-51"乘波者"（图 8-1）由波音公司与普拉特·惠特尼（简称普惠）公司共同开发，由一台 JP-7 碳氢燃料超燃冲压发动机推动，设计飞行马赫数在 6 ～ 6.5 之间，是一种无人高超声速试验机，最高速度可达声速的 5.1 倍，是美国超声速燃烧冲压发动机试验机之一。第一架 X-51 在 2010 年 5 月 26 日完成了声速 5 倍的试验，最后一次试验在 2013 年 5 月 1 日完成，先后试验四次。

图 8-1　X-51"乘波者"无人机

Yu-71 高超声速助推滑翔飞行器（图 8-2）是俄罗斯一种在研的高超声速飞行器，曾被 UR-100 洲际弹道导弹（北约称 SS-19"短剑"）射入近地轨道，既可以用作"萨尔马特"导弹的弹头，也可以装备在未来的远程战略轰炸机上，主要是为了对抗 20 世纪美国建立的弹道导弹防御系统。Yu-71 高超声速助推滑翔飞行器采用了被动烧蚀热防护措施，其制导体制采用 3 段制导，助推段与滑翔段采用的是惯性＋卫星＋天文组合导航方式，末段采用雷达＋红外成像组合制导方式。在未来，俄罗斯将采用 Yu-71 高超声速助推滑翔飞行器与其他高超声速飞行器组合攻击方式突破敌方的导弹防御系统。

图 8-2　Yu-71 高超声速助推滑翔飞行器

高超声速飞行器技术作为 21 世纪世界各国竞相发展的一项顶尖技术，必将在未来各国军事抗衡、战略布局中占据一席之地。特别是近几年，美国、俄罗斯与欧盟都进行了多次高超声速飞行器飞行试验，虽然失败居多，但是不可否认，各国对于高超声速飞行器技术的研究有增无减，以往失败的经验也给高超声速飞行器的发展带来了更多希望，优先发展出优异高超声速飞行器的国家也必将助推其综合国力的提升。

4.新概念航空器

新概念航空器是指气动布局和飞行原理与传统飞行器有所不同的一类飞行器，一般具备创新性、高效性、时代性和探索性等特点。

(1)氢燃料电池飞机。

氢燃料电池系统采用氢气为燃料，直接转化成电能，与空气中的氧气发生电化学反应，无任何燃烧废物产生，仅有的副产物为水。如果氢燃料采用可再生能源来生产，则该飞机发动机完全无二氧化碳产生。波音公司于2008年4月3日成功试飞以氢燃料电池为动力的一架小型飞机（图8-3），小型飞机由奥地利"钻石"双座螺旋桨动力滑翔机改装而成，飞机内安装了质子交换 膜燃料电池和锂离子电池。这次试验预示航空技术未来更加环保，但这一技术不太可能为大型客机提供主要动力，波音公司负责试飞工作的工程师涅韦斯·拉佩纳说，这一技术可能为大型飞机提供辅助动力，但需要技术突破。

图8-3 波音公司氢燃料电池飞机

(2)旋翼–固定翼复合式飞机。

旋翼–固定翼复合式飞机将固定翼飞机和直升机相结合，能使飞机既能像直升机一样垂直起降，又具有固定翼飞机的水平飞行速度。代表机型有波音公司设计的一种名为X–50A"蜻蜓"（Dragonfly）的鸭式旋翼/机翼验证机（图8-4），该机采用CRW（Canard Rotor/Wing，鸭翼–旋翼/机翼）概念，飞行方式能够在直升机和固定翼飞机间进行转换，有一副兼有旋翼和机翼功能的"旋翼/机翼"，直升机模式起飞时，发动机通过装在旋翼/机翼翼梢的喷口喷气，使旋翼/机翼旋转产生升力；飞机模式向前飞时，发动机通过飞机后部的尾喷口喷气提供推力，同时将旋翼/机翼锁定成机翼，与鸭翼共同产生升力。

图8-4 X–50A"蜻蜓"鸭式旋翼/机翼验证机

（3）智能变形机翼飞机。

智能变形机翼飞机是一种在不同飞行状态可以像鸟一样改变外形的智能变形机翼飞机，可随意在空中进行盘旋、倒飞和侧向滑行。飞机将采用新型机翼、创新性机体、先进智能结构与控制系统等一系列新技术。其机翼像鸟翅膀一样柔软，通过灵敏的传感器和动作装置，平稳又持续地改变形状，以响应不断变化的飞行条件。形状记忆和压电陶瓷智能材料，将是这类飞机的基础。如图 8-5 所示为快速机翼变形无人机，采用机翼快速变换技术成功进行变形机翼飞行测试，在对目标实施攻击后可快速升空和急转。

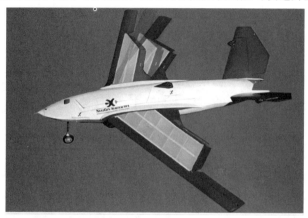

图 8-5　快速机翼变形无人机

（4）非常规布局飞机。

无尾飞机指没有水平尾翼和鸭翼的飞机，俯仰平衡和操纵靠机翼后缘升降副翼来完成，既没有垂尾又没有常规飞机空气动力操纵面的固定翼飞机，是一种综合飞控、一体化推力和隐身的先进飞机。无尾飞机完全由"射流"矢量推力进行控制，发动机排气喷口嵌入飞机蒙皮内，飞机飞行方向将通过系列"射流"进行控制，通过"射流"技术改变喷管的有效面积和矢量推力的方向，不改变发动机喷管的形状，可减轻质量，改善雷达和红外隐身特性。代表机型有美国 X-44 多轴无尾技术验证机，如图 8-6 所示。

图 8-6　X-44 多轴无尾技术验证机

　　未来最理想的形式是机翼机身融为一体的飞翼布局，这种飞机气动效率高、升阻比大、隐身性能好，载荷分布相对均匀，缺点是机动性差、操纵效能低。与常规布局飞机相比，飞翼布局飞机总质量可减少 19%，油耗减少 20%，还可减轻污染和降低噪声。

　　代表机型有波音公司 X-48B 飞翼布局验证机，是由美国宇航局和波音公司鬼怪工程部共同合作研发的新一代翼身融合体飞机，能产生更大的升力、更小的阻力，以及具有更小的雷达反射截面。验证机以复合材料为蒙皮，按实际尺寸 8.5% 的比例缩小，翼展为 6.4 m，重约 227 kg，配备三台涡轮发动机，在低速配置下的飞行高度达 3 050 m，飞行速度为 222 km/h。X-48B 是美国宇航局新的"对环境负责航空（ERA）"项目的一部分，旨在为未来开发更节能、更安静的飞机，如图 8-7 所示。

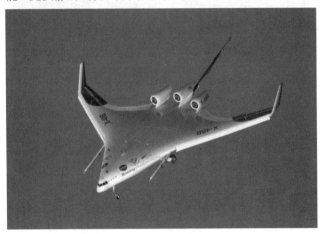

图 8-7　X-48B 飞翼布局验证机

　　(5) 空天飞机。

　　空天飞机是一种未来的飞机，可像普通飞机一样水平起飞，以每小时 1.6 万～3 万千米的超声速在大气层内飞行，在 30～100 km 高空的飞行速度为 12～25 倍声速，而且可以直接加速进入地球轨道，进行航天飞行，返回大气层后，像飞机一样在机场着陆，成为自由地往返于天地之间的运输工具。在此之前，航空和航天是两个不同的技术领域，由航空和航天飞行器分别在大气层内、外活动，航空运输系统是重复使用的，航天运载系统一般是不能重复使用的。而空天飞机能够达到完全重复使用和大幅度降低航天运输费用的目的。

　　美国为了保持其太空优势，并降低空地往返之间的运输成本，美国国防部正试图研发一种可以比过去以更高频率快速进入低地球轨道的无人航天器，于 2014 年 5 月开始研制全面可重复使用的无人运载器，即 XS-1 空天飞机（图 8-8），其使用成本、操作方式和可靠性方面将能与飞机相比。XS-1 是一种两级飞行器，第一级将是一种常规高空无人机，能够飞到尽可能高的高度并达到 10 马赫的飞行速度，然后有效载荷将与无人机分离，依靠自带的低成本推进装置飞向目标轨道，无人机随后将会自动返回发射基地并准备下一次发射。按照项目的设想，XS-1 能够实现当天往返或者每日发射。

　　航空航天技术的发展推动空天技术融合。过去，当航天工业中使用的钛合金应用到飞机上时，飞机的强度（包括抗摩擦、抗高温、抗过载等）大增，从而使飞机飞行高度、速度、灵活性和飞行距离都大为提高。当前，随着航天火箭发动机安全可靠性的增强，以及航天生命保障系统、航天新材料等的发展，飞机可以利用航空航天二元动力方式、航天密闭舱和生命保障系统来制造。美国的极超声速 X–43A 无人机（图 8-9）可以视为一种火箭。

图 8-8 XS–1 空天飞机　　　　　图 8-9 X–43A 无人机

俄罗斯提出了可重复使用亚轨道太空飞机项目，即一种部分可重复使用的模块化垂直发射航天器 MRKS–1。它的第一级将是一架具有飞机外形的可重复使用航天器，发射完成后可自主飞回发射基地；还包括一次性使用的第二级，可以根据任务的不同搭载更多的级别。

航空航天行业的先进技术和相关资料推动着整个行业的不断发展和创新。增强现实技术的应用、涡轮发动机技术的突破、微型卫星技术的发展、先进材料的应用以及自动驾驶飞行技术的突破，都为航空航天行业的未来带来了更多的可能性。

①虚拟现实和增强现实技术的应用。增强现实技术（augmented reality，AR）是一种将虚拟信息与现实世界进行交互的技术。在航空航天行业中，AR 技术已经得到广泛应用，尤其在飞行器的维修和保养方面。通过 AR 眼镜或头戴式设备，维修工程师可以实时获取飞行器的相关技术资料、维修指导和操作手册，同时还可以通过虚拟显示的方式，直接在现实场景中显示需要维修的部位和步骤。这项技术不仅可以提高维修的效率和准确性，还能降低操作风险，为航空公司节省时间和成本。

随着航空业的发展，虚拟现实和增强现实技术也逐渐应用于飞行培训和旅客体验中。虚拟现实技术可以为飞行员提供逼真的飞行模拟环境，帮助他们提高飞行技能和应对紧急情况的能力。同时，增强现实技术可以为旅客提供更加丰富和互动的旅行体验。例如，旅客可以通过增强现实技术在机舱内观看电影、玩游戏或者参观旅游景点，提升旅行的乐趣和舒适度。

②涡轮发动机技术的发展。涡轮发动机是现代航空领域最主要的推进系统，其性能的提升对于飞行器的速度、载荷以及燃油效率都有着重要影响。近年来，涡轮发动机技术取得了巨大的突破。其中一项重要的技术进展是使用复合材料制造涡轮叶片，这种材料比传统的金属材料更轻、更坚固，能够提高燃烧效率和动力输出。另外，采用数字化设计和优化算法，可以提高涡轮发动机的气流效率和降低噪声水平。这些技术的应用，使得新一代涡轮发动机在节能环保和性能提升方面有了显著的改进。

③微型卫星技术的突破。微型卫星是指体积较小、质量较轻的卫星系统，其成本和研发周期相对较短，正逐渐成为航天行业的新趋势。微型卫星的发展离不开先进的技术资料和设计理念。例如，微型卫星的设备和仪器必须具备紧凑、轻便和高效的特点，以适应空间环境的特殊要求。此外，微型卫星的通信系统和数据传输技术也需要更加先进和可靠，以确保数据的获取和传输的质量和速度。因此，航空航天行业在推动微型卫星技术发展方面也需要积极推广和分享相关的技术资料。

④先进材料在航空航天行业中的应用。新材料的出现对于航空航天行业的发展起到了关键作用。随着科学技术的不断进步，越来越多的先进材料得以在飞行器的制造和维修过程中应用。例如，碳纤维复合材料具有轻量化、高强度和耐腐蚀等优点，能够替代传统的金属材料，显著减轻飞机的质量，提高燃油效率。此外，高温合金材料在航天火箭发动机的喷口处具备良好的耐高温性能，增加了发动机的推力和工作效率。这些先进材料的研究和应用，为航空航天行业的技术升级和发展提供了有力支撑。

⑤自动驾驶飞行技术的突破。自动驾驶技术是航空航天行业的另一项重要技术进展。随着人工智能和无人机技术的快速发展，自动驾驶飞行已经成为可能。自动驾驶飞行技术借助先进的导航系统、传感器和计算机算法，使得飞行任务可以在无人操作的情况下自主完成。这项技术的应用可以显著减少人为错误和飞行事故的发生，提高飞行安全性和效率。相关资料的研究和分享，为自动驾驶飞行技术的发展提供了不可或缺的支持。

8.2 世界飞机赏析

8.2.1 军用飞机

1. 战斗机

战斗机又称歼击机，第二次世界大战（以下简称"二战"）前曾被称为驱逐机，是军用飞机的主要类型，它的演变体现了飞机的整体发展水平。第一次世界大战（以下简称"一战"）初期，飞机主要用于侦察、轰炸和指引炮兵射击，但随后出现了阻挠这些任务的战斗行动，形成空中对抗。此后，各国就开始研制专门用于空战的战斗机。

最早的战斗机采用活塞式发动机，一战期间的战斗机大多是木结构，最高飞行速度仅有 200 km/h 左右；二战时，战斗机发展为单翼全金属结构，飞行速度提高到 600 ～ 700 km/h。从 20 世纪 50 年代开始，战斗机逐步实现推进喷气化，飞行速度也超过了声速（340 m/s）。目前，超声速战斗机发展到第四代。第三代战斗机是现在发达国家空军的主力，代表型号有美国的 F–15、F–16 战斗机，苏联的米格 –29、苏 –27 和法国的

"幻影"2000。第四代战斗机的主要代表机型是美国的 F–22。

（1）福克 E1——第一架真正的战斗机（一战时期）。

由于飞机上没有装备武器，最早的空战便带有非常原始的风格。例如，英国飞机在攻击德国齐伯林飞艇时，是采用撞击的方法——同归于尽。随着空中战争的进一步深化，人们意识到应当在飞机上安装轻重型武器。当时的战斗机射击武器都是装在机翼上方以避开前面旋转的螺旋桨，但是这样很难瞄准从而使空战的成功率不高。

1915 年法国王牌飞行员加洛斯采用在木质桨叶上包上金属片的方法解决向前射击的问题，并且很快在空战中取得了胜利。1915 年 4 月 9 日，加洛斯驾驶飞机在空战中，由于子弹射中在桨叶导致发动机出现故障，不得不在德国境内迫降，被德军俘获。在俘虏加洛斯后不久，德国福克公司的三位工程师在加洛斯构想的基础上研制出一种先进的"射击同步协调器"，这种机构是在螺旋桨轴上装一只双凸轮，凸起处正好正对着两个桨叶。当螺旋桨叶正好转到子弹射击的正前方时，凸轮操纵一个连杆抬起，控制机枪停止射击。福克公司设计的 M5K 飞机上首次装设了射击同步协调器，飞机重新命名为福克 E1。

福克 E1 战斗机的最大速度为 130 km/h，升限 3 000 m。从实战意义上讲，福克 E1 是世界上第一种真正的战斗机，如图 8-10 所示。当年秋天，E1 战斗机投入使用时，很快就证实了它出色的作战能力。1915 年 7 月 1 日，德国飞行员温特根斯驾驶福克 E1 击落一架法国的莫拉纳战斗机。接着，著名飞行员奥斯瓦尔德·伯尔克、马克斯·伊梅尔曼、马克斯·米尔希等人先后驾驶福克 E1 战斗机在空战中取得了胜利。

德国飞行员们驾驶着福克 E1 创立了许多空中战术，使其攻击性能发挥得淋漓尽致。这种新型战斗机以及主动进行空战战术的出现，使德国很快取得了在战争中的空中优势。1915 年秋，福克公司推出了新型福克 E3 战斗机（图 8-11），该机投入使用后，很快给英法飞机造成严重的损失。

图 8-10　福克 E1 战斗机

图 8-11　福克 E3 战斗机

（2）"骆驼"式——"福克灾难"终结者（一战时期）。

1915 年，福克公司推出的新型福克 E 系列战斗机在一战中显示出强大威力，被形容为"福克灾难"。据统计，协约国被德国击落的 8 400 架飞机中 80% 是被福克系列战斗机击落的。为了削弱德军的空中优势，英法两国努力研制新飞机并改进战术。1916 年 5 月，装有射击协调器的索普威斯"骆驼"新型战斗机投入使用（图 8-12），"福克灾难"最终被遏制。

"骆驼"式飞机是由英国索普威斯公司设计的，军用名称是索普威斯 F.1 双翼机，最大平飞速度为 195 km/h，升限为 5 800 m。飞机发

图 8-12 索普威斯"骆驼"新型战斗

动机上部并列安装两挺机枪，并采用了射击协调器，具有良好的机动性和强大的火力。由于机枪上方各罩有一个凸起的鼓包，如同两只驼峰，因此取名"骆驼"。"骆驼"式飞机在一战的最后一年多的时间里，共击落敌机 1 294 架，成为当时最优秀的战斗机。

（3）Bf-109——德国王牌飞行员的摇篮（二战时期）。

Bf-109 的起源是德国空军部 20 世纪 30 年代的战斗机设计竞赛。由巴伐利亚飞机厂设计，1938 年 7 月，巴伐利亚飞机厂更名为梅塞施米特飞机厂，故 Bf-109 亦改名 Me-109。Bf-109 大胆结合当时各项最新技术，采用了最先进的空气动力外形、可收放的起落架、可开合的座舱盖、自动襟翼、下单翼等，在试验中以无可争辩的优势击败了其他对手，成为当时技术最先进、性能最高的战斗机，如图 8-13 所示。

图 8-13 德国战斗机 Bf-109

Bf-109 飞行速度很快，多次创造了当时的世界纪录。1939 年，Bf-109 创造了 747 km/h 的飞行速度纪录；随后，其改进型 Bf-209 飞机又将速度纪录提高到 774 km/h。Bf-109 的不凡性能，使其在二战前就已经闻名，整个第二次世界大战中，Bf-109 是德国空军战斗机的骨干力量，各型号一共生产 35 000 余架，因此也成为迄今世界上生产量最大的战斗机之一。

（4）"喷火"式——"不列颠之战"称雄（二战时期）。

"喷火"是二战期间英国的一型活塞式战斗机，是欧洲最优秀的活塞式战斗机之一，也是英国第二次世界大战期间的主力战斗机（图 8-14）。1940 年 7 月至 1941 年 5 月，英国为了抵御德国空军的进攻，进行了长达 10 个月的空中较量，史称"不列颠之战"。英军依赖"喷火"优异的性能与飞行员的浴血奋战夺回制空权。

"喷火"式是英国维克斯 – 超级马林公司（Supermarine）研制的战斗机，原型机于

1935 年 1 月开始生产，1936 年 3 月 5 日进行了首次飞行。设计者雷金纳德·米切尔因长期劳累而病倒，于 1937 年夏去世，年仅 42 岁。代替他的设计师是约瑟夫·史密斯，继续将"喷火"式投入生产，并承担了进一步的改进工作。"喷火"用于 1938 年 8 月装备空军。在战争年代，"喷火"进行了多达 40 多种改型，形成了三个重要系列。"喷火"Ⅰ型的最大速度为 557 km/h。"喷火"F 型的最大速度达到 628 km/h。1943 年出现的"喷火"改进型最大速度达到 730 km/h，20 世纪 50 年代中期"喷火"全部退出现役。

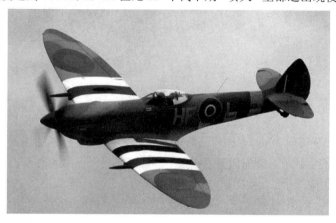

图 8-14 英国"喷火"式战斗机

"喷火"战斗机无论从技术还是性能上，都是英国当时最先进的战斗机。采用的新技术包括单翼结构、全金属承力蒙皮、铆接机身、可收放起落架、变矩螺旋桨和襟翼装置，机身小得只能装一名飞行员。虽然，"喷火"的机动性比德国的同类战斗机略差，但稳定性更佳，可以大大减轻飞行员的负担。与同期德国主力机种 Bf-109E 战斗机相比，除航程和装甲等，Bf-109 具有更高的爬升率、俯冲速度和升限，"喷火"式水平机动性能较佳，在最大飞行速度、火力，尤其是机动性方面略胜一筹。由于"喷火"的翼载荷比较低，可通过机动性好的优势夺取攻击主动权。

（5）零式——神风特攻机（二战时期）。

零式战斗机（代号：A6M Zero），是二战期间日本的螺旋桨式战斗机，为单座单发平直翼布局，该机在二战初期以转弯半径小、速度快、航程远等特点优于其他战斗机，由日本三菱重工公司（Mitsubishi）于 1937 年开始研制，1939 年 4 月 1 日成功首飞，是日本二战中的主力舰载战斗机，也是当时产量最大的战斗机。

零式战斗机于 1937 年由三菱公司堀越二郎领导设计，1939 年 4 月 1 日首次试飞。由于 1939 年是日本纪年 2600 年，因此被称为零式战斗机，简称 A6M（图 8-15）。在二战中，零式的出动相当频繁，几乎每一次日本空中行动都有它的身影，几乎成了日军二战战斗机的代称，性能特点是爬升率高，转弯半径小，速度快，航程远。该机的优势逐渐失去。

零式战斗机配备两门 20 mm 航炮与两挺 7.62 mm 机枪，具有相当强大的火力。最大速度高空为 534 km/h，海平面为 454 km，航程达 3 000 km。当时其他国家同类飞机多数仅装备 12.7 mm 机枪，最高速度约 500 km/h，航程多在 1 000 km 以内。

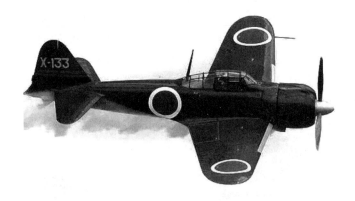

图 8-15 日本"零"式战斗机

在太平洋战争初期，A6M 对盟军飞行部队造成了空前的灾难，战争初期日军就凭借这区区 250 架 A6M，几个月时间把盟军在太平洋地区的战斗机部队消灭了 2/3。零式的优异性能引起了盟国的惊恐。美国军方在阿留申群岛上的一个无人小岛上缴获了一架被迫降的零式战斗机，对其结构进行了分析研究，发现了零式的缺点，如由于结构强度弱，其俯冲速度不能超过 410 km/h，防护能力差等。美军利用这些信息改进战术，在很大程度上减少了己方伤亡。

战争后期，随着美国 P-51 战斗机、F4U 战斗机、F6F 战斗机等高性能战斗机的大批量投入战场，使得"零"式飞机在各方面都处于劣势，几乎无法胜任空战的任务。1942年 10 月 26 日，零式 A6M2 在圣克鲁斯进行了最后一次空战，随后被 A6M3 所取代，淘汰下来的 A6M2 分配到二线单位和训练单位。战争的最后一年里，这些陈旧的 A6M2 大多被改装成神风特攻机与飞行员一起自毁。

（6）米格 -15——早期喷气机（扬名朝鲜战场）。

米格 -15 是米高扬 - 格列维奇设计局（简称"米格设计局"）设计的高亚声速单座歼击机。1946 年开始设计，1947 年 6 月首次试飞，1948 年 3 月投入批生产交付空军，成为苏联空军的主要歼击机。

米格 -15 的机翼为后掠机翼，后掠角为 35°，是世界上第一种实用的后掠翼飞机，已经具备了现代喷气式飞机的雏形。它具有光滑的机身外形，最大平飞速度为 1 076 km/h，升限为 15 500 m。机首下方安装了三门机炮，一门 H-37 型 37 mm 机炮，两门 HC-23 km 型 23 mm 机炮，可带弹 200 发。翼下还可以挂炸弹和副油箱。除了航程较短外，米格 -15 在当时拥有最先进的性能指标，是米格设计局扬名立万的标志性机型。另外，米格 -15 各型飞机生产总数超过了 16 500 架，创造了喷气战斗机单一型号产量之最。

1950 年，年轻的中国空军驾驶米格 -15 在朝鲜战场上与美国的 F-86 进行了较量（图 8-16），震惊了世界。朝鲜战争爆发后，美军在朝鲜战场上投入了刚刚研制出的 F-86 型飞机。米格 -15 的飞行速度、火力、机动性等与美军的 F-86 相比。它的 37 mm 机炮可轻松地击穿 F-86 的飞机装甲，虽然在水平盘旋、俯冲加速性和作战半径上不如 F-86，但由于推重比大，爬升性能出众，在此方面压倒了美国的所有同类飞机，使它的垂直机动能力非常优异。所以米格 –15 和 F–86 的性能各有千秋。

图 8-16　米格 –15 和 F–86 战斗机

　　1950 年中国装备了改进后米格 –15 比斯的志愿军空军开赴朝鲜,在飞机数量处于绝对劣势,飞行员缺少作战经验的情况下,向世界上第一空军强国发起挑战,创造了击落美机 330 架、击伤美机 160 架,己方被美机击落 230 架、击伤 220 架的辉煌战绩,战斗中涌现出孙生禄、刘玉堤、王海、赵宝桐等战斗英雄、王牌飞行员。二十多岁的飞行员张积慧更是一举击落号称空中一霸的美国超级王牌飞行员乔治·安德鲁·戴维斯,震惊美国朝野。美国人惊叹,中国空军一夜之间变成了主要空军强国,装备技术水平达到了世界一流。

　　(7) F–102——第一代超声速战斗机。

　　第一代战斗机的性能特点是低超声速,最大平飞速度为 (1.3 ～ 1.5)Ma。为了实现超声速,采取的主要措施是加大发动机推力,使用后掠翼布局和三角翼等。第一代超声速战斗机使用的武器主要是机枪、机炮和火箭弹,后期改型加装了导弹,增强了攻击能力。具有代表性的是美国的 F–102 (图 8-17)和苏联的米格 –19。

图 8-17　美国 F–102 超声速战斗机

　　F–102 是通用动力公司康维尔分公司为美国空军量身定做的第一种全天候超声速三角翼实用型飞机、也是美国第一种有人驾驶超声速专用截击机。1945 年,康维尔公司根据美空军的合同,在广泛研究从德国缴获的跨声速风洞试验和计算机数据的基础上,于1950 年设计了 YF–102 试验原型机。

原型机 1953 年 10 月开始试飞。但是试飞结果表明，飞机的跨声速的阻力太大，不能突破音障，速度达不到设计的要求，研制计划面临挫败的危险。当时 NACA 空气动力学家惠特科姆研究成功的跨声速面积律理论拯救了这个项目。康维尔公司按面积律的要求，对飞机外形做了以下重大修改。机身中部截面积减小，形成蜂腰，尾部加装面积律整流罩；机翼采用弯度前缘，并呈锥度扭转；机头加长；修改了进气道和座舱罩。修改后的第一架原型机 YF-102A 于 1954 年 12 月 20 日首飞，次日试飞中超过了声速。

F-102 于 1956 年正式在防空司令部队中服役，在 60 年代，F-102 是美国防空司令部的支柱。到 1974 年，F-102 退出现役，由改进型 F-106 取代。1974 年该机全部退出现役。

（8）米格 -21——第二代战斗机（米高扬设计局的杰作）。

第一代超声速战斗机的性能仍然偏低，速度不够，升限、加速性、爬升率不够高，武器系统和机载设备相对简单，因而作战能力仍有很大不足之处。为此，20 世纪 50 年代后期各国开始发展第二代超声速战斗机，强调"高空高速"，升限可达 20 000 m 以上，最大速度超过两倍声速。第二代超声速战斗机出现于 20 世纪 50 年代末和 60 年代初。代表机型包括美国麦克唐纳公司 F-4"鬼怪"式，英国"闪电"式，法国的"幻影"Ⅲ和"幻影"F1，苏联的米格 -21（图 8-18）。

图 8-18 苏联米格 -21 战斗机

米格 -21 战斗机是苏联米高扬设计局（原米高扬 - 格列维奇设计局，创始人为米高扬和格列维奇）于 20 世纪 50 年代初期研制的一种单发轻型超声速战斗机。1953 年开始设计，1955 年原型机试飞，1958 年开始装备部队。

米格 -21 的特点是质量轻、机动性好、爬升快、跨声速和超声速操纵性好。它设计紧凑，气动外形良好，采用切尖三角形中单翼，有两度下反角，其机身截面近似圆形，为半硬壳式结构，后掠尾翼为悬臂式全金属结构，并采用机头进气道，多激波进气锥。起落架为前三点式，液压收放。该机在使用和生产过程中不断进行改进改型，共有 20 多种型号投入批量生产，改进侧重加大航程、增强武器威力以及改进执行全天候作战和其他任务的能力。米格 -21 是一种设计很成功的战斗机，被大量使用，总生产量在 5 000 架以上。生产数量位于同类战斗机的前茅，据估计至今还有上千架飞机仍在使用。

米格 -21 战斗机自问世曾先后参加越南、南亚、中东和阿富汗战争及其他上千次空战，战功卓著，不愧是米高扬设计局的杰作，第二代超声速战斗机的典型机种。中国在

引进米格 -21 后进行了大量的改进，使其性能有较大提升，并在米格 -21 基础上研制了"歼 - 7"和自行研制了"歼 - 8"等。

（9）F-14——第三代战斗机（最优秀的变后掠翼战斗机）。

进入 20 世纪 70 年代，各主要发达国家开始研制第三代超声速战斗机。美国第一种第三代战斗机应属 F-14 重型舰载战斗机，如图 8-19 所示。它是美国海军的主力舰载战斗机，曾是美国海军高度保密的机种，现在被用途广泛、价格低廉的 F/A-18 战斗机替代。

F-14 战斗机最初被称为 F10F，绰号"美洲虎"，由于它的技术水平和性能指标比以往的舰载战斗机高得多，因而它中断了舰载飞机以 F×F 编号的传统，改为与陆上飞机相同的编号方式，代号为 F-14，绰号 Tomcat（译文雄猫，通称格鲁门 F-14 "雄猫"）。1988 年，F-14 在雷达、航空电子设备和导弹挂载能力等方面经过了进一步改进升级，并定名为 F-14D "超级雄猫"。而绰号"雄猫"的来历是由于它的研制得到了海军人士汤姆·康纳利的大力支持，所以被戏称为"汤姆的猫"。没想到这个名字很快得到各方认可，竟成了它的正式绰号。汤姆是美国男士的名字，又有雄的意思，译成中文便成为"雄猫"了。

图 8-19　美国 F-14 变后掠翼战斗机

F-14 是美国诺斯罗普·格鲁门公司为美国海军研制的双座超声速舰载多用途重型战斗机，主要任务是舰队防御、截击、打击和侦察等，用于取代美海军的 F-4 战斗机。该机于 1967 年底开始研制，1970 年 12 月 21 日原型机首飞，1972 年 5 月交付使用。在 1969—1992 年之间，先后生产了 710 架，1992 年停产。

该机采用 NASA 在 20 世纪 60 年代后期提出的双发双垂尾变后掠翼气动布局，机翼的后掠角可以在 20°～ 68°范围内自动调节，具有很好的低速和高速性能，大大提高了短距起飞和降落能力，适于舰载作战。全金属半硬壳式机身，采用先进的结构形式，广泛采用钛合金，部分采用复合材料，装有复杂的电子设备，比如"机载雷达能自动锁定 24 个空中目标，并对其中威胁最大的 6 个目标发起攻击"等，由此也导致单机价格昂贵。

（10）F-15——第三代战斗机（最佳制空战斗机）。

第三代超声速战斗机出现于 20 世纪 70 年代中期。在这一代战斗机研制中，由强调

"高空高速"转变为高机动性。突出强调高机动性、多用途、可对地攻击等。美国称这样的战斗机是"空中优势战斗机",由此也成了第三代超声速战斗机的代名词。为保证有较高的机动性,气动设计上的主要措施是翼身融合体、鸭式机翼、边条翼和前缘襟翼等,并大量应用主动控制技术。

F-15,惯称 McDonnell DouglasF-15Eagle,译为麦道 F-15 "鹰",绰号"美利坚之鹰",是美国麦道公司为美国空军研制的一款第四代双发重型超声速喷气式战斗机,主要用于夺取战区制空权,是美国空军的主力战机,如图 8-20 所示。F-15 的首架原型机于1972 年 7 月开始试飞,1974 年 11 月开始交付部队。为使 F-15 具备对地攻击能力,20世纪 80 年代麦道公司还研制了 F-15E 对地攻击战斗机。

图 8-20 美国 F-15 最佳制空战斗机

F-15 采用正常双垂尾式布局,双发上单翼布局,机翼平面形状呈切角三角形。机体结构为大量钛合金和复合材料,翼根下部机身两侧为二元多波系可调进气道,双余度的高权限的增稳控制系统,外加机械备份。该机主要的设计主要是突出空战格斗能力,具有推重比大、翼载小、机动性好等特点,该机装备有良好的机载电子设备,特别适用于近距格斗和超视距导弹攻击。

F-15 在设计时的目标是在高空以高速度拦截入侵领空的假想敌——米格 -25 战斗机,然而,迄今 F-15 从未与米格 -25 交过手。它问世不久即在中东地区的局部战争中参与作战,1991 年参与海湾战争的空中作战。在"沙漠风暴"行动中,F-15 歼击机共击落伊各型飞机 34 架,占全部被击落敌机的 87%,而自己无一受损。

美中不足的是 F-15 歼击机的价格实在太昂贵,1987 年单机造价高达 3 910 万美元,即便是美国富甲一方,也难以大批量采购。截至 1997 年,麦道公司共生产各型战斗机1 358 架。除美国外,日本、以色列和沙特阿拉伯等国家也装备了这种飞机。

1983 年夏天,以色列空军的一架 F-15 战斗机在一次模拟空战格斗训练中与另一架战机发生碰撞,右边机翼被整个撞掉。但飞行员没有选择弹射逃生,而是最后紧急着陆成功,飞行员安然无恙。

(11) F-16——第三代战斗机(多用途战斗机)。

F-16 是美国通用动力公司研制的低成本、单座轻型战斗机,如图 8-21 所示,原型机于 1974 年 2 月首飞成功,第一种量产型于 1979 年 1 月进入现役。几经改进,前后有 11种型种。截至 1996 年已生产了 3 500 架以上,装备了 17 个国家的空军和海军。F-16 单价为 2 000 万美元,仅为 F-15 的一半,但其总体性能并不比 F-15 差多少,除了载弹量等个别指标低于 F-15 外,因研制晚于 F-15,其他的指标甚至要优于 F-15。

图 8-21　美国 F-16 多用途战斗机

　　F-16 在设计制造之初，采用了不少新的技术。这些新的技术主要有边条翼、前缘机动襟翼、翼身融合体、高过载座舱、放宽静稳定性以及使用复合材料等。F-16 飞机的座舱采用气泡式座舱盖，飞行员的视界很宽。

　　第三代超声速战斗机的电子系统、火力控制系统和武器系统都有了极大的改善，出现了具有中远距攻击能力的空空导弹以及发射后不管能力和超视距全向攻击能力的导弹。代表机种除了美国的 F-14 "雄猫"、F-15 "鹰"、F-16 "战隼" 外，还有苏联的米格 -29 "支点"、苏 -27 "侧卫"，法国的 "幻影" 2000 等。

　　(12) "幻影" 2000——第三代战斗机（法兰西三角剑）。

　　"幻影" 2000 是法国达索公司研制的第三代超声速战斗机，如图 8-22 所示。它的研制计划始于 1975 年 12 月，原型机于 1978 年 3 月 10 日首次试飞，生产型于 1983 年开始交付使用。它继承了达索公司研制无尾三角翼战斗机的传统，阻力小，结构质量轻，刚性好，装油量大。另外，它广泛采用了先进技术，包括电传操纵系统、主动控制技术，复合材料用量大。它可执行防空、截击、空战、攻击、支援和侦察等任务，是目前法国的主力战斗机。

图 8-22　法国达索 "幻影" 2000

　　"幻影" 2000 采用的三角翼布局是比较理想的展弦比小的气动方案，有利于减小弯矩，根梢比大，使气动中心接近翼根，也可减小弯矩。翼根处的绝对厚度大，不仅利于减轻机翼结构质量，便于制造，而且强度较高。三角形机翼的可用容积大，便于装燃油、起落架及各种设备。

　　"幻影" 2000 飞机可挂装的武器品种多、数量大、毁伤威力强。飞机上共有 9 个外挂点（机翼下 4 个，机身下 5 个），总外挂能力约 6 000 kg。幻影 2000-5 武器系统与以前型号的一个主要差别是，挂装了"米卡"空对空导弹。这种导弹是世界上第一种带全互换导引头的、发射后不管的空对空导弹。它采用捷联式惯导加主动雷达或红外制导系统，可用于中、近距空战。导弹使用灵活、维护保障简便、可对付多种空中威胁，是美国先进中距空对空导弹 AIM-120 的有力竞争对手。

（13）苏 -27——第三代战斗机（"侧卫"家族）。

苏 -27 是苏联苏霍伊设计局（后称：苏霍伊航空集团）研制的单座双发全天候空中优势重型战斗机，属于第三代战斗机，主要用于国土防空、护航、海上巡逻等，北约组织给予的绰号是"侧卫"，如图 8-23 所示。1969 年开始研制，1977 年 5 月 20 日原型机首次试飞，1981 年 4 月生产型首次试飞，1984 年投入使用。研制中突出飞机的机动性与武器下射能力，采用高推重比、低翼载设计。因此，苏 -27 机动性能十分优秀，加速性能和爬升性能超过美国同类飞机，特别是"普加乔夫眼镜蛇"动作使得 F-15、F-16 望尘莫及。苏 -27 携弹量很大，能有效对低空目标进行远距截击和进行超视距空战，同时兼有对地攻击能力。

图 8-23 苏联苏 -27 战斗机

苏 -27 战斗机翼展 14.70 m，机长 21.94 m，机高 5.93 m，最大起飞量为 28 000 kg，最大平飞速度（高空）为 2 430 km/h，实用升限为 18 000 m，最大油量航程为 3 880 km。采用翼身融合的升力体设计，正常式气动布局、上单翼、双垂尾，远间距悬挂式发动机，悬臂式中单翼，翼根外有光滑弯曲前伸的边条翼，双垂尾正常式布局，楔形进气道位于翼身融合体的前下方，有很好的气动性能，进气道底部及侧壁有栅型辅助门，以防起落时吸入异物。全金属半硬壳式机身，机头略向下垂，大量采用钛合金，传统三梁式机翼，四余度电传操纵系统，无机械备份，静不稳定设计。苏 -27 战斗机动力装置为 2 台 AL-31F 型涡轮风扇发动机，武器配备为 1 门 GSh-30-1 型 30 mm 口径航炮，全机 10 个外挂点，可挂 10 枚 R-27、R-73 等多型对空对面导弹；最大外挂质量为 6 000 kg。苏 -27 将雷达、全球导航定位系统与光电探测装备集中在一起，具备优秀的态势感知能力，配备多普勒相干雷达，火控系统先进，可遂行各种复杂条件下的作战任务。

1991 年，中国与俄罗斯签订合同，俄方向中国出口 24 架苏 -27 系列歼击机（18 架苏 -27SK、6 架苏 -27UBK）。1992 年 6 月，首批苏 -27 飞抵中国，同年 11 月 25 日，剩余 12 架苏 -27SK 从阿穆尔共青城制造厂机场直飞中国空军基地。中国自行组装生产的苏 -27 称为歼 -11（代号：J-11），歼 -11 的改进版本为歼 -11A，无论是歼 -11 还是歼 -11A，都无法使用中国国产武器系统，要依靠进口俄罗斯弹药来维持日常训练和战备。在对苏 –27 完成一定的掌握后，中国沈阳飞机工业集团 601 所对苏 –27 进行了国产化的逆向研制，采用中国国产的航电系统与武器系统、玻璃化座舱、简化操作、减轻飞行员负担，换用中国国产新型雷达，使用更加先进的电传操控系统。中国国产歼 –11B 拥有苏 –27 优秀的气动与动力，同时在航电系统上超越了苏 –27，更易融入中国空军的作战体系，在原有的苏 –27 基础上提升了战斗力。

（14）米格 –29——第三代战斗机（"支点"难支）。

米格 –29 是由苏联米高扬设计局研制的一款第三代双发动机中型战斗机，既可执行制空和截击任务，也可实施对地攻击，北约组织给予的绰号是"支点"。米格 –29（图 8-24）的研制始于 20 世纪 70 年代初，设计任务书明确要求它在近距作战和超视距作战性能上优于 F–16 和 F/A–18 战斗机。1974 年开始详细设计，1977 年 10 月 6 日原型机首次试飞，1982 年投入批生产，1983 年投入使用。米格 –29 后来的改型多达 20 余种，包括教练型（米格 –29UB）、战斗轰炸型（米格 –29M）、舰载机（米格 –29K）等，并且一度外销至 30 多个国家，总产量超过 1 600 架，是一款出色的多用途战斗机。

图 8-24　苏联米格 –29 战斗机

为对抗美国的第三代战斗机，米格 –29 设计的重点是高亚声速机动性、加速性和爬升性，因而在气动设计上与以往的米格战斗机有很大不同。机翼装有由计算机控制的全翼展前缘缝翼，提高了低速飞行的机动性，同时大量采用复合材料。米格 –29 在综合作战能力方面丝毫不亚于美国的 F–15、F–16 及 F–14 等第三代战斗机。米格 –29 能做的著名的"眼镜蛇"动作，目前欧美所有战斗机中只有 F–16 在不挂带任何武器和副油箱的前提下，才能勉强完成。

由于苏联时期军方对设计局的要求分工不同，"米格"长期设计野战前线战斗机，苏霍伊设计局负责国土防空战斗机和中远程对地支援作战飞机的设计。米格的前线战斗机一般以条件较差的前线机场为基地，执行中近短程空优作战任务，兼顾对地支援。米格战斗机相比起同时期的苏霍伊战斗机型号轻而小，航程短，但火控武器系统相对落后一些。由于总体规划的限制，米格 –29 的整体性能和作战能力仍无法与苏 –27 相比，尤其是作战半径小、火控武器系统较差。

20 世纪 80 到 90 年代，"米格"战斗机出口数量巨大，屡屡与美国战斗机对垒，名声在外，地位显赫。但是冷战后，俄罗斯取消了对苏霍伊战斗机出口的限制，面对先天条件好的苏 –27 的强大市场攻势，米格 –29 无法像其前辈米格 –15、米格 –21 等那样再次在国际战斗机市场独领风骚，外销量少得可怜。

（15）歼-10——第三代战斗机（"猛龙"出世）。

歼-10是中国自主研制的具有自主知识产权的高性能、多用途、全天候的第三代战斗机，中国空军赋予其编号为歼-10，对外称J-10或称F-10，具有高可靠性、高生存力和高机动性能，其作战半径大，起降距离短，攻击能力强，综合作战效能达到国际同类战斗机先进水平，如图8-25所示。歼-10项目验证研究从20世纪80年代开始，当时由成都飞机公司和第611飞机设计所基于流产的歼-9型战斗机进行设计。原歼-9项目是为设计一种速度达到2.5Ma、带鸭翼的三角翼空防型战斗机，其作战目标是苏联的米格-29和苏-27。最初的计划要求，后来发生了重大变化，于是1988年重新将这款新型战斗机的设计定位在一种采用新技术的中型多用途战斗机上，以替换中国空军庞大的歼-6、歼-7和强-5机队，并有效应对当时同类型的西方战斗机。

歼-10的飞行测试于2003年12月全面完成，并获得了生产许可证，首批50架歼-10A可能已经开始生产。歼-10采用大三角翼加鸭翼布局，并应用了翼身融合技术，采用活动翼面技术：外翼前缘为机动襟翼，固定内翼在全动鸭翼的配合下产生绝佳的气动性能，常规飞机的水平尾翼位置被三角翼后缘的四块活动副翼所占据，翼尖部分没有设置用于轻型空空导弹的挂架。

图8-25 中国歼-10战斗机

2022年3月11日，巴基斯坦空军在卡姆拉举行首批6架歼-10CE接装仪式。巴基斯坦总理伊姆兰·汗出席仪式。中国新一代航空主战装备已正式列装巴基斯坦空军，实现了中国新一代航空主战装备成体系、成建制出口，是中国航空高新装备出口的新突破。

（16）F-22——第四代战斗机（四代王者）。

第三代战斗机是当前的主力，但仍有缺点，包括不具备隐身能力，不能实现超声速巡航，超机动性能不高，短距起落性能差，作战半径仍然偏小，可维护性差等。第四代战斗机就是针对这些缺点提出研制的新一代战斗机。20世纪80年代，人们提出了第四代战斗机的概念，其典型的特性是：飞行高度超过21 000 m，为避开威胁甚至能飞到30 000 m高度；具有超声速巡航能力；比目前战斗机具有更高的机动性；作战半径达到2 000 km；有较长的亚声速飞行时间并能迅速增速到超声速；能携带高超声速空空导弹和空地导弹等先进的作战武器。

第四代超声速战斗机的典型型号有美国的F-22（图8-26）和F-35、法国的"阵风"、欧洲合作研制的"欧洲战斗机"、瑞典的 JAS.39 和俄罗斯的 I-42 和苏-37 等。根据目前几种第四代飞机的性能，只有 F-22 全部具备。因而像"阵风"、"欧洲战斗机"、JAS.39 和苏-37 战斗机有时被称为三代半超声速战斗机。

图 8-26 美国 F-22 战斗机

F-22 战斗机于 21 世纪初期陆续进入美国空军服役，以取代 F-15 战斗机。采用了相对常规的外形设计，综合平衡了隐身性能、超声速巡航性能、敏捷性和维护性。飞机气动部件包括机翼、水平尾翼和两个垂直尾翼。气动隐身设计是：翼身融合体布局，边条、机翼、尾翼和垂尾的前缘相互平行，后缘相互平行，使雷达反射信号只向几乎垂直与侧面的方向反射，避开了正前方和正后方；两个垂直尾翼向外倾斜，避免侧向发生镜面反射；采用可变弯度的自适应机翼前缘，可降低常规襟翼、副翼等的雷达波反射截面积；发动机进气口呈平行四边形，向侧下倾斜，气流通过较长的进气道进入发动机，这些措施都是为了降低雷达反射截面积。

与 F-117A 周身涂满很重的雷达吸波涂层的做法不同，F-22 将雷达吸波材料只用在机翼和尾翼边缘以及进气道内腔等处，这样可降低飞机的质量。由于这些技术措施的采用，F-22 具有良好的隐身性能，气动特性也能够达到设计要求，比 F-15 的多项战术性能指标高出很多。由于在隐身性能与气动特性上取得折中，其隐身特性不如 F-117A，雷达反射截面积约 0.5 m²。F-22 战斗机能在 $1.5Ma$ 的速度下巡航 30 min 并能实施机动，这是全新的能力，可大大提高作战效能。它的机动性和敏捷性大大超过第三代，如水平加速度是 F-14 和 F-15 的三倍；推重比比 F-15 大 35.5%；最大迎角由 F-16 的 25° 一跃提高到 60°，作战半径也比第三代大大提高。

F-22 还十分强调所谓作战适用性，它包括可用性、兼用性、运输性、互用性、可靠性、出勤率、维修性、保障性、安全性、测试性、环境适应性等，也就是飞机在外场使用的满意程度。这方面性能 F-22 普遍比 F-15 高出一倍。F-22 战斗机经过五年的改进和试制，已于 1997 年 9 月 7 日进行了首次试飞，目前已经正式服役。

（17）F-35——第四代战斗机（世界战斗机）

美国的 F-35（图 8-27）有"世界战斗机"之称，与 F-22 同属第四代战斗机。20 世纪 90 年代，美军提出"通用低成本轻型战斗机"和"联合先进攻击技术"的新战机理念。

图 8-27 美国 F-35 战斗机

2006年2月17日，第一架F-35装备完成下线。作为第四代战斗机，F-35具有隐身性能好、武器精度高、作战半径大等特点。F-35战斗机具有全天时、全天候地攻击陆海空任何目标的能力，将成为美军以对地攻击为主的多用途战斗机，在未来的战场上，将与F-22"猛禽"战斗机联手，形成类似F-15与F-16的高低搭配。

2. 轰炸机

轰炸机是通过炸弹、鱼雷或导弹等破坏地面或海上目标的军用飞机。轰炸机按照载弹量 分为轻型（3～5 t）、中型（5～10 t）和重型（10 t以上）轰炸机；按照航程分为近程（3 000 km以下）、中程（3 000～8 000 km）和远程（8 000 km以上）轰炸机。轰炸机最早出现在第一次世界大战期间，由侦察机改装而成，只能携带少量炸弹。由于都是木质结构，速度、航程和载弹量等都很小，一战结束时轰炸机的速度还不到200 km/h，载弹量仅1 t。第二次世界大战中，轰炸机有了新的发展，装有4台发动机的重型轰炸机成为主流，例如美国的B-29轰炸机可载弹9 t。

在20世纪50年代中期，高亚声速轰炸机开始服役，主要型号有美国的B-52，苏联的米亚-4和图-20，以及英国的三"V"轰炸机。50年代末到60年代初，美国和苏联分别开始研制超声速战略轰炸机，其中包括美国的B-58、B-70 轰炸机和苏联的图-22轰炸机。60年代末和70年代初，美苏大力推进低空突防变后掠翼战略轰炸机的研制工作，主要型号有美国的B-1和苏联的图-26"逆火"和图-160"海盗旗"。

作为世界较高水平的战略轰炸机，美国B-2具有良好的隐身性能，主要用于执行突防任务、摧毁敌方纵深目标，可携带核武器、巡航导弹、近距攻击导弹和制导炸弹等，攻击力和摧毁力极强。

（1）B-29——超级堡垒。

B-29"超级堡垒"（图8-28），是波音公司研制的著名战略轰炸机，参考了B-17"空中堡垒"的设计，于1938年进行了改进。当1940年进行招标时，波音公司已在设计上准备就绪。1940年8月24日，陆军订购了3架XB-29原型机。1942年9月21日，首架XB-29在波音机场进行了首飞。1943年秋，第一架生产型B-29交付，1944年6月5日首次参战。B-29一共生产了3 970架。

图 8-28　美国 B-29 轰炸机

B-29 采用了特殊的翼型和富勒襟翼，可达到相当高的翼载荷。它的武器系统包括 1 门机炮，10 挺机枪，载弹量 9.07 t，航程高达 6 598 km。它在第二次世界大战末期实施对德国和日本的战略轰炸中发挥了巨大作用，于 1945 年 8 月 6 日和 9 日，分别在日本的广岛和长崎投下了两颗原子弹，加速了日本法西斯的投降。

（2）B-2——隐身"幽灵"。

B-2 战略突防隐身轰炸机（图 8-29），主要作战任务是利用优异的隐身性能，突破敌方的防空系统，对战略目标实施核轰炸或常规轰炸。目前，B-2 只有 B-2A 一种型别。

图 8-29　美国 B-2 轰炸机

1975 年，美国国防部所属的"先进计划局"出台了一个代号为"哈维"的项目，落实到空军，就派生出 XST 计划。1979 年，美国国会和国防部正式批准了研制隐形轰炸机的计划。1983 年修改计划使其成为一种可进行低空突防的隐身轰炸机，首架原型机 1988 年 11 月出厂，1989 年 7 月开始试飞，1993 年形成初始作战能力。B-2 总计划费用为 450 亿美元，平均每架飞机计划费用为 22.5 亿美元，是世界上迄今为止最昂贵的飞机。目前，美国共有包括 1 架原型机的 21 架 B-2 轰炸机。

B-2 轰炸机的最大特点是优异的隐形功能，飞机结构大量采用先进的复合材料以及蜂窝状雷达吸波结构、锯齿状雷达散射结构，机体表面涂有雷达吸波材料，使其雷达和红外可探测性大大降低，雷达反射截面积仅为 B-52 飞机的 1/1 000。B-2 也因此获得"幽灵"的绰号。

（3）图-95——强壮"北极熊"。

图-95是苏联图波列夫飞机设计局为苏联空军研制的远程战略轰炸机，如图8-30所示。1951年开始研制，1954年第一架原型机首次试飞，批生产型于1956年开始交付使用。早期型共生产了300多架，除用作战略轰炸机之外，还被用来执行电子侦察、照相侦察、海上巡逻反潜和通信中继等任务。

图8-30 苏联图-95远程战略轰炸机

该机是一种四发涡桨式亚声速轰炸机，采用圆形截面的细长机身。大展弦比后掠机翼和单垂尾的总体布局。4台大功率的HK-12B型涡桨发动机分装于两侧翼下的短舱内，发动机驱动两个AB-60H型反转可逆桨距螺旋桨，螺旋桨直径为5.6 m。飞机的最大起飞质量为185 t，最大机内装油为74 t，最大载弹量为25 t；最大飞行速度为910 km/h，实用升限为15 000 m，航程为12 000～14 000 km。

现在俄罗斯大约有150架图-95M/K/MC仍在服役，与40架图-160变后掠翼超声速远程轰炸机和220多架图-22M中远程超声速轰炸机一起，共同组成俄罗斯的战略轰炸机机队。

（4）图-160——变后掠超声速。

图-160是苏联图波列夫设计局研制的四发变后掠超声速远程战略轰炸机，如图8-31所示。该机是在20世纪70年代初图-22M首次试飞后开始研制的，原型机于1981年12月19日首飞，1987年5月开始进入部队服役，1988年形成初始作战能力。该机采用变后掠布局，机翼位置较低，采用翼身融合体技术与机身相连，圆形细长机身，4台发动机两两并列安装在机身连接处的下部，采用电传操纵系统进行飞行控制，四名机组人员前后并列，每人都有单独的弹射座椅。

图8-31 苏联图-160远程战略轰炸机

图 –160 的作战方式以高空亚声速巡航、低空高亚声速或高空超声速突防为主，在高空可发射具有火力圈外攻击能力的巡航导弹，进行防空压制时，可以发射短距攻击导弹，此外，该机还可以低空突防，用核炸弹或核导弹攻击重要目标。截至 1992 年底停产时，该机共交付 40 架。据说图 –160 作为火箭载机与"纤夫"飞航式火箭组合可以把轻型卫星送入地球轨道。目前，俄罗斯有 15 架图 –160 轰炸机，计划让它们服役到 2030 年。

3. 攻击机

攻击机又名强击机，是专门从低空和超低空对地面或水面中小目标进行攻击的军用飞机。直接用于支援地面部队作战，摧毁敌方的防御工事、弹库、舰船、雷达、交通枢纽等军事目标。

最早的攻击机是由德国容克斯公司研制的容克 JI 型飞机，它也是世界上第一架全金属结构飞机，于 1915 年 12 月 5 日首次试飞。后来容克斯公司又发展了更先进的 CLI–IV 型攻击机，在低空近距离攻击上，显示了良好的性能和作战效果。第二次世界大战前夕，德国使用容克 –87 俯冲轰炸机攻击敌军纵队和坦克，直接支援地面部队作战。后来这种飞机增设了装甲，配备了大口径机炮，专门用于反坦克作战。苏联在第二次世界大战中，广泛使用了伊尔 –2 攻击机，被誉为"空中坦克"，在支援部队方面起到了很大作用。

第二次世界大战后，攻击机又有了新的进步。20 世纪 60 年代后，虽然由于战斗轰炸机的发展，取代了一部分攻击机的作用，但仍出现了多种有代表性并在实战中显示了独特作用的攻击，例如，越南战争中美军使用的 A–10 攻击机，阿富汗战争中使用的苏 –25 攻击机。1960 年，我国成功研制出"强 5"攻击机，载弹量可达 2 t。现代攻击机的飞行速度并不快，更强调超低空突防和攻击能力。一些攻击机已具备垂直和短距离起落能力，如俄罗斯的雅克 –36 和英国的"鹞"式。

（1）伊尔 –2——黑色死神。

伊尔 –2 是伊留申设计局设计的强击机（图 8-32），于 1938 年设计，1939 年生产。它在苏德战争中成为使用最广泛的军用机之一，在配合苏联陆军部队作战方面起了很大作用。二战期间一共生产了 36 136 架。它的改型伊尔 –10 也生产了 4 966 架，总产量达到 41 000 架。

图 8-32　苏联伊尔 –2 强击机

德军称伊尔－2为"黑色死神"。对于德国的坦克，伊尔－2强击机是极其有效的攻击性武器。它的装甲很厚，有很强的生存能力，武器火力很猛，因此也被誉为"飞行坦克"。伊尔－2的总重接近6 000 kg，装甲占700 kg，为易损部分提供坚强的保护。它的最大飞行速度为420 km/h。军械包括两门23 mm机炮、3挺机枪、4枚火箭弹，600 kg炸弹。伊尔－2从战争一开始就投入战斗，大出德国军方的意外，因为德国还没有同类型的作战飞机。1943年夏季，在库尔茨克会战中，伊尔－2发挥了巨大的作用，曾在2个多小时内击毁敌坦克270多辆。

（2）A－10——坦克杀手。

A－10绰号"雷电"（图8-33），是美国费尔柴尔德公司研制的空中支援攻击机，1966年，根据越南战争的教训，美军提出了研制新型单座近距支援攻击机，1972年5月10日，第一架A－10原型机首飞，1975年10月21日，A－10生产型首飞，并于1965年开始交付使用，到1984年停产时共生产了713架（其中30架N/AWA-10）。1991年有120架A－10参加了海湾战争，表现出色，赢得了"坦克杀手"的称号。

图8-33 美国A-10攻击机

A－10采用中等厚度的大弯度平直下单翼。机翼翼尖下垂，据称可增大航程8%。机翼为全金属三梁结构。全金属半硬壳式铝合金结构机身，钛装甲总重为550 kg。机身腹部装甲厚50 mm，可承受苏制23 mm高射炮弹的打击。全金属悬臂式结构尾翼，水平尾翼为等弦长，双垂尾装于平尾端部。前三点单轮可收放式起落架，主起落架采用宽胎面低压轮胎，有防滑刹车装置。A－10拥有坚固的驾驶员座舱装甲，呈浴缸状的钛合金装甲包裹住了整个座舱的下半部，这使飞行员在地面火力中飞行的安全系数大大增加。座舱玻璃也具有相当的防弹能力。A－10攻击机的两个发动机由于分布得相距较远，减少了同时被防空火力击中而使飞机完全失去动力的机会。垂尾设计成分离得较远的两个小翼面，也是基于相同的理由。但A－10速度慢，自卫能力弱，只有在掌握制空权的情况下才能较好地执行任务。

A－10的设计可以说是另类而优秀，不少飞行员在开始看到这种类似二战飞机的落后设计时就觉得他长相太丑，因而取了个"疣猪"的绰号，但是实战中A－10证明了自己是最丑却最有效的攻击机，更被美国评为最佳设计的十种武器之一。

（3）"鹞"式——垂直起降。

"鹞"式飞机（图8-34）是英国前霍克·西德利公司（现已并入英国航宇公司）研制的第一种实用型固定翼垂直起降飞机，其主要任务是近距空中支援和战术侦察。该机最初是为英国皇家空军研制，主要设计目标是进行低空对地攻击，但也可以用于空战，原型机于 1966 年 8 月 31 日首次试飞，第一架生产型飞机于 1967 年 12 月 28 日试飞。

图 8-34　英国"鹞"式垂直起降飞机

"鹞"式飞机之所以能垂直起降，主要是因为它有一个与众不同的"心脏"，它是一台装有 4 个转向喷口、可旋转 0°～ 98.5°的"飞马"型涡轮风扇发动机。它可以通过改变发动机喷口喷气方向，来提供飞机矢量动力。飞机垂直起降时，喷口转到朝下方向，发动机向下喷气，形成 4 根强劲有力的气柱，使飞机能垂直起降；正常挡飞行时，喷口转向后方，发动机向后排气，为飞机提供向前的动力。机翼翼尖、机尾和机头均装有喷气反作用喷嘴，用于控制飞机的姿态和改进飞机的失速性能。因为有了特别的"心脏"，"鹞"式飞机除了具有不依赖机场、可以分散隐蔽的特点外，还可以在空中做低速机动、原地转弯、倒退及空中悬停等一般歼击机望之兴叹的"特技"飞行运作。

"鹞"式飞机虽说基本性能相当不错。但鱼与熊掌不可兼得，有优点就有缺点，它的最大缺点是垂直起飞时航程、活动半径和载弹量都太小。如它载弹 1 360 kg， 垂直起飞时，作战半径仅有 92 km。

鉴于"鹞"式飞机独特的短距起降功能，英国皇家海军认为把它改型为舰载飞机非常合适，海军舰载型被称为"海鹞"，"海鹞"的最大变化是加高了座舱。"海鹞"式飞机在英阿马岛战争期间曾大显身手，在整个马岛战争中，"海鹞"式飞机战斗出动达 1 500 多架次，空战成绩更是惊人，美国也与英国合作在"鹞"的基础上生产了 AV-8 型攻击机，在美国海军陆战队服役。

（4）"超军旗"——轻型舰载。

"超军旗"是法国达索·布雷盖公司研制的单座单发轻型舰载攻击机，如图 8-35 所示。 该机于 20 世纪 60 年代开始研制，原型机是在标准的"军旗"IV-M 飞机上改装的，第一架原型机于 1974 年 10 月首飞，1978 年 6 月开始交付，于 1979 年 1 月装备"克莱蒙梭"航空母舰开始服役。后来"福熙"号航母和"戴高乐"号核动力航母也先后装备了"超军旗"。

图 8-35　法国"超军旗"轻型舰载攻击

"超军旗"气动布局的改进之处主要在于采用了改进的机翼和加装了增升装置，机翼为悬臂式中单翼。全金属双梁承扭翼盒结构和机械加工整体壁板受力蒙皮。在航空母舰上停放时，翼尖可向上折叠。副翼为插入式，由不可逆复式液压系统操纵，有人工感觉装置。机翼上表面装抗流片，前缘襟翼亦由液压系统操纵。机身采用全金属半硬壳式结构，按面积律缩腰。全动平尾和方向舵均由复式液压系统操纵。

1981 年起，法国向阿根廷出售 14 架"超军旗"，但因 1982 年马岛战争爆发，只交付了 5 架。阿根廷空军在英军全面海空封锁面前毫不畏惧，多次出海顽强作战，获得了一系列重大战果。其中，"超军旗"式飞机通过发射"飞鱼"导弹击沉英军"谢菲尔德"号驱逐舰的战例被认为是现代空海战中的经典。

（5）F-117——隐形"夜鹰"。

F117（图 8-36）是一种高亚声速飞机。设计始于 20 世纪 70 年代末期。1981 年 6 月 15 日预生产型飞机在绝对保密的情况下试飞成功，1982 年 8 月 23 日向美国空军交付了第一架飞机，F-117A 服役后一直处于保密之中，直到 1988 年 11 月 10 日，空军才首次公布了该机的照片，1989 年 4 月 F-117A 在内华达州的内利斯空军基地公开面世。

图 8-36 美国 F-117 攻击机

F-117 外形奇特，整架飞机几乎全由直线构成。就是这种奇特的多平面多角体外形，保证了飞机的隐身性能，比如，一般雷达的探测角多与飞机轴平面成 30°左右，而 F-117 表面的倾角多大于 30°，可以使雷达波偏转出去。设计师还把 F-117 机身表面和转折处设计成使反射波集中于水平面内的几个窄波束，使两波束之间的微弱信号与背景噪声难以区别。机翼和尾翼都采用了没有曲线的菱形翼型，这在战斗机设计中是前所未有的。F-117 的进气口为网状格栅隐蔽式，栅条的安装方向由上到下，间隔 1.5 cm，能屏蔽 10 cm 或更长的雷达波。由于格栅在起飞等时候会使进入进气口的气流产生压降，因而设计了辅助进气口，在起飞和降落时打开。尾喷口为开缝式，保证其在红外频谱上的隐形特性。所有舱门和接缝都采用锯齿形，且锯齿边缘与窄波束方向垂直，使其反射波不会形成另外的波束。所有的这些设计，使 F-117 在飞行时的雷达反射面积比一个飞行员头盔还小。

在理论上，F-117 能在设防区域的任何高度飞行，而不必进行地形跟随低空飞行来躲避敌方雷达，因此它比普通飞机更适合于攻击地面目标。F-117 有许多缺点，这主要是设计时以隐身性能为首要考虑而造成的。例如速度慢，机动能力差，这主要是因为机身结构、布局为照顾隐身需要，气动性能不佳，飞行不稳定，保养及维修费用也相当昂贵，发动机则推力小，并且无加力。尽管如此，作为世界上第一种隐身战斗轰炸机，已经"名垂青史"了。

F-117 的首次实战在巴拿马，而海湾战争更使它名声大噪。据报道，F-117 在沙漠风暴期间执行危险任务共 1 271 次，而无一受损。整个战争期间，F-117 承担了攻击目标总数的 40%，投弹命中率为 80% ~ 85%。在北约对南联盟发起的空袭行动中，F-117 也作为主力参战。1999 年 3 月 27 日，一架 F-117 隐形攻击机被南联盟防空军击落。这是 F-117 第一次被击落，打破了隐形战斗机不可战胜的神话。2006 年 10 月 29 日，F-117 战机全部退出现役。

8.2.2 民航客机

与战斗机的划代标准不同，干线客机的分代基本上与飞行速度无关，而是与发动机性能、载重与航程、经济性以及年代有关。目前，喷气式客机已历经五代，粗略地说大约每 10 年出现新的一代。

与战斗机的更新换代不同，新一代喷气式客机是弥补前一代的不足，而不是完全取代它。因此，目前除了第一代喷气式客机之外，第二代、第三代、第四代和第五代同时都在使用，各自在远近不同、繁忙程度不同的航线上发挥着作用。

1. 第一代喷气式客机——"彗星"。

第一代喷气式客机是 20 世纪 50 年代投入使用的，机型有英国的"彗星"号（图 8-37）、法国的"快帆"、美国的波音 707、道格拉斯公司的 DC-8 以及苏联图波列夫设计局研制的图-104 等。这一代的主要特征是采用涡轮喷气式发动机、后掠翼，与活塞式客机相比大大提高了巡航速度和客运量，使民航运营效率大为提高。从气动设计上看，这一代飞机采用了大展弦比后掠翼，层流平顶翼型，机翼前后缘往往带有大面积襟翼。发动机一般都安装在机身外。为降低发动机与机翼气流的干扰，发动机的安装位置往往十分重要。波音 707 和 DC-8 采用了后来成为大型客机标准模式的翼吊发动机短舱形式。由于广泛采用涡轮喷气式发动机，第一代喷气式客机油耗率高，噪声大。其巡航速度较高，机翼升阻比特性较好。英国是最早发明喷气式发动机的国家之一，一度领先于世界。二战结束后，英国人将喷气技术用于民用机，从而研制出世界上第一种喷气式客机"彗星"号。

图 8-37 世界上第一种喷气式客机"彗星"号

20 世纪 40 年代初，战争还在继续，英国建立了一个布拉巴宗委员会，研究英国在战后应当发展什么样的旅客机，其中的规划之一就是研制三发动机喷气式客机。1946年，英国的德·哈维兰公司开始设计这种飞机，并命名为"彗星"号。1949年7月27日，原型机进行首次试飞，成为世界上第一种喷气式客机。1952年5月2日，"彗星"号客机正式投入航线运营。

"彗星"号最引人瞩目的特点有两个：一是速度快，可达788 km/h，这是当时任何客机无法相比的；二是采用密封式座舱，可在更高处飞行，平稳性和舒适性也是前所未有的。由于这些特点，一时间各大航空公司纷纷订购"彗星"号飞机。于是"彗星"号又进行了改进，增加了乘客数和航程。但是，在1952年和1953年"彗星"号接连发生了3次飞行事故。后来调查研究显示，长时间飞行引发了飞机结构疲劳，从而开始了航空界对疲劳问题的重视和研究，为后来飞机研制解决疲劳问题打下了基础。德·哈维兰公司也对"彗星"号飞机进行了重新设计和试验，制造出新的改进机型。

2. 第二代喷气式客机——图-154

第二代喷气式客机是20世纪60年代投入使用的，代表机型包括美国的波音727、波音737和道格拉斯DC-9（MD-80系列）；英国原德·哈维兰公司的"三叉戟"；苏联的图-154等。主要技术特点是采用新的翼型和低涵道比涡轮风扇发动机，降低了耗油率，提高了经济性。在气动设计上基本确立了悬臂式下单翼布局，注重低阻力亚声速翼型的研究和使用，主要采用尖峰翼型；注重各部件气动干扰，襟翼等增升装置多采用多段式开缝翼，同时为整机减重，复合材料开始大量使用。

第二代客机的尺寸往往比第一代小，载客量也少，主要用于中短程航线上，两代相互补充。它的经济性有较大改善。目前，第二代客机的改型仍是世界范围内中短程航线上的主力机型。图-154为苏联图波列夫设计局研制的三发飞机中程客机，1971年基本型开始交付使用。图-154的基本生产型，可载客量167人。图-154A为发展型，安装推力更大的NK-8-2U涡轮风扇发动机，改进了设备和系统，提高了飞行性能和可靠性，降低了维护要求。1973年下半年开始试飞，1975年正式投入航班飞行。图-154B为改进型。改善了飞行横向操纵性，增加了最大起飞质量。机身后气密隔框后移，增加客舱长度，载客量达180人。1977年开始批量生产。图-154S为货运型。1982年秋提出该方案。在B型的基础上进行了改进。在图154B生产开始后，于1980年提出最新改进型图-154M。最初称为图-164，对水平尾翼重新设计，尾部中央发动机进气口扩大，原位于中央发动机下的辅助动力装置移至机身尾椎内。换装索洛维耶夫D-30KU涡轮风扇发动机。但该型号飞机改进后也增加了飞机空重，不但抵消飞行性能改善而增加的商务载重，而且还低于原来的图-154型号。1984年12月首次交付苏联民航使用。

3. 第三代喷气式客机——波音747

第三代喷气式客机于20世纪70年代投入使用，代表机型包括美国的波音747（图8-38）、道格拉斯DC-10；欧洲空中客车公司的A300和苏联的伊尔-86等。第三代喷气客机是针对世界客运量的飞速增长而研制的宽体客机，其机身直径可达5.5～6.6 m，是第二代以前所谓"窄体"客机的1.5倍；起飞质量最大可达300 t以上，载客量远程可达400人以上，近程则超过600人。就外形尺寸而言，宽体客机体积比窄体客机增加不多，但翼面积和机身直径的大幅度增加，因而载质量、载客量、载油量和航程有明显提高。

图 8-38　美国波音 747

第三代客机在技术上也有较大改善。动力装置开始采用推力更大、耗油率更低的高涵道比涡扇式发动机，噪声和振动水平则大大下降。乘客的舒适性和航空公司的收益因此大大改善。波音 747 飞机是波音公司生产的四发（动机）远程宽机身运输机，是一种研制与销售都很成功的宽机身客机。它曾是世界上载客量最大、航程最远的干线客机。

随着空客 A380 投入运营，它的载客量降为第二名。1965 年 8 月开始研制，1969 年 2 月原型机试飞，1970 年 1 月首架 747 交付给泛美航空公司投入航线运营，开创了宽体客机航线服务的新纪元。它的双层客舱及独特外形成为最易辨认的亚声速民航客机。自波音 747 飞机投入运营以来，一直垄断着大型运输机的市场。

1990 年 5 月起，除 747–400 型外，其他型号均已停产。波音 747 一经问世，便赢得了全世界乘客的青睐，747–400 延续了 747 家族的传奇，集先进技术于一体，是世界上最先进、燃油效率最高的飞机。在气动性能方面有了许多重要的改进，其中包括：增加翼梢小翼以减少阻力、采用全新的航空电子设备和驾驶舱、安装最新的机载娱乐系统。美国总统专机"空军"1 号由 B747–200B 改装而成，共生产两架，空军代号为 VC–25。

4. 第四代喷气式客机——A320

第四代喷气式客机研制始于 20 世纪 70 年代，80 年代投入使用。当时国际上出现了石油危机，因而这一代飞机特别强调降低运营成本，提高经济性。主要机型有波音 757、波音 767、欧洲空客的 A310、A320（图 8-39）和苏联的伊尔 –96、图 –204 等。这一代客机的载客量一般是 200 人左右，主要用于中短程航线，研制时大量利用了以往机型的成果甚至大部件。

图 8-39　空客 A320

第四代喷气式客机属于半宽体客机，强调的是进一步改善经济性。在发动机上采用了更先进的高涵道比涡扇发动机，耗油率又有降低。由于发动机性能的提高，发动机安装台数普遍改为两台，不像过去的几代采用三台或四台。在气动设计上，除了精心设计机翼形状、襟翼装置外，最大的特点是采用了新的"超临界"翼型。所谓超临界机翼是一种上表面比较平坦，下表面鼓起，后缘部分有下弯的机翼。其巡航速度有所提高，升阻比特性优于"尖峰"翼型。另外，安装翼梢小翼也成了新型第四代客机的特点。同时，随着技术的进步，采用了先进的电子系统，包括电传操纵系统，改善了驾驶特性。

A320 系列是欧洲空中客车工业公司研制的双发中短程 150 座级客机。包括 A318、A319、A320 及 A321 四种客机，这四种客机拥有相同的基本座舱配置，飞行员只要接受相同的飞行训练，就可驾驶以上四种不同的客机。这种共通性设计也降低了维修的成本及备用航材的库存。A320 是一种真正的创新的飞机，为单过道飞机建立了一个新的标准，A320 由于较宽的客舱给乘客提供了更大的舒适性，因而可采用更宽的座椅和更宽敞的客舱空间，它比其竞争者飞得更远、更快，因而具有更好的使用经济性。接着在此基础上又发展了较大型和较小型，即 186 座的 A321 和 124 座的 A319、107 座的 A318。

1994 年 5 月，波音公司购买一架二手 A320 飞机陈列在西雅图以此来激发波音员工，可能也是空客公司的最大荣幸。

5. 第五代喷气式客机——波音 777

第五代喷气式客机于 20 世纪 90 年代投入使用，主要型号有美国波音 777、麦道 MD-11、欧洲 A330、A340 和俄罗斯的图 -96 等。这一代飞机在设计上除增加载客量、提高适应性外，继续探索降低油耗，提高经济性。采用的技术措施有：安装耗油率更低、排污更小、噪声更低、涵道比更高、推力更大、维护性更好的涡扇发动机；加大复合材料的用量；进一步加大展弦比或加装翼梢小翼提高气动效率，采用超临界翼型或高效亚声速翼型。

波音 777（图 8-40）是第五代客机中的代表机型，目前市场销路很好，包括中国在内的许多国家都购买了这种飞机。1990 年 10 月 29 日波音 777 项目正式启动，1994 年 6 月 12 日第 1 架波音 777 首次试飞。波音 777 是业界技术最先进的飞机，采用三级客舱布局时可搭载 301 至 368 名乘客。777-200 的最大航程为 9 649 km，777-200LR（远程型）的最大航程为 16 417 km。

图 8-40 波音 777

波音 777 是当时世界上最大的双发喷气飞机，目前共有 5 种型号：777-200、777-200ER（延程型）、更大的 777-300，以及正在研制的两款远程机型 777-200LR 和 777-300ER。1992 年，波音 777 的客舱设计获得美国工业设计师协会的"工业设计优秀奖"，这是该协会第一次为飞机内饰授奖。

1995 年 5 月 30 日，777 飞机成为航空史上第一种在服役之初就获得美国联邦航空局批准作 180 min 双发延程飞行（ETOPS）的飞机。1998 年 5 月 4 日，777-300 成为航空史上第一种在同一天获得型号认证，和 180 min 双发延程飞行许可的飞机。

6. 空客与波音的泰坦战争——A380

空客 A380（图 8-41）是空中客车公司的最新巨型客机，也是全球载客量最高的客机。A380 为双层四引擎客机，采用最高密度座位安排时可承载 850 名乘客，在典型三舱等配置（头等 – 商务 – 经济舱）下也可承载 555 名乘客。该型号的样板飞机于 2004 年中首次亮相，至 2005 年 1 月 18 日，

图 8-41　空客 A380

空中客车于图卢兹厂房为首架 A380 举行出厂典礼，2005 年 4 月 27 日首飞成功，并于同年的 11 月 11 日，首次跨洲试飞抵达亚洲的新加坡。于 2006 年正式付运予买家，当时全球有十多家航空公司订购 A380。A380 在投入服务后，打破波音 747 统领 35 年的纪录，成为世上载客量最大的民用飞机，不过载质量最大的民用飞机仍是苏制的 An–225 梦想式运输机。

从 21 世纪 10 年代中期开始，大于 400 座的大型客机的订单不断减少，因为宽体双体飞机提供类似的航程和更高的燃油效率，使航空公司以更低的前期成本获得更大的灵活性。欧洲飞机制造业巨头空中客车公司于 2021 年 12 月 16 日向买家交付最后一架素有"空中巨无霸"之称的 A380 客机。此后，这一机型停产。2022 年 11 月 9 日，南航 A380 最后一架商业航班 CZ328 已从洛杉矶国际机场（LAX）起飞，意味着国内的 5 架空客 A380 全部退出了历史舞台，南航 A380 在中国长达 11 年的服役结束了。

7. 超声速客机——"协和"

"协和"（图 8-42）是原英国飞机公司（现并入英国航宇公司）和法国航宇公司联合研制的四发远程超声速客机。1956—1961 年期间，英、法两国分别单独进行超声速客机的初步研究。1961 年两国决定合作，平均分摊研制费用。1962 年 11 月，两国政府经过协商，签订共同研制两架原型机的合同，正式命名飞机为"协和"。

图 8-42　英国超声速客机"协和"号

但由于"协和"耗油率过高，航程不足，只能勉强飞越大西洋，载客量偏小，使用成本大大高于亚声速客机，致使英、法两国航空公司在"协和"的运营上每年亏损 4 000 万～5 000 万美元，依靠两国政府补贴才能维持其飞行。另一严重缺陷是噪声水平超过美国 FAR36 民航机噪声水平标准，美国政府不允许"协和"在其本土着陆，致使美国和其他国家的民航公司纷纷取消订货。最后，这项耗资 32 亿美元的超声速客机研制计划宣告

失败，"协和"只生产 20 架（包括英、法各两架样机），于 1979 年停产。现在法国航空公司和英国航空公司各在运营 7 架。

2000 年 7 月 25 日，法航的一架"协和"客机在从巴黎戴高乐机场起飞后随即起火爆炸，造成机毁人亡。此后，"协和"客机辉煌不再，英、法国航空公司于 2003 年 4 月共同做出让"协和"客机退役的决定。法国航空公司的"协和"客机于 2003 年 5 月 31 日全部退役，英国航空公司的"协和"客机于 2003 年 10 月 24 日全部退役。

8.2.3 直升机

1. 单旋翼尾桨直升机

最常见的直升机类型，由一个水平旋翼负责提供飞机升力，尾部一个小型垂直螺旋桨负责抵消旋翼的反作用力。代表型号有：苏联米里设计局研制的米 -4、米 -8、米 -26 运输直升机，法国国营航宇工业公司研制的"海豚"轻中型多用途直升机和 SA321"超黄蜂"多用途中型直升机，英法合作生产的"山猫"双发多用途直升机以及美国贝尔直升机公司研制的贝尔 47 轻型直升机、S-70 双发单桨战斗突击运输直升机和麦道公司研制的 AH-64"阿帕奇"武装直升机（图 8-43）、RAH-66"科曼奇"（世界上第一种隐身直升机）等。

图 8-43 AH-64"阿帕奇"单旋翼尾桨武装直升机

AH-64"阿帕奇"直升机是美国最先进的具有全天候、昼夜作战能力的武装直升机，由美国原休斯直升机公司研制。在第一次海湾战争中空袭前，8 架"阿帕奇"攻击直升机摧毁了伊拉克西部两个地面雷达站，从而为空袭部队提供了安全走廊，保证了空袭成功。其后，AH- 64"阿帕奇"直升机又以单机摧毁 23 辆坦克的纪录载入史册。

AH-64 直升机于 1975 年开始研制，主要用于反坦克作战。与其他直升机相比，"阿帕奇"的突出特点是：第一，火力强，它以反坦克导弹为主要武器，另外还有机炮和火箭等；第二，装甲防护和弹伤容限及适坠性能好；第三，飞行速度快；第四，作战半径大，可达 200 km 左右；第五，机载电子及火控设备齐全，具有较高的全天候作战能力和较完善的火控、通信、导航及夜视系统；第六，具有"一机多用"能力。

2. 单旋翼无尾桨直升机

一个水平旋翼负责提供飞机升力，并从尾部吹出空气，用附壁效应产生的推力抵消旋翼的反作用力。代表型号有美国麦道公司生产的 MD-500/530 直升机（图 8-44）。MD600N 是波音直升机公司在 MD520N 的基础上研制的单发轻型直升机。1994 年 11 月 8 日开始研制，原型机于 1994 年 11 月 22 日首飞。MD600N 于 1997 年 5 月 15 日取得型号合格证，1997 年 6 月 6 日开始交付使用。

图 8-44　美国 MD-500/530 单旋翼无尾桨直升机

MD600N 主要用于海滨巡逻、公务运输、医疗救护、空中摄影、旅游、执法等，也可用于武装侦察及执行其他军事任务。旋翼系统采用 6 片桨叶全铰接式旋翼。桨叶用快卸销连接到层压钢片构成的桨毂上，以便折叠。每片桨叶由铝挤压大梁和整块铝蒙皮热胶接而成，桨叶可折叠。机身类似于 MD520N 的机身，加长了 1.68 m。尾部装置类似于 MD520N，采用无尾桨旋翼系统。

3. 纵列式双旋翼直升机

两个旋翼前后纵向排列，旋转方向相反，多见于大型运输直升机。代表型号有美国波音公司制造的 CH-47 "支奴干"运输直升机，如图 8-45 所示。

图 8-45　美国 CH-47 "支奴干"纵列式双旋翼运输直升

波音 -114/414 是美国波音直升机公司研制的双旋翼纵列式全天候中型运输直升机，美国陆军编号 CH-47 和 MH-47。CH-47 是根据美国陆军的全天候中型运输直升机要求设计的，可以在恶劣的高原高温条件下完成运输任务。

CH-47 "支奴干"直升机于 1956 年开始研制，当时，美陆军部宣布要以新一代涡轮轴发动机直升机取代它的活塞式发动机运输直升机。美国陆军于 1959 年 6 月与波音直升机公司签订了一项初步合同，制造 5 架 YCH-47A。1961 年 4 月 28 日，第一架 YCH-47A 总装完成 1961 年 9 月 21 日进行了首次悬停飞行。

旋翼系统采用两副纵列反向旋转的 3 片桨叶旋翼由协调轴驱动，以保证每一台发动机都能驱动两副旋翼。机身为正方形截面半硬壳式结构，驾驶舱、机舱、后机身和旋翼塔基本上为金属结构。机身为等截面，下半部分为水密隔舱，能在水上起降；机身后部有货运跳板和舱门，能执行各种战斗与支援任务，包括运送部队、火炮装置和战场补给。

4. 共轴式双旋翼直升机

两个旋翼上下排列在同一个轴上，并且没有尾桨，优点是稳定性好，但技术复杂，因而较为少见。代表型号有苏联卡莫夫设计局研制的卡 –50 武装直升机（图 8-46）。卡 –50 是苏联卡莫夫设计局（现俄罗斯卡莫夫直升机科学技术联合体）研制的双发新型共轴反转旋翼武装直升机。

图 8-46 苏联卡 –50 共轴式双旋翼武装直升机

卡 –50 是世界上第一种单座近距支援武装直升机。卡 –50 不是空战直升机，而是一种用于压制敌方地面部分火力的突击武装直升机。除能完成反坦克任务外，还可用来执行反舰 / 反潜、搜索和救援及电子侦察等任务。

由于采用共轴反转旋翼布局，不再需要尾桨，从而省去了尾桨和一整套尾桨传动和操纵装置，大大提高了卡 –50 的战斗生存性。卡 –50 驾驶舱采用承载的双层钢装甲结构，可保护驾驶员不受 100 m 外 23 mm 炮火的伤害。装 K–37–800 零零弹射座椅和旋翼抛投系统，驾驶员通过火箭式弹射器从驾驶舱中弹出，驾驶员也可选择紧急投抛侧门和设备，从侧门逃出驾驶舱，从而大大提高了驾驶员生存力。驾驶员座椅安装在复合材料蜂窝 / 铝合金构架上，硬着陆时可以减震。

5. 侧旋翼直升机（双旋翼直升机）

侧旋翼直升机又称为倾斜旋翼直升机，是结合了固定翼飞机和直升机两者特点的混合技术直升机。起飞时采用水平并置的双旋翼，飞行中将旋翼向前旋转 90°变成两个真正的螺旋桨。按照普通固定翼飞机的模式飞行。这样做的好处是可以减小飞行阻力，提高飞行速度，最高可以超过 600 km/h，同时省油，提高航程，缺点是结构复杂，故障率高，因而极为少见。代表型号有美国贝尔公司和波音公司联合制造的 V–22 运输直升机。

V–22 "鱼鹰" 是由美国贝尔直升机公司与波音公司联合研制的双发倾转旋翼机，如

图 8-47 所示。首架原型机于 1988 年 5 月出厂，1989 年 3 月首飞，同年 9 月又进行了从直升机飞行方式转换成定翼机飞行方式的首飞。1991 年底开始装备美国海军陆战队和美国空军，主要用于运载士兵和特种作战。

V-22 的实用升限约 8 000 m，作战距离大于 1 850 km，机上设有空中受油装置，空中加油后可加大作战距离。机体结构大部分采用新型复合材料，两

图 8-47 美国 V-22 "鱼鹰" 倾斜旋翼直升机

个旋转螺旋桨各有 3 片桨叶，两副旋翼反向旋转并且可折叠。V-22 的最大特点是可由前飞状态转换到倾斜或悬停状。V-22 的固定机翼为悬臂式上单翼，等剖面翼型，略微前掠，并可转动 90° 放置，以减少停放空间。由于采用这种结构，V-22 与一般的直升机相比有着速度高、航程远的显著优点。

V-22 机载武器可根据执行任务的性质进行选择。通常在货舱内装有若干挺 7.62 mm 或 12.7 mm 机枪，在机身的头部下方安装旋转式炮架，机身两侧安装鱼雷和导弹挂架。

V-22 的主要型别有四种：MV+22A，美国海军基本运输型，用于强攻登陆支援，可载 24 名全副武装的士兵；CV-22A，美国空军远程特殊作战型，用于特种作战部队；HV-22A，美国海军战斗搜索、救援型，可用于电子战和舰队支援；SV-22A，美海军反潜型，航空母舰、巡洋舰、驱逐舰均可搭载。

8.2.4 无人机

1. 国外无人机

第一次世界大战进入尾声时，动力飞行还完全是一个新生的事物。1917 年，皮特·库柏和埃尔默·A. 斯佩里发明了第一台自动陀螺稳定器，这种装置能够使得飞机保持平衡向前飞行，无人飞行器自此诞生。这项技术成果将美国海军寇蒂斯 N-9 型教练机成功改造为首架无线电控制的不载人飞行器（unmanned aerialvehicle, UAV）。斯佩里空中鱼雷（图 8-48）约载重 136 kg，可飞行 80 km，但它从未参与实战。

图 8-48 "斯佩里空中鱼雷" 无人机

木质的凯特灵空中鱼雷被称作"凯特灵小飞虫"（图 8-49），这架飞机能够载重
135 kg，在 1917 年的造价为 400 美元。通用公司的查尔斯•F. 凯特灵设计的这架飞行器
拥有可拆卸机翼，并且可以巧妙地从装有滚轮的手推车上起飞。一战接近结束的时候，
美军下了大量的凯特灵飞虫的订单，但在它被派上战场之前战争就已经结束了。

图 8-49 "凯特灵小飞虫"无人机

1935 年之前的空中飞行器飞不回起飞点，因此也就无法重复使用。"蜂王"号（图
8-50）的发明，使得无人机能够回到起飞点。因此这项技术具有实际价值。"蜂王"号最
高飞行高度为 5 182 m，最高航速为 160 km/h，在英国皇家空军服役到 1947 年。

阿道夫•希特勒希望拥有攻击非军事目标的飞行炸弹，因此德国工程师弗莱舍•福
鲁则浩于 1944 年设计了一架速度达到 752 km/h 的无人机。著名的"复仇者"一号（图
8-51）为攻击英伦列岛而设计，也是当代巡航导弹的先驱。"复仇者"一号载弹量比前代更
大，经常搭载多达约 908 kg 的导弹。英国有 900 多人死于该型无人机之下，"复仇者"一
号从弹射道发射后能按照预先程序飞行约 240 km。

图 8-50 "蜂王"号无人机

图 8-51 "复仇者"一号无人机

1951 年由瑞安航空制造的"火蜂"
原型机 XQ-2 在四年后首次试飞。这架
世界上首台采用喷气推动的无人机主
要用于美国空军。"火蜂"无人机（图
8-52）适用于情报收集以及无线电交流
的监控活动。

M-21 型是黑鸟系列中最早的产
品 A-12 型飞机的变体，它是用来搭载

图 8-52 "火蜂"无人机

D–21 高空无人机的母机（图 8-53）。M–21 和 D–21 同属一个 1963—1968 年间进行的秘密项目，这个项目直到 40 年后才为人所知晓。M–21 型的改进在于新增供发射操作员乘坐的副驾驶舱。这两型飞行器于 1969—1971 年开展对罗布泊核试验场的四项侦察活动。M–21 机型的后续出产在 1966 年因 D–21 在发射过程中和 M–21 母舰之间发生撞击事故而被取消。

据美国海军介绍，于 1986 年 12 月首飞的"先锋"系列无人机（图 8-54）为战术指挥官提供了特定目标以及战场的实时画面，执行了美国海军"侦察、监视并获取目标"等各种任务。这套无人定位系统的花销很小，满足了 20 世纪 80 年代美国在黎巴嫩、格林纳达以及利比亚以低代价开展无人获取目标的要求，并首次投入实战。"先锋"号现在仍在服役，通过火箭助力起飞，起飞质量约 189 kg，航速每小时约 174 km。飞机能够漂浮在水面，并且通过海面降落进行回收。

图 8-53 M–21 和 D–21 无人机

图 8-54 "先锋"号无人机

通用原子公司在 1994 年制造了 MQ 捕食者无人机（图 8-55）。在美国空军服役的捕食者已超过 125 多架，6 架则在意大利空军服役。1995 年，捕食者无人机在联合国及北约对波斯尼亚的战争中首次使用，同时也出现在美军阿富汗和伊拉克战场上。不过现在正逐步被淘汰。

2007 年美国提出新型战略隐身多用途飞机概念——SR–72 高超声速无人机（图 8-56）。SR–72 高超声速无人机是一种双发隐身高超声速无人机，主要用来取代美国已经退役的 SR–71"黑鸟"高超声速无人机，其长约 30.5 m，航程与 SR–71 相同，大约为 4 800 km，但是飞行马赫数却能达到 6，并且集情报搜集、侦察、监视和打击等多种作战功能于一体。2013 年 11 月 1 日，美国《航空周刊》杂志网站第一次正式披露 SR–72 高超声速无人机，原型机可能会在 2018 年进行试飞，而实用型的 SR–72 则大概需要在 2030 年前后投入使用。

2007 年美国提出新型战略隐身多用途飞机概念——SR–72 高超声速无人机（图 8-56）。SR–72 高超声速无人机是一种双发隐身高超声速无人机，主要用来取代美国已经退役的 SR–71"黑鸟"高超声速无人机，其长约 30.5 m，航程与 SR–71 相同，大约为 4 800 km，但是飞行马赫数却能达到 6，并且集情报搜集、侦察、监视和打击等多种作战功能于一体。2013 年 11 月 1 日，美国《航空周刊》杂志网站第一次正式披露 SR–72 高超声速无人机，原型机可能会在 2018 年进行试飞，而实用型的 SR–72 则大概需要在 2030 年前后投入使用。

2007年美国提出新型战略隐身多用途飞机概念——SR-72高超声速无人机（图8-56）。SR-72高超声速无人机是一种双发隐身高超声速无人机，主要用来取代美国已经退役的SR-71"黑鸟"高超声速无人机，其长约30.5m，航程与SR-71相同，大约为4800 km，但是飞行马赫数却能达到6，并且集情报搜集、侦察、监视和打击等多种作战功能于一体。2013年11月1日，美国《航空周刊》杂志网站第一次正式披露SR-72高超声速无人机，原型机可能会在2018年进行试飞，而实用型的SR-72则大概需要在2030年前后投入使用。

图8-55 MQ捕食者无人机　　　　　　图8-56 SR-72无人机

RQ-7B幻影是无人机家族中最小的一个，被美国陆军和海军陆战队用于伊拉克和阿富汗战场。这个系统能够定位并识别距战术指挥中心125 km之外的目标，让指挥官的观察、指挥、行动都更加敏捷。"幻影"200（图8-57）广泛使用于中东地区，截至2010年5月，累积飞行时间已经达到5×10^5 h。

火力侦察无人直升机（图8-58），它能够在任何可起降飞行器的战舰上自行起飞并在非预定地点降落，由美国军方于21世纪初开发。

图8-57 RQ-7B"幻影"200无人机　　　　图8-58 火力侦察无人直升机

RQ-170"哨兵"号服役于美国空军。在阿富汗的"持久自由行动"初期部署，飞行高度达到15 000 m的RQ-170成为了"坎大哈之兽"。2011年5月，RQ-170参与了巴基斯坦的阿伯塔巴德突袭，美军在这里找到并剿杀了奥萨马·本·拉登。

2011年12月，一架RQ-170被伊朗俘获，并且在伊朗电视台中展出"全球鹰"高空无人机（图8-59）拥有长时间飞行能力。服役美国空军的该类无人机装备了能够开展情报收集、侦察以及监视等功能的综合传感器。2001年，开始研发的"全球鹰"项目成为航空历史的重大标杆。这是已知的第一架能够不停直接飞越太平洋的无人机，该无人机于2006年7月获准在美国领空飞行。

X-47B（如图 8-60）翼展达 19 m，可携带 2 000 kg 弹药飞行 3 800 km，且具备良好的隐形性能、空中加油能力、自主行动能力，可称得上是全程自主作战的舰载机。

图 8-59　全球鹰无人机　　　　　　　　　　图 8-60　X-47B 无人机

2. 中国无人机

　　从 20 世纪 50 年代开始，中国开始涉足无人机领域，研制无人机已有 60 多年的历史，相应发展了高速和低速靶机、高空和低空无人侦察机等一系列无人机，先后研制成功"长空"一号无人靶机系列、"长虹"高空高速无人侦察机、T-6 通用型无人机、Z-5 系列无人侦察机、ASN 系列无人机等。开发出的数十种靶机和侦察型无人机，已能批量生产和装备各部队，广泛应用于昼夜空中侦察、战场监视、目标定位、校正火炮射击、战场毁伤评估、边境巡逻等军事领域，以及航空摄影、地球物理勘探、火情监测、海岸缉私等民用领域。

　　"长空"一号（图 8-61）是一架大型喷气式无线电遥控高亚声速飞机，可用于导弹打靶或防空部队训练。"长空"一号经过适当改装可执行大气污染监控、地形与矿区勘察等任务。该机采用典型高亚声速布局，机身细长，流线型，机翼平直，展弦比大。水平尾翼呈矩形，安装在垂直尾翼中部。机身前、后段为铝合金半硬壳式结构。发动机及其进气道装在机身下部的吊舱内。翼尖短舱、尾翼翼尖、进气道唇口、机头与机尾罩均用玻璃钢制造。中单翼结构的矩形机翼采用不对称翼剖面，机翼翼尖处吊有两个翼尖短舱。水平尾翼安装在垂直尾翼中部，平尾和垂尾均采用对称翼剖面的矩形翼面。机翼和尾翼均为铝合金单梁式薄壁结构。机载设备、自动驾驶仪分别装在前后段，机身中段为压力供油式油箱。设计中直接利用机身外壳作为油箱壁，减轻了质量。改进型号的机翼下有两个小型副油箱。

图 8-61　长空一号无人机

国内无人机的研究发展在总体设计、飞行控制、组合导航、中继数据链路系统、传感器技术、图像传输、信息对抗与反对抗、发射回收、生产制造和部队使用等诸多技术领域积累了一定的经验，具备一定的技术基础。特别是近几年来，一批新型无人机相继研制成功并交付部队，无人机装备体系结构有了较大改善，现代化水平有了明显提高。以下介绍的几款国产无人机基本能反映我国现阶段无人机技术水平。

（1）攻击型无人机。

"翼龙–1"（图 8-62）由中航工业旗下成都飞机设计研究所研制，可携带各种侦察、激光照射／测距、电子对抗设备及小型空地打击武器，可执行监视、侦察及对地攻击任务等任务，也可用于维稳、反恐、边界巡逻等。两翼下各有一个挂点，可携带 200 kg 载荷。其外形很像美国的"捕食者"攻击无人机，大小尺寸也基本相同，尤其是隆起的机头。"捕食者"在这个位置安装了 Ku 频段（12 ～ 18 GHz）宽带卫星通信天线，可以上传大量侦察图像，并接受作战指令。

"WJ–600"（图 8-63）具有良好的隐身性能，并且因为采用了不同于其他无人机的涡轮喷气发动机，所以具有良好的高速突防和对地攻击能力，是应用于信息化战争的重要武器装备。它可以装载光电侦察设备、合成孔径雷达、电子侦察设备等机载传感器，具备反应速度快、突防能力强的特点，能够全天时全天候执行侦察和毁伤效果评估等任务，也可以装载机载武器系统实现对地攻击、电子战、信息中继和标靶模拟等军事任务。采用涡喷发动机，因此飞行高度与速度有优势，速度可达 700 km/h，飞行高度达万米。但它的武器载荷不如"翼龙–1"，只有 130 kg，很难携带大型攻击武器。据介绍，该机可能主要用于海上高空战场侦察监视。

图 8-62 "翼龙–1"无人机

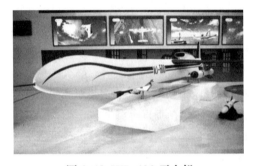

图 8-63 WJ–600 无人机

"彩虹"CH–3A（图 8-64）是侦察攻击一体化系统，适用于侦察和对地面固定和移动目标进行精确打击，可挂载光电侦察载荷和 2 枚空地导弹，攻击精度小于 1.5 m，也可挂装 GPS 精确制导炸弹对地攻击。该系统由 1 个地面控制站和 3 架无人机及相关载荷、武器构成。其中彩虹–3A 无人机翼展 8 m，最大起飞质量为 650 kg，最大任务载荷质量为 180 kg，最大航时为 15 h，最大速度为 256 km/h，最大升限

图 8-64 "彩虹"CH–3A 无人机

为 7000 m。根据空气动力基础理论的研究成果，突破了鸭翼短机身融合体设计技术，解决了彩虹 –3A 提高隐身特性和超低空飞行的难题。大量使用复合材料（80% 以上机体为复合材料，有人机难以达到这一比例），实现了结构轻质化。高度融合多种信息，突破了侦察打击一体化关键技术。

西工大的 ASN–215 无人机（图 8-65）曾经参加 2009 年国庆 60 周年阅兵，是我军目前大量装备的机型，可以装载具有高分辨率的航空照相侦察设备，对目标区域实施面积监控和定点监控，具有卫星定位

图 8-65 ASN–215 无人机

和无线电定位能力，是执行战术性近距离战场侦察任务的利器。

（2）侦察型多用途无人机。

长虹 –1（图 8-66）由北京航空航天大学无人驾驶飞行器设计研究所研制的，是高空多用途无人驾驶飞机。该机在军内称无侦 –5，英文 DR-5。长虹 –1 可用于军事侦察、高空摄影、靶机或地质勘测、大气采样等科学研究。该机于 1969 年开始研制，1972 年 11 月 28 日首飞，1980 年定型正式装备部队。长虹 –1 采用大展弦比后掠中单翼，主要机

图 8-66 长虹 –1 无人机

体结构为铝合金。机翼上各有一片翼刀，有副翼。

长虹 –1 由大型飞机（母机）带飞到 4 000 ～ 5 000 m 的高度投放。母机开始试用过苏联制图 –4 轰炸机，后来采用运 –8E，而"火蜂"的母机采用 C-130，与运 –8 相当。长虹 –1 由其母机携带起飞，在空中投放，自动爬升到工作高度，随后按预编程序控制高度、航速、飞行时间和航程。完成任务后长虹 –1 自动返航，飞到回收区上空，飞机可在程控或遥控状态下进行伞降回收。

"彩虹" CH–4（图 8-67）是在彩虹 –3 无人机基础上研发的一种中程察打 / 侦察探测一体无人机，于 2010 年开始研制，2011 年 9 月完成首飞，2012 年 11 月，在第九届中国国际航空航天博览会上，彩虹 –4 无人机首次展出。2016 年 5 月，彩虹 –4 无人机完成卫通靶试试验，具备了侦察打击一体的能力，有效提升了彩虹 –4 无人机武器系统的作战效能。"彩虹" CH–4 除军事用途外，还可应用到航空物探、海事巡查、海上应急搜寻、中继通信、海洋环境监测与评价、海洋生态灾害监测、海洋溢油监测、海洋动植物保护等多个领域。

图 8-67 "彩虹" CH-4 无人机

ASN-206（图8-68）是我军较为先进的一种无人机，尤其是它的实时视频侦察系统，为我军前线侦察提供了一种利器。1996年该机获国家科技进步奖一等奖。1996年在珠海国际航展上展出，现已投入批量生产。ASN-206系统配套完整，功能较为齐全，设计考虑了野外条件。全系统包括6～10架飞机和1套地面站。地面站由指挥控制车、机动控制车、发射车、电源车、情报处理车、维修车和运输车等组成。该机在军事上可用于昼夜空中侦察、战场监视、侦察目标定位、校正火炮射击、战场毁伤评估、边境巡逻。民用用途包括航空摄影、地球物理探矿、灾情监测、海岸缉私等领域。该无人机采用后推式双尾撑结构形式。这一布局的好处是由于后置发动机驱动的螺旋桨不会遮挡侦察装置的视线。机身后部、尾撑之间装有1台HS-700型四缸二冲程活塞式发动机，功率为37.3 kW。巡航时间为4～8 h，航程为150 km。

图 8-68 ASN-206 无人机

（3）多用途小型无人机。

"天翼"一号由中航工业成飞技术中心历时五年自主研发而成，具有小型化、集成化、智能化等特点，是国内领先的近程侦察型无人机，并已经取得军方出口许可证。"天翼"一号采用车载助推和火箭弹射两种起飞方式，伞降回收，可根据需要进行遥感遥测飞行，并实时将获得的信息传输到地面测控站。根据不同用户需求，可遥控飞行和按预编程自主飞行，装载相应的任务设备，执行航测、航拍、遥感、缉私、反恐、环保、灾害预警和评估等民用、警用、非战时军事任务。

"刀锋" TF-460 为多用途中小型低速无人机,用于战场侦察、战场评估等军事任务。在民用方面,可用于气象侦察、环境监测、电力巡线等。机长 3.3 m,翼展 4.6 m,最大起飞质量为 85 kg,飞行半径为 50 km,飞行速度为 110 km/h,升限为 3 000 m,续航时间 6 h 以上,有效载荷为 15 kg。

SH-3 主要用于民用领域,对公路、电力、输油管线等的巡护,或对湖泊、森林、荒漠等大面积区域的监测。主要技术指标有:机长 3.6 m,翼展 3.6 m,起飞质量为 25 kg,飞行半径为 100 km,飞行速度为 80 ~ 120 km/h,升限为 3 000 m,续航时间 12 h 以上,有效载荷为 5 kg。

TF-1D 为遥感测绘系统无人机,可实现遥控飞行和自控飞行,续航时间长,机动性好。广泛应用于资源调查、环境监测、国土监测、矿产勘探、灾害调查等方面的测量及成图等。主要性能有:空机重 16 kg,续航时间 12 h 以上,航程为 1 200 km,升限 3 000 m。

TF-8 仅重 4.7 kg,是一种可由单兵携带的小型无人侦察机,具有战术侦察、情报搜集、目标跟踪、损毁评估等功能,可辅助指挥员进行巷战、特种部队作战的小规模指挥。

SL-200 是一款针对农用市场的高空无人机,可以用来进行人工增雨和高空喷洒农药。其外形设计上具有隐形的考虑,能够携带多种载荷。

根据当前作战方式的变革、未来信息化战争的要求以及社会经济发展的需求,在航空装备体系中,无人机将成为空中作战的新兴力量,无人机的应用和发展呈现出更加广阔的前景。发展无人机,形成中国有人机和无人机联合作战的航空武器装备体系,是新时期我军建设信息化军队的重要环节。随着我国军队加快武器装备的现代化进程,我们力争在发展无人机技术方面有所作为,提升军队信息化作战能力,以适应现实和未来的作战环境。

[1] 谢础，贾玉红．航空航天技术概论 [M].2 版．北京：北京航空航天大学出版社，2008.

[2] 贾玉红．航空航天概论 [M].5 版．北京：北京航空航天大学出版社，2022.

[3] 宋笔锋．航空航天技术概论 [M]．北京：国防工业出版社，2006.

[4] 魏思东．航空动力装置 [M]．北京：航空工业出版社，2019.

[5] 闻新，成奕东，秦钰琦，等．航空航天知识与技术 [M].2 版．北京：国防工业出版社，2015.

[6] 刘大响，陈光．航空发动机——飞机的心脏 [M]．北京：航空工业出版社，2003.

[7] 陶梅贞．现代飞机结构综合设计 [M]．西安：西北工业大学出版社，2001.

[8] 顾诵芬．飞机总体设计 [M]．北京：北京航空航天大学出版社，2001.

[9] 王细洋．航空概论 [M]．北京：航空工业出版社，2004.

[10] 程昭武，沈美珍，孟鹊鸣，等．世界飞机 100 年 [M]．北京：国防工业出版社，2002.

[11] 何庆芝．航空航天概论 [M]．北京：北京航空航天大学出版社，1997.

[12] 史超礼，戴锡全，何述章，等．航空概论 [M]．北京：北京航空学院出版社，1986.

[13] 江东．走进飞行先驱世界 [M]．北京：兵器工业出版社，1999.

[14] 姜长英．中国航空史：史话·史料·史稿 [M]．北京：清华大学出版社，2000.

[15] 樊邦奎．国外无人机大全 [M]．北京：航空工业出版社，2001.

[16] 戚发轫．载人航天器技术 [M].2 版．北京：国防工业出版社，2003.

[17] 朱也夫 B C，马卡 B C．冲压和火箭冲压发动机原理 [M]．北京：国防工业出版社，1975.

[18] 贾玉红．航空航天概论 .[M].4 版．北京：北京航空航天大学出版社，2017.

[19] 顾诵芬．航空航天科学技术：航空卷 [M]．济南：山东教育出版社，1998.

[20] 闵桂荣．航空航天科学技术：航天卷 [M]．济南：山东教育出版社，1998.

[21] 罗尔斯·罗伊斯公司．喷气发动机 [M]．刘树声，王大伟，等译．北京：国防工业出版社，1975.

[22] 中国大百科全书总编辑委员会《航空航天》编辑委员会，中国大百科全书出版社编辑部．中国大百科全书：航空航天 [M]．北京：中国大百科全书出版社，1985.

[23]《国防科技名词大典》航空卷编委会．国防科技名词大典·航空 [M]．北京：航空工业出版社，兵器工业出版社，原子能出版社，2002.

[24] 郝红武．航空航天概论 [M]．北京，北京航空航天大学出版社，2018.

[25]《中国飞机》编委会．中国飞机 [M]．北京：航空工业出版社，1997.

[26]《人类与太空》编委会.人类与太空 [M].北京:长虹出版公司,1999.

[27] 栾恩杰.航天 [M].北京:宇航出版社,1999.

[28] 文裕武,温清澄,等.现代直升机应用及发展 [M].北京:航空工业出版社,2000.

[29] 张云阁.世界飞机手册 [M].北京:航空工业出版社,2001.

[30] 于坤林,唐毅.无人机结构与系统.[M].2版.西安:西北工业大学出版社,2021.

[31] 郦正能.飞行器结构学 [M].2版.北京:北京航空航天大学出版社,2010.

[32] 昂海松,童明波,余雄庆.航空航天概论 [M].2版.北京:科学出版社,2015.

[33] 符长青,曹兵.多旋翼无人机技术基础 [M].北京:清华大学出版社,2017.

[34] 李红军.航空航天概论 [M].2版.北京:北京航空航天大学出版社,2011.

[35] 杨莉,沈海军.航空航天概论 [M].北京:航空工业出版社,2011.

[36]《新航空概论》编写组.新航空概论 [M].北京:航空工业出版社,2010.

[37] 王云.航空航天概论 [M].北京:北京航空航天大学出版社,2009.

[38] 陈东林.航空概论 [M].北京:国防工业出版社,2008.

[39] 褚桂柏.航天技术概论 [M].北京:宇航出版社,2002.

[40] 过崇伟,等.航空航天技术概论 [M].北京:北京航空航天大学出版社,1992.

[41] 杨华保.飞机原理与构造 [M].西安:西北工业大学出版社,2002.

[42] 中国人民解放军总装备部军事训练教材编辑工作委员会.航天器 [M].北京:国防工业出版社,2006.

[43] 王钟强.飞翔的文明 [M].北京:航空工业出版社,2003.

[44] 郝劲松.活塞发动机飞机结构与系统:ME-PA[M].北京:兵器工业出版社,2007.

[45]《中国航空工业四十年》编辑部.中国航空工业四十年:1951.4—1991.4[M].北京:航空工业出版社,1990.

[46]《深度军事》编委会.航天器鉴赏指南（珍藏版）[M].2版.北京:清华大学出版社,2017.